TABELA DE NÚMEROS E PESOS ATÔMICOS

Baseada no relatório de 1977 da Comissão de Pesos Atômicos da União Intern[...] da, refere-se à massa atômica do carbono-12.

Elemento	Símbolo	Número Atômico	Peso Atômico	
Actínio	Ac	89	227,0278	(e)
Alumínio	Al	13	26,98154	
Americío	Am	95	(243)	(f)
Antimônio	Sb	51	121,75	(a)
Argônio	Ar	18	39,948	(a, b, c)
Arsênio	As	33	74,9216	
Astato	At	85	(210)	(f)
Bário	Ba	56	137,33	(c)
Berquélio	Bk	97	(247)	(f)
Berílio	Be	4	9,01218	
Bismuto	Bi	83	208,9804	
Boro	B	5	10,81	(b, d)
Bromo	Br	35	79,904	
Cádmio	Cd	48	112,41	(c)
Cálcio	Ca	20	40,08	(c)
Califórnio	Cf	98	(251)	(f)
Carbono	C	6	12,011	(b)
Cério	Ce	58	140,12	(c)
Césio	Cs	55	132,9054	
Chumbo	Pb	82	207,2	(b, c)
Cloro	Cl	17	35,453	
Cobalto	Co	27	58,9332	
Cobre	Cu	29	63,546	(a, b)
Criptônio	Kr	36	83,80	(c, d)
Cromo	Cr	24	51,996	
Cúrio	Cm	96	(247)	(f)
Disprósio	Dy	66	162,50	(a)
Einsteinio	Es	99	(252)	(f)
Enxofre	S	16	32,06	(b)
Érbio	Er	68	167,26	(a)
Escândio	Sc	21	44,9559	
Estanho	Sn	50	118,69	(a)
Estrôncio	Sr	38	87,62	(c)
Európio	Eu	63	151,96	(c)
Férmio	Fm	100	(257)	(f)
Ferro	Fe	26	55,847	(a)
Flúor	F	9	18,998403	
Fósforo	P	15	30,97376	
Frâncio	Fr	87	(223)	(f)
Gadolínio	Gd	64	157,25	(a, c)
Gálio	Ga	31	69,72	
Germânio	Ge	32	72,59	(a)
Háfnio	Hf	72	178,49	(a)
Hélio	He	2	4,00260	(c)
Hidrogênio	H	1	1,0079	(b)
Hólmio	Ho	67	167,9304	
Índio	In	49	114,82	(c)
Iodo	I	53	126,9045	
Irídio	Ir	77	192,22	(a)
Itérbio	Yb	70	173,04	(a)
Ítrio	Y	39	88,9059	
Lantânio	La	57	138,9055	(a, c)
Laurêncio	Lr	103	(260)	(f)
Lítio	Li	3	6,941	(a, b, c, d)
Lutécio	Lu	71	174,967	(a)
Magnésio	Mg	12	24,305	(c)
Manganês	Mn	25	54,9380	
Mendelévio	Md	101	(258)	(f)
Mercúrio	Hg	80	200,59	(a)
Molibdênio	Mo	42	95,94	
Neodímio	Nd	60	144,24	(a, c)
Neônio	Ne	10	20,179	(a, d)
Neptúnio	Np	93	237,0482	(e)
Nióbio	Nb	41	92,9064	
Níquel	Ni	28	58,71	
Nitrogênio	N	7	14,0067	
Nobélio	No	102	(259)	(f)
Ósmio	Os	76	190,2	(c)
Ouro	Au	79	196,9665	
Oxigênio	O	8	15,9994	(a, b)
Paládio	Pd	46	106,4	(c)
Platina	Pt	78	195,09	(a)
Plutônio	Pu	94	(244)	(f)
Polônio	Po	84	(209)	(f)
Potássio	K	19	39,0983	(a)
Praseodímio	Pr	59	140,9077	
Prata	Ag	47	107,868	(c)
Promércio	Pm	61	(145)	(f)
Protactínio	Pa	91	231,0359	(e)
Rádio	Ra	88	226,0254	(c, e)
Radônio	Rn	86	(222)	(f)
Rênio	Re	75	186,207	
Ródio	Rh	45	102,9055	
Rubídio	Rb	37	85,4678	(a, c)
Rutênio	Ru	44	101,07	(a, c)
Samário	Sm	62	150,4	(c)
Selênio	Se	34	78,96	(a)
Silício	Si	14	28,0855	(a)
Sódio	Na	11	22,98977	
Tálio	Tl	81	204,37	(a)
Tântalo	Ta	73	180,9479	(a)
Tecnécio	Tc	43	(98)	(f)
Telúrio	Te	52	127,60	(a, c)
Térbio	Tb	65	158,9254	
Titânio	Ti	22	47,90	(a)
Tório	Th	90	232,0381	(c, e)
Túlio	Tm	69	168,9342	
Tungstênio	W	74	183,85	(a)
(Unnilhexio)	(Unh)	106	(263)	(f, g)
(Unnilpentio)	(Unp)	105	(262)	(f, g)
(Unnilquadio)	(Unq)	104	(261)	(f, g)
Urânio	U	92	238,029	(c, d)
Vanádio	V	23	50,9415	(a)
Xenônio	Xe	54	131,30	(c, d)
Zinco	Zn	30	65,38	
Zircônio	Zr	40	91,22	(c)

Exceto quando citado pelas notas de rodapé que se seguem, os valores dos pesos atômicos estão corretos a ± 1 unidade na última casa.

(a) Preciso em ± 3 unidades na última casa.

(b) O peso atômico não pode ser expresso de forma mais precisa, porque entre os materiais terrestres normais há variações conhecidas nas composições isotópicas.

(c) Amostras geológicas deste elemento têm sido encontradas com composição isotópica anômala e pesos atômicos diferentes deste valor.

(d) Consideráveis variações, a partir deste valor de peso atômico, podem ocorrer em amostras comerciais devido a variações na composição isotópica.

(e) Peso atômico do radioisótopo de maior meia-vida.

(f) Número de massa do radioisótopo de maior meia-vida.

(g) Há discordâncias quanto ao nome e símbolo oficiais. O elemento 105 é arbitrariamente chamado de Hánio. O elemento 104 é chamado pelos cientistas americanos de Rutherfórdio e pelos cientistas russos de Curchatóvio.

QUÍMICA GERAL

Vol. 2

O GEN | Grupo Editorial Nacional reúne as editoras Guanabara Koogan, Santos, Roca, AC Farmacêutica, Forense, Método, LTC, E.P.U. e Forense Universitária, que publicam nas áreas científica, técnica e profissional.

Essas empresas, respeitadas no mercado editorial, construíram catálogos inigualáveis, com obras que têm sido decisivas na formação acadêmica e no aperfeiçoamento de várias gerações de profissionais e de estudantes de Administração, Direito, Enfermagem, Engenharia, Fisioterapia, Medicina, Odontologia, Educação Física e muitas outras ciências, tendo se tornado sinônimo de seriedade e respeito.

Nossa missão é prover o melhor conteúdo científico e distribuí-lo de maneira flexível e conveniente, a preços justos, gerando benefícios e servindo a autores, docentes, livreiros, funcionários, colaboradores e acionistas.

Nosso comportamento ético incondicional e nossa responsabilidade social e ambiental são reforçados pela natureza educacional de nossa atividade, sem comprometer o crescimento contínuo e a rentabilidade do grupo.

QUÍMICA GERAL

Vol. 2

JAMES E. BRADY
GERARD E. HUMISTON

Tradução de
CRISTINA MARIA PEREIRA DOS SANTOS
Engenheira Química

ROBERTO DE BARROS FARIA
Químico
Professor da Universidade Federal do Rio de Janeiro
Professor da Universidade Federal Fluminense

2ª edição

Os autores e a editora empenharam-se para citar adequadamente e dar o devido crédito a todos os detentores dos direitos autorais de qualquer material utilizado neste livro, dispondo-se a possíveis acertos caso, inadvertidamente, a identificação de algum deles tenha sido omitida.

Não é responsabilidade da editora nem dos autores a ocorrência de eventuais perdas ou danos a pessoas ou bens que tenham origem no uso desta publicação.

Apesar dos melhores esforços dos autores, dos tradutores, do editor e dos revisores, é inevitável que surjam erros no texto. Assim, são bem-vindas as comunicações de usuários sobre correções ou sugestões referentes ao conteúdo ou ao nível pedagógico que auxiliem o aprimoramento de edições futuras. Os comentários dos leitores podem ser encaminhados à **LTC — Livros Técnicos e Científicos Editora** pelo e-mail ltc@grupogen.com.br.

Título do original em inglês: *General Chemistry, Principles and Structure*
Copyright © 1982 by John Wiley & Sons, Inc.
All Rights Reserved.
Authorized translation from English language edition
published by John Wiley & Sons, Inc.

Direitos exclusivos para a língua portuguesa
Copyright © 1986 by
LTC — Livros Técnicos e Científicos Editora Ltda.
Uma editora integrante do GEN | Grupo Editorial Nacional

Reservados todos os direitos. É proibida a duplicação ou reprodução deste volume, no todo ou em parte, sob quaisquer formas ou por quaisquer meios (eletrônico, mecânico, gravação, fotocópia, distribuição na internet ou outros), sem permissão expressa da editora.

Travessa do Ouvidor, 11
Rio de Janeiro, RJ — CEP 20040-040
Tels.: 21-3543-0770 / 11-5080-0770
Fax: 21-3543-0896
ltc@grupogen.com.br
www.ltceditora.com.br

1.ª edição: 1981 — Reimpressões: 1983 e 1985
2.ª edição: 1986 — Reimpressões: 1988, 1989, 1992, 1994 (duas), 1996, 1997,
    1998, 2001, 2002, 2005, 2007, 2008, 2009, 2010, 2012, 2013, 2014 e 2015 (duas).

CIP-BRASIL. CATALOGAÇÃO-NA-FONTE
SINDICATO NACIONAL DOS EDITORES DE LIVROS, RJ.

B79q
2.ed.
v.2

Brady, James E., 1938-
Química geral, volume 2 / James E. Brady, Gerard E. Humiston ; tradução de Cristina Maria Pereira dos Santos, Roberto de Barros Faria. - 2.ed. - [Reimpr.]. - Rio de Janeiro : LTC, 2015.
266p.

Tradução de: General chemistry, principles and structure, 3rd ed
Apêndices
Inclui bibliografia e índice
ISBN 978-85-216-0449-5

1. Química. I. Humiston, Gerard E., 1939-. II. Título.

08-3599.
CDD: 540
CDU: 54

APRESENTAÇÃO

Esta Versão SI da obra "Química Geral — Princípios e Estrutura, 3ª edição*, incorpora uma orientação consistente com as unidades SI e com as convenções relacionadas com as medidas.

Manteve-se a atmosfera padrão (atm) como um sinônimo conveniente para $101,325\,N\,m^{-2}$ ($101,325\,kPa$) nas discussões termodinâmicas e como uma pressão de referência em alguns problemas de gases, mesmo embora o $N\,m^{-2}$ (pascal) seja caracterizado através do texto como a unidade derivada do SI de pressão.

Agradeço a cooperação dos autores e a Ralph De Soignie na elaboração de uma versão SI deste livro de texto tão popular.

Henry Heikkinen

---

*N. do E. — A 1ª edição brasileira foi traduzida da 2ª edição americana.

PREFÁCIO

O continuado sucesso deste livro ao longo da sua primeira e segunda edições tem sido gratificante, pois nos dizem que os professores acharam-no eficiente e os estudantes útil e informativo. Na preparação desta 3ª edição, fomos guiados pelo nosso desejo de reter as qualidades que os usuários do texto acharam vantajosas no passado e de responder às sugestões de mudanças e de adicionar outros melhoramentos. Dentro deste espírito, o tema geral e o nível permaneceram inalterados. O livro continua escrito para o primeiro ano do curso de química.

Ao revisar o texto tivemos dois objetivos principais: tornar o texto mais útil, legível e interessante para os estudantes e garantir que o texto continue a cobrir os tópicos que os professores desejam apresentar aos seus alunos. Para atingirmos o primeiro objetivo, examinamos a segunda edição, linha por linha, com os olhos voltados para a melhoria da legibilidade e clareza de apresentação. Ao mesmo tempo, entremeamos mais exemplos de substâncias e aplicações da química nas discussões. O aspecto visual do livro foi também melhorado e um grande número de fotografias foram adicionadas para tornar a química mais viva para os estudantes. Além disso, a forma pela qual os tópicos discutidos em cada capítulo relacionam-se com o mundo que nos cerca é enfatizada pela fotografia que inicia cada capítulo. Fizemos uso, também, de comentários de margem para adicionarmos interesse e salientarmos pontos importantes, além de darmos esclarecimentos adicionais.

Em resposta a sugestões de usuários, fizemos também algumas mudanças na seqüência dos tópicos. Muitos professores preferem ensinar toda a teoria de ligação junta. Deslocamos, portanto, o segundo capítulo de ligação em direção ao primeiro, mas deixamos este suficientemente independente de forma que aquele que preferir ensinar os aspectos mais sofisticados da ligação durante o segundo semestre poderá, facilmente, continuar a fazê-lo. Reordenamos, também, os tópicos dentro do 2º capítulo de ligação, ele começa agora com uma discussão geral da estrutura molecular, seguida da teoria da RPECV e finalmente com as teorias de LV e OM.

A nomenclatura dos compostos inorgânicos, anteriormente apresentada num apêndice, está agora dentro do texto do Cap. 4.

Os antigos capítulos que tratavam dos sólidos e dos líquidos e mudanças de estado foram combinados num único capítulo intitulado *Estados da Matéria e Forças Intermoleculares*. A extensão da parte de sólidos foi reduzida em relação às edições anteriores.

VIII / PREFÁCIO

Embora tenhamos feito algumas modificações significativas nesta edição, aspectos especialmente atraentes aos usuários foram mantidos. Como nas edições anteriores, assumimos que o estudante não possui conhecimento algum sobre química. Os termos novos, ao aparecerem pela primeira vez, são impressos em negrito e cuidadosamente definidos antes de serem usados em discussões posteriores. Assume-se um conhecimento básico de matemática suficiente para se fazer manipulações algébricas simples e inclui-se num apêndice uma revisão de alguns conceitos matemáticos básicos. O número já elevado de exemplos resolvidos foi aumentado e os exercícios ao final dos capítulos continuam sendo divididos em Questões de Revisão e Problemas de Revisão. O conjunto de Problemas de Revisão foi aumentado adicionando-se mais problemas simples e problemas mais difíceis, estes últimos marcados por um asterisco. Da mesma forma que na 2ª edição incluímos em cada capítulo um índice de Questões e Problemas para auxiliar os professores a selecionar exercícios para casa e os estudantes no planejamento dos seus estudos.

A despeito das modificações que foram feitas na seqüência dos tópicos, os conceitos continuam sendo desenvolvidos numa ordem lógica que permite uma introdução prévia de experiências qualitativas em laboratório. Nos Caps. 1 e 2 introduzem-se os conceitos de átomos, moléculas, pesos atômicos e mol. Incluímos, também, o conceito de concentração molar no Cap. 2, pois, uma vez que o segundo capítulo sobre ligação foi retardado ligeiramente.

Após a discussão de estrutura eletrônica e tabela periódica, no Cap. 3, há dois capítulos sobre ligação química. O primeiro faz um tratamento elementar da ligação iônica e covalente; o segundo trata da estrutura molecular e das teorias modernas da ligação covalente.

A seguir temos um capítulo que focaliza as soluções aquosas como um meio para a realização de reações químicas. Esses tópicos, num estágio relativamente inicial, preparam os estudantes para experiências qualitativas e quantitativas em laboratório. De fato, se o professor desejar, parte deste capítulo que trata da estequiometria em solução pode ser coberto, com facilidade, imediatamente após o Cap. 2.

Os Caps. 7 e 8 discutem as propriedades dos estados da matéria e as interconversões entre eles. O Cap. 7 aborda as propriedades dos gases; No Cap. 8 enfatizamos os efeitos das atrações intermoleculares sobre as propriedades dos líquidos e sólidos. A este segue-se um capítulo descritivo que, como mencionado anteriormente, focaliza as tendências das propriedades dentro da tabela periódica.

O Cap. 10 discute novamente as soluções, mas enfatizando desta vez os efeitos que o soluto provoca nas propriedades físicas das soluções.

Termodinâmica, cinética e equilíbrio são discutidos seqüencialmente, pois se referem às questões: "A reação é possível, com que velocidade ocorre e como estará o sistema quando ela atingir o equilíbrio?". No capítulo de termodinâmica a seção da Primeira Lei foi tornada menos matemática e suas relações com os sistemas químicos, mais aparentes. Foram também introduzidas aplicações práticas nas discussões termodinâmicas. No capítulo de cinética há uma seção nova que trata das meias-vidas e das leis de velocidade integradas. O capítulo de equilíbrio concentra-se nos sistemas gasosos e heterogêneos, na forma como a termodinâmica relaciona-se com o equilíbrio e uma ampla discussão do princípio de Le Châtelier.

O Cap. 14, *Ácidos e Bases*, apresenta as várias formas como estas substâncias podem ser definidas e como um prelúdio ao capítulo equilíbrio ácido-base em soluções aquosas. Este é seguido por um capítulo sobre a solubilidade e o equilíbrio de íons complexos.

O Cap. 17, *Eletroquímica*, inclui exemplos práticos das reações de eletrólise e pilhas galvânicas.

Naturalmente, a ordem dos tópicos reflete as nossas tendências, temperada pelos comentários dos usuários e daqueles que nos auxiliaram como revisores.

Ao escrever o texto buscamos, tanto quanto possível, tornar os capítulos suficientemente independentes, de forma que a sua ordem de apresentação possa ser facilmente modificada. Por exemplo, o segundo capítulo de ligação química pode ser ensinado tanto no primeiro quanto no segundo semestre. Da mesma forma, o Cap. 9, que trata das tendências na tabela periódica, também pode ser retardado, se desejado, e ambos os capítulos de soluções podem ser ensinados seqüencialmente.

No primeiro parágrafo deste prefácio mencionamos o quanto nos envaidece o fato de que professores e alunos acharam o texto útil. Esperamos que esta edição também lhe agrade e convidamo-lo a nos enviar seus comentários ou sugestões.

James E. Brady
Gerard E. Humiston

AGRADECIMENTOS

É um prazer agradecer a todos aqueles que de uma maneira ou de outra contribuíram para esta edição. Em primeiro lugar, a nossas esposas e filhos expressamos o nosso mais sincero reconhecimento por sua constante inspiração, encorajamento e paciência. Agradecemos a June Brady, nossa datilógrafa, por seu trabalho cuidadoso e espírito cordial em face das muitas datas limites. Expressamos um especial reconhecimento à equipe da Wiley pelo seu zelo, atenção aos detalhes e bom humor, em especial ao nosso Editor, Cliff Mills; seu Assistente, Francine Fielding; nosso Supervisor de Produção, Stella Kupferberg; nosso Ilustrador, John Balbalis; e nossa Desenhista, Judy Getman. Somos gratos aos nossos colegas e estudantes por muitas de suas sugestões construtivas e discussões, em especial aos Drs. Ernest Birnbam, Neil Jespersen, Eugene Holleram, William Pasfield, John Skarulis e Siao Sun. Finalmente, nosso especial agradecimento aos seguintes colegas que nos ajudaram a dar forma a este livro através das suas revisões completas e críticas ao manuscrito e por suas valiosas sugestões: Prof. Russell Trimble, Universidade de Illinois do Sul; Prof. Melvin Hanna, Universidade do Colorado; Prof. Richard Palmer, Faculdade de Manhattan; Prof. Frank Gomba, Academia Naval dos Estados Unidos; Prof. Ron Ragsdale, Universidade de Utah; Dra. Ruth L. Sime, Faculdade da Cidade de Sacramento; Prof. Jo Beran, Universidade do Texas A & I; Prof. G. G. Long, Universidade do Estado da Carolina do Norte; Prof. Delwin Johnson, Faculdade Pública de St. Louis; Prof. John Weyh, Universidade de Washington Ocidental; Prof. Leo J. Malone, Universidade de St. Louis; Prof. Don Roach, Faculdade Pública de Miami-Dade.

J. E. B.
G. E. H.

SUMÁRIO

CAPÍTULO 11. Termodinâmica Química, 411

CAPÍTULO 12. Cinética Química, 453

CAPÍTULO 13. Equilíbrio Químico, 489

CAPÍTULO 14. Ácidos e Bases, 515

CAPÍTULO 15. Equilíbrio Ácido-Base em Solução Aquosa, 533

CAPÍTULO 16. Solubilidade e Equilíbrio de Íons Complexos, 575

CAPÍTULO 17. Eletroquímica, 593

APÊNDICE A. Matemática para a Química Geral, 641

APÊNDICE B. Logaritmos Comuns, 651

APÊNDICE C. Respostas dos Problemas Numéricos de Numeração Par, 653

ÍNDICE REMISSIVO, 659

11
TERMODINÂMICA QUÍMICA

O Hotel Kenilworth, um famoso hotel dos anos cinqüenta na praia de Miami, foi demolido em 20 segundos por explosivos colocados estrategicamente no seu andar térreo. Uma vez iniciado, este colapso espontâneo certamente teria que ocorrer, pois ele é acompanhado de uma diminuição de energia e um aumento na desordem. Neste capítulo veremos que estes dois fatores controlam o destino de todas as transformações físicas e químicas.

412 / QUÍMICA GERAL

No estudo da Química, é natural se perguntar por que certas reações químicas ocorrem e outras não. Certamente, seria muito bom se pudéssemos predizer o que ocorrerá quando várias substâncias químicas forem misturadas. Poderíamos, então, ficar em casa e fazer química sem irmos ao laboratório. Infelizmente (ou felizmente, se você gosta de trabalhar em laboratório), a química ainda não evoluiu até este ponto, mas sabemos o que controla o resultado de uma reação.

Há dois fatores que determinam se observaremos ou não uma determinada reação, seja no laboratório ou em outro lugar qualquer. A termodinâmica, estudada neste capítulo, nos diz se uma transformação é possível — ela responde à questão: "a reação ocorrerá por si mesma, sem ajuda externa?" Ela também nos diz qual a posição de equilíbrio da mistura reacional quando cessarem as transformações. A cinética química, assunto do Cap. 12, diz respeito à velocidade com que se dão as transformações químicas. Ambos os fatores, espontaneidade e velocidade, deverão estar a nosso favor se desejarmos observar a formação de produtos de uma transformação química. Por exemplo, a termodinâmica prediz que, à temperatura ambiente, os gases hidrogênio e oxigênio devem reagir para produzir água. Todavia, uma mistura de H_2 e O_2 é estável praticamente por tempo indefinido (desde que nenhum fósforo seja riscado por perto). Isto ocorre porque, à temperatura ambiente, hidrogênio e oxigênio reagem a uma velocidade tão baixa que, embora sua reação para produzir água seja espontânea, leva um tempo quase infinito para se completar.

Termo *significa calor;* dinâmica *significa movimento ou variação.*

A **termodinâmica** diz respeito, basicamente, às trocas de energia que acompanham os processos químicos e físicos. Historicamente, ela se desenvolveu sem um conhecimento detalhado da estrutura da matéria; de fato, este é um de seus pontos mais fortes. Neste capítulo, trataremos do assunto de maneira mais informal, num esforço para evitar o formalismo matemático e desenvolveremos muitos dos conceitos da termodinâmica considerando transformações que ocorrem a nível molecular.

11.1 ALGUNS TERMOS COMUMENTE USADOS

Antes de prosseguir, devemos estabelecer o significado de alguns termos freqüentemente usados. Uma palavra que foi empregada vagamente em seções anteriores é **sistema**. Por sistema entendemos *a porção particular do universo na qual desejamos focalizar nossa atenção.* Ao restante chamamos **ambiente**. Por exemplo, se quisermos considerar as transformações que ocorrem numa solução de cloreto de sódio e nitrato de prata, nosso sistema é a solução, enquanto que o bécher e todas as coisas que circundam a solução são considerados ambiente.

Se ocorre uma transformação de modo que não possa ser transferido calor através da interface, ou fronteira, entre o sistema e o ambiente, dizemos que a transformação é um processo **adiabático**. Exemplo disto é uma reação levada a efeito em um recipiente isolado, como uma garrafa térmica. As reações explosivas também são exemplos de processos adiabáticos. Tais reações ocorrem tão rapidamente que a energia térmica produzida não pode ser prontamente dissipada. O calor gerado eleva os produtos a temperaturas muito altas e estes se separam rapidamente, empurrando as paredes, o teto e tudo o mais (o ambiente) ao seu redor.

Quando se mantém o contato térmico entre o sistema e o ambiente, o calor pode fluir entre eles e, não raro, é possível conservar o sistema a uma temperatura constante, enquanto ocorre uma transformação. Nesse caso, diz-se que o processo é **isotérmico**. O corpo humano possui um elaborado sistema de controle de temperatura que a mantém constante. As reações bioquímicas dentro do corpo são, portanto, essencialmente isotérmicas.

Para discutir as transformações que ocorrem em um sistema, é necessário definir precisamente suas propriedades antes e depois da transformação. Isto se faz pela especificação do **estado** do sistema, ou seja, algum conjunto particular de condições

TERMODINÂMICA QUÍMICA / 413

de pressão, temperatura, número de moles de cada componente e suas formas físicas (por exemplo, gás, líquido, sólido ou forma cristalina). Quando se especificam estas variáveis, todas as propriedades do sistema estão definidas. Assim, o conhecimento destas quantidades nos permite definir, sem ambigüidade, as propriedades de um sistema. Por exemplo, se temos duas amostras de água pura líquida, consistindo cada uma em 1 mol, e ambas à mesma temperatura e pressão, sabemos que todas as propriedades das duas amostras são idênticas (volume, densidade, tensão superficial, pressão de vapor etc.).

As quantidades P, V e T são chamadas **funções de estado** ou **variáveis de estado**. Isto porque servem para determinar o estado físico de qualquer sistema dado e, em um estado particular, seus valores não dependem da história da amostra. Por exemplo, o volume de 1 mol de água a 25°C e 1 atm não depende de qual possa ter sido sua temperatura ou pressão algum tempo atrás. Além disso, indo de um estado para outro, as variações em P, V e T não dependem de como a amostra é tratada. Se a temperatura desta amostra é mudada para 35°C, não importa se a amostra foi primeiro resfriada a 0°C e então aquecida a 35°C ou se a temperatura foi aumentada diretamente de 25 para 35°C. No estado final, a temperatura é a mesma, independentemente do caminho percorrido entre as condições inicial e final, e a variação na temperatura, ΔT, depende *apenas* das temperaturas dos estados inicial e final.

Há alguns casos em que as inter-relações entre as funções de estado podem ser expressas sob a forma de equação, uma **equação de estado**. A equação de estado para um gás ideal, $PV = nRT$, é um exemplo. Vimos também a equação de estado de van der Waals, que pode ser aplicada com razoável sucesso para gases reais.

Outra quantidade que usaremos é a chamada **capacidade calorífica** – *a quantidade de energia térmica necessária para elevar a temperatura de certa quantidade de uma substância de um grau Celsius.* A unidade de capacidade calorífica é $J°C^{-1}$. O **calor específico** representa a capacidade calorífica por grama, isto é, consiste na *quantidade de calor necessário para elevar a temperatura de 1 g de uma substância de 1,0°C.* O calor específico da água é 4,184 $J g^{-1} °C^{-1}$. Existe também a **capacidade calorífica molar**: *o calor necessário para elevar a temperatura de 1 mol de uma substância de 1 grau.* Uma vez que a massa molar da água é 18,0 $g mol^{-1}$, a capacidade calorífica molar da água é 75,3 $J mol^{-1} °C^{-1}$.

EXEMPLO 11.1

Qual deve ser a capacidade calorífica, expressa em $kJ °C^{-1}$, de um banho de água contendo 4,00 dm^3 de água? O calor específico da água é 4,184 $J g^{-1} °C^{-1}$.

SOLUÇÃO

Para simplificar, foi ignorada a capacidade calorífica do recipiente que contém a água.

Desejamos calcular o número de joules necessários para elevar a temperatura da água no banho de 1,00°C. Assumindo-se a densidade da água como 1,00 $g cm^{-3}$, a massa de água é 4000 g. Portanto,

$$\text{capacidade calorífica do banho} = 4000 \text{ g} \times \frac{4,184 \text{ J}}{\text{g °C}} \times \frac{1 \text{ kJ}}{1000 \text{ J}}$$

$$= 16,7 \text{ kJ °C}^{-1}$$

**11.2
A PRIMEIRA LEI
DA TER-
MODINÂMICA**

Em termodinâmica, estudamos as trocas de energia que ocorrem quando os sistemas passam de um estado para outro. Repetidas observações feitas por muitos cientistas durante vários anos conduziram à conclusão de que, em qualquer processo, a energia não é criada nem destruída. Esta conclusão forma a base da *lei da conservação da energia*, discutida no Cap. 1, e nós usamos esta noção, no Cap. 10, nas discus-

414 / QUÍMICA GERAL

sões sobre as variações de energia envolvidas na formação dos compostos iônicos, assim como nas variações de energia que acompanham a formação de uma solução.

A **primeira lei da termodinâmica** é simplesmente uma declaração da lei da conservação da energia sob a forma de uma equacão simples.

$$\Delta E = q - w \qquad\qquad [11.1]$$

Vejamos o significado dos símbolos. A quantidade E é chamada de **energia interna**, que é a energia total do sistema — o total de todas as energias, possuídas pelo sistema como uma conseqüência da energia cinética dos seus átomos, íons ou moléculas mais a energia potencial que se origina das forças de ligação entre as partículas que compõem o sistema. ΔE é a diferença entre a energia contida num sistema nalgum estado final e a energia possuída num estado inicial. Ele corresponde à variação que ocorre na energia interna de um sistema quando este vai de um estado inicial para um estado final.

$$\Delta E = E_{final} - E_{inicial}$$

Notemos que é usada, aqui, a mesma convenção empregada em nossa discussão anterior sobre variações de energia (calor latente de vaporização, calor de dissolução). Aqui também não nos é possível, na realidade, determinar E. A razão é que não podemos saber a velocidade com que um sistema ou suas partículas estão se movendo e não temos nenhuma maneira de saber os efeitos de todas as forças atrativas no sistema. Por exemplo, qualquer sistema que estudamos move-se à medida que a terra gira em torno do seu eixo. A terra, por sua vez, gira em torno do sol que se move através de uma galáxia que se move através do espaço. A que velocidade, ninguém sabe; de forma que não podemos calcular a energia cinética. Também não podemos mensurar a energia potencial total provocada por todas as forças atrativas entre o sistema e o restante do universo. Mesmo embora não possamos medir E, podemos medir as variações de E, isto é, ΔE, que é tudo o que importa porque estamos na verdade envolvidos com variações de energia.

A quantidade q, na Eq. 11.1, representa a quantidade de calor que é *adicionada* ao sistema, quando passa do estado inicial para o final; w denota o trabalho realizado *pelo* sistema no ambiente. Assim, a Eq. 11.1 demonstra, simplesmente, que a variação na energia interna é igual à diferença entre a energia *fornecida* ao sistema como calor e a energia *removida* do sistema como trabalho realizado no ambiente.[1]

Uma vez que a primeira lei trata da transferência de quantidades de energia, é necessário estabelecer convenções de sinal para evitar confusão em nossas notações. Calor *adicionado* a um sistema e trabalho *realizado* por um sistema são considerados quantidades positivas. Assim, se uma certa transformação é acompanhada pela absorção de 50 joules de calor e pelo dispêndio de 30 joules de trabalho, $q = +50$ J e $w = +30$ J. A variação na energia interna do sistema é

$$\Delta E_{sistema} = (+50 \text{ J}) - (+30 \text{ J})$$

ou

$$\Delta E_{sistema} = +20 \text{ J}$$

> ΔE é igual à energia que entra menos a energia que sai.

---

[1] Lembremo-nos de que energia é a capacidade de realizar trabalho. Quando o sistema realiza trabalho, sua capacidade de efetuar trabalho adicional diminui, o que significa que sua energia diminui. Energia, igual ao trabalho realizado, foi perdida pelo sistema e, no processo, ganha pelo ambiente.

TERMODINÂMICA QUÍMICA / 415

Dessa forma, o sistema sofreu um aumento líquido na energia em uma quantidade de + 20 J. E quanto ao ambiente?

Quando o sistema ganha 50 J, o ambiente perde 50 J; portanto, $q = -50$ J para o ambiente. Quando o sistema realiza trabalho, ele o faz no ambiente. Dizemos que o ambiente realizou trabalho negativo e $w = -30$ J para o ambiente. A variação na energia interna do ambiente é

$$\Delta E_{ambiente} = (-50 \text{ J}) - (-30 \text{ J})$$

$$\Delta E_{ambiente} = -20 \text{ J}$$

Dessa forma, a variação na energia interna do sistema é igual, mas de sinal oposto, ao ΔE para o ambiente. Isto tem de ser assim a fim de que a lei da conservação da energia seja satisfeita.

Em resumo,

q positivo ($q > 0$); calor é adicionado ao sistema;
q negativo ($q < 0$); calor é liberado pelo (removido do) sistema;
w positivo ($w > 0$); o sistema realiza trabalho — energia é removida;
w negativo ($w < 0$); trabalho é realizado sobre o sistema — energia é adicionada.

A energia interna é uma função de estado e a magnitude de ΔE, portanto, depende apenas dos estados inicial e final do sistema e não do caminho percorrido entre eles. Isto se assemelha bastante à variação numa conta bancária que ocorre entre o início e o fim de um mês. Durante o mês, a variação na conta é obtida pelos resultados combinados de um certo número de depósitos e saques. Se a quantia total depositada exceder a retirada, a conta aumenta. Não obstante, a variação líquida na conta, no fim do mês, depende apenas das quantidades inicial e final de dinheiro no banco e não das transações isoladas durante o mês. Existe um número infinito de combinações de depósitos e saques que podem conduzir à mesma variação na conta. A mesma espécie de relação existe entre ΔE, q e w. O sinal e a grandeza de ΔE são controlados apenas pelos valores de E nos estados inicial e final. Para qualquer variação dada, ΔE, há muitos caminhos diferentes que podem ser seguidos com seus próprios valores característicos de q e w. Todavia, para os mesmos estados inicial e final, a diferença entre q e w é sempre a mesma. Portanto, mesmo embora ΔE seja uma função de estado, q e w não são.

q e *w* *são como os depósitos e retiradas. E é como o balanço da conta bancária.*

Antes que possamos estudar as implicações químicas e físicas da primeira lei da termodinâmica, temos de examinar como um sistema pode realizar trabalho. Um tipo de trabalho que um sistema pode realizar é um trabalho elétrico. Isto é o que ocorre quando se extrai energia de uma pilha ou bateria para movimentar um relógio de pulso ou dar partida num carro. As reações químicas na pilha produzem energia que empurra elétrons através de um fio e esta energia elétrica pode realizar trabalho para nós.

Um outro tipo de trabalho é realizado quando um sistema expande contra uma pressão de oposição. Sempre se realiza trabalho quando uma força de oposição é empurrada através de alguma distância. Matematicamente falando,

$$\text{trabalho} = \text{força} \times \text{distância}$$

A pressão é definida como força por unidade de área e, na Fig. 11.1, vemos uma pressão externa P exercida por uma força F distribuída sobre a área A de um pistom.

$$P = \frac{F}{A}$$

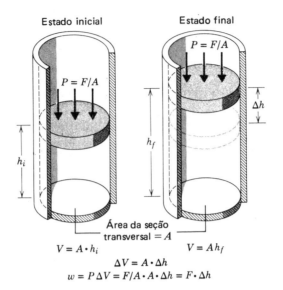

Figura 11.1
Trabalho pressão-volume.

O volume do gás no cilindro é igual à sua área em corte transversal, A, multiplicada pela altura da coluna de gás, h.

$$V = Ah$$

Quando o gás se expande e empurra o pistom, A permanece o mesmo, porém h varia. A variação de volume é, portanto,

$$\Delta V = V_f - V_i$$
$$\Delta V = Ah_f - Ah_i$$
$$\Delta V = A(h_f - h_i) = A(\Delta h)$$

O produto da pressão pela variação de volume é

$$P \, \Delta V = \frac{F}{A} A(\Delta h) = F \, \Delta h$$

Vemos que $P \, \Delta V$ é equivalente à força (F) vezes a distância (Δh) e, portanto, igual ao trabalho

$$w = P \, \Delta V \qquad [11.2]$$

Este trabalho de expansão é realizado por um sistema qualquer — não tem que ser um gás — quando se expande contra uma pressão externa imposta pelo ambiente. Inversamente, quando o sistema se contrai, sob a influência de uma pressão externa, realiza-se trabalho sobre o sistema. Com unidade SI a pressão está em pascal (newtons por metro quadrado)

$$1 \text{ Pa} = 1 \text{ N/m}^2$$

e o volume em metros cúbicos, m³. Portanto, as unidades de $P \, \Delta V$ são

$$\text{Pa m}^3 = \frac{\text{N}}{\text{m}^2} \cdot \text{m}^3 = \text{N} \cdot \text{m}$$

mas $1 \text{ N} \cdot \text{m} = 1 \text{ J}$. Portanto,

$$1 \text{ Pa m}^3 = 1 \text{ J}$$

Vejamos agora alguns exemplos que ilustram o significado da primeira lei da termodinâmica. Primeiramente, qualquer variação específica, seja ela física ou química, possui uma determinada variação de energia associada a ela, que é determinada somente pelas energias dos estados inicial e final. Uma vez tomados estes dois estados, o valor de ΔE está determinado. Mas há muitos conjuntos diferentes de q e w que produzem o mesmo ΔE. Em outras palavras, a quantidade de trabalho que podemos obter de uma determinada variação depende de como ela é feita.

Uma vez que as variações na Ec e na Ep são iguais a zero, $\Delta E = 0$.

Um exemplo físico que ilustra isto é a expansão de um gás. Por simplicidade, imaginemos um gás ideal expandindo-se de tal forma que a sua temperatura permaneça constante. Isto pode ser conseguido colocando-se, por exemplo, o cilindro do gás numa tina grande com água, mantida a temperatura constante por um termostato.

Se a temperatura permanece constante durante a expansão, então a energia cinética média das moléculas permanece a mesma. Além disso, como não há forças atrativas entre as partículas de um gás ideal, não há energia potencial. Isto significa que, quando um gás ideal se expande ou se contrai a temperatura constante, não há nenhuma variação na sua energia total, de forma que $\Delta E = 0$. Portanto,

Na verdade, isto só vale para um gás ideal. Para um gás real ΔE é pequeno, mas não igual a zero.

$$\Delta E = 0 = q - w$$
$$q = w$$

Isto nos diz que, se o gás realiza trabalho, ao se expandir ele absorve uma quantidade equivalente de energia térmica do ambiente.

Todos nós já passamos pela experiência de levantar uma caixa pesada e sabemos que a quantidade de trabalho necessária depende do peso da caixa, isto é, do quanto a caixa está sendo puxada para baixo. Ocorre o mesmo com a expansão de um gás. Na Fig. 11.2a vemos um gás comprimido empurrando um pistom, seguro por um pino, através da parede do cilindro. No outro lado do pistom temos vácuo. O gás comprimido empurrará o pistom para o lado oposto do cilindro (Fig. 11.2b). O gás, no entanto, não realizará nenhum trabalho porque o pistom não está sendo empurrado de volta — não há nenhuma pressão de oposição durante a expansão. Assim, $w = 0$ e $q = 0$.

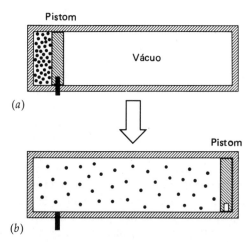

Figura 11.2
Expansão de um gás contra uma pressão oposta igual a zero. (a) Antes da expansão: $P = 1000$ kPa; $V = 1$ dm^3. (b) Após a expansão, estado final: $P = 100$ kPa; $V = 10$ dm^3.

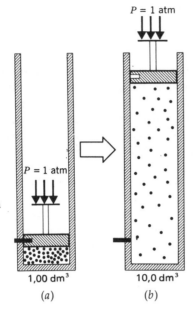

Figura 11.3
Expansão de um gás ideal contra uma pressão oposta constante de uma atmosfera. (*a*) Estado inicial: $P_{gás} = 1000$ kPa, $V_{gás} = 1,00$ dm^3.
(*b*) Estado final: $P_{gás} = 100$ kPa, $V_{gás} = 10,0$ dm^3.

$P_iV_i = P_fV_f$
$(1000$ kPa$)$ $(1$ dm$^3) =$
$= (100$ kPa$)$ $(10$ dm$^3)$.

Vejamos agora a expansão mostrada na Fig. 11.3. Aqui, iniciamos com o mesmo gás, na mesma temperatura de antes e com a pressão e o volume iniciais (1000 kPa e 1,00 dm^3). Terminaremos, também, no mesmo conjunto de condições como antes, de forma que ΔE deve ser igual a zero e $q = w$. Entretanto, desta vez temos uma pressão de oposição constante de 100 kPa. Ao puxarmos o pino, o gás se expande e empurra esta pressão de oposição e, portanto, realiza trabalho. A quantidade de trabalho é igual a $P \Delta V$. Uma vez que o volume final é 10,0 dm^3, ΔV é igual a 9,0 dm^3. Portanto,

$$w = P \Delta V = (100 \text{ kPa}) \times (9 \text{ dm}^3) \qquad w = \left(100 \times 10^3 \frac{\text{N}}{\text{m}^2}\right) \times (9 \times 10^{-3} \text{ m}^3)$$

pressão de oposição

$$w = 900 \text{ N m} = 900 \text{ J}$$

Assim, nas unidades SI, o produto de kPa e dm^3 resulta na unidade de trabalho ou energia (1 J = 1 N m). Para os cálculos em termodinâmica é conveniente não esquecer desta relação — (1 kPa) × (1 dm^3) = 1 J. Portanto, 900 J de trabalho realizado pelo gás são iguais a 900 J de energia térmica absorvida do ambiente.

As duas expansões descritas pelas Figs. 11.2 e 11.3 têm o mesmo ΔE e mostram que os valores de q e w dependem de como a variação é realizada. Mas o que isto tem a ver com a química? Como isto se aplica a um sistema químico? Para respondermos a estas questões, consideremos uma bateria de automóvel na qual uma reação de oxirredução produz eletricidade. O que descobrimos aqui é que a energia que obtemos na forma de trabalho depende de como descarregamos a bateria. Se, simplesmente, tomarmos uma barra de aço e tocarmos com ela ambos os terminais, produzem-se faíscas e a bateria esquenta muito — toda a energia produzida pela reação química dentro da bateria aparece como calor e não realizamos nenhum trabalho. Por outro lado, se conectarmos a bateria a um motor elétrico, como o motor de partida de um carro, podemos usar parte da energia da reação na bateria para dar partida no motor, que, então, gira as suas partes e move os seus pistons — realiza-se trabalho porque o motor oferece alguma resistência ao escoamento da eletricidade. É

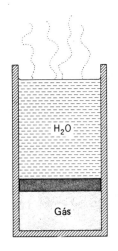

Figura 11.4
Expansão reversível de um gás. Como as moléculas de H₂O evaporam-se gradualmente, a pressão decresce e o gás se expande. O processo será revertido se moléculas de água começarem a se condensar no líquido, em vez de se evaporar.

como se o motor oferecesse uma "pressão" de oposição contra a qual a "pressão" elétrica teria que trabalhar.

Ao se fazer medidas bastante cuidadosas, é interessante verificar que a quantidade de trabalho que pode ser realizado por uma bateria depende da velocidade com que ela é descarregada. Se ela for descarregada rapidamente, oferecendo-se pouca resistência ao escoamento da eletricidade, gera-se calor que não pode ser usado como trabalho. À medida que aumentamos a resistência, reduzimos a velocidade na qual a energia é removida, porém, uma maior parte dela pode aparecer como trabalho. A situação limite é quando se retira energia com uma velocidade infinitamente lenta, sendo a bateria capaz de superar muito pouco a resistência de oposição — neste caso o trabalho realizado será um máximo. Qualquer variação como esta, onde a força propulsora está virtualmente equilibrada por uma força de oposição, é chamada de um **processo reversível**. Diz-se isto porque, ao se aumentar a força de oposição de muito pouco, pode-se inverter a direção da transformação. Um exemplo num sistema físico é o conjunto cilindro-pistom na Fig. 11.4. À medida que a água evapora uma molécula de cada vez, a pressão que se opõe à expansão reduz-se gradualmente de muito pouco. A pressão interna, que é a força motriz da expansão, está continuamente equilibrada pela pressão de oposição e, se uma molécula de vapor de água condensar, a pressão aumentará e ocorrerá uma pequena compressão.

Um conceito muito importante, ao qual retornaremos mais tarde, é que *o trabalho máximo disponível em qualquer transformação é obtido se a transformação ocorrer por um processo reversível*. Infelizmente, os processos reversíveis, como a descarga infinitamente lenta da bateria, levam uma eternidade para ocorrer. Todas as transformações reais, espontâneas, não ocorrem por um processo reversível e o trabalho que pode ser extraído delas é sempre menor do que o máximo teórico.

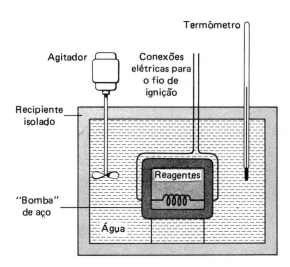

Figura 11.5
Bomba calorimétrica.

11.3 CALOR DE REAÇÃO: TERMOQUÍMICA

Virtualmente, toda reação química ocorre com absorção ou desprendimento de energia. Estas transformações refletem as diferenças entre as energias potenciais associadas às ligações nos reagentes e produtos. Por exemplo, quando dois átomos de hidrogênio se juntam para formar uma molécula de H_2, é liberada energia, porque a energia potencial total dos núcleos e elétrons da molécula de H_2 é menor que a energia potencial total destas partículas nos dois átomos isolados. Esta mesma energia, quando adicionada a uma molécula H_2, pode dividi-la; assim, esta energia representa

420 / QUÍMICA GERAL

a energia de ligação discutida no Cap. 4. Vemos, portanto, que as medidas da quantidade de energia, liberada ou absorvida, quando ocorre uma reação química, nos fornecem muitas informações fundamentais relativas à estabilidade das moléculas e às forças das ligações químicas.

Se conduzimos uma reação química em um recipiente fechado de volume fixo, o sistema, sofrendo reação, não pode realizar trabalho do tipo pressão-volume sobre o ambiente, porque $\Delta V = 0$; logo, $P \Delta V = 0$. Qualquer calor absorvido ou liberado sob estas condições (deixe-nos chamá-lo q_v) é precisamente igual à variação na energia interna do sistema,

$$\Delta E = q_v \qquad [11.3]$$

Definindo de outra maneira, ΔE é igual ao calor absorvido ou liberado pelo sistema, sob condições de volume constante (isto é, o *calor de reação a volume constante*). Quando a reação é endotérmica, tanto q como ΔE são positivos. Para um processo exotérmico q e ΔE são negativos.

Experimentalmente, ΔE pode ser medido usando-se um dispositivo chamado **bomba calorimétrica** (Fig. 11.5). O aparelho consiste em uma forte "bomba" de aço, na qual os reagentes (por exemplo, H_2 e O_2) são colocados. A bomba é, então, imersa em um banho isolado, contendo uma quantidade de água conhecida com precisão. Ali, a reação é iniciada por um pequeno fio aquecido dentro da bomba e o calor é liberado. O sistema todo é deixado retornar ao equilíbrio térmico, em cujo ponto o calorímetro (bomba e água) estará a uma temperatura mais alta que antes da reação. Medindo-se cuidadosamente a temperatura da água antes e depois da reação e conhecendo-se a capacidade calorífica do calorímetro (incluindo a bomba e a água) a quantidade de calor liberada pela reação química pode ser calculada.

Normalmente usa-se uma bomba calorimétrica para se medir ΔE para reações exotérmicas.

EXEMPLO 11.2

Hidrogênio (0,100 g) e oxigênio (0,800 g) são comprimidos em uma bomba de $1,00 \text{ dm}^3$, que é então colocada na água em um calorímetro. Antes da reação ser iniciada, a temperatura da água é $25,000°C$. Após a reação, a temperatura sobe para $25,155°C$. A capacidade calorífica do calorímetro (bomba, água etc.) é de $90,8 \text{ kJ } °C^{-1}$. Qual o ΔE para esta reação?

SOLUÇÃO

A variação de temperatura que ocorre é $0,155°C$. Da capacidade calorífica podemos encontrar o número de calorias liberadas

$$\text{calor liberado}, q = \left(90,8 \ \frac{kJ}{°C}\right)(0,155°C)$$

Portanto,

$$q_v = -14,1 \text{ kJ}$$

Logo,

$$\Delta E = -14,1 \text{ kJ}$$

Note que q_v e ΔE são ambos negativos porque o sistema (H_2 e O_2) libera energia ao reagir.

No Ex. 11.2, a grandeza de ΔE depende das quantidades de H_2 e O_2 que reagiram, isto é, ΔE é uma quantidade extensiva. Podemos converter isto para uma propriedade intensiva, que é característica da reação entre quaisquer quantidades de H_2 e O_2, calculando o calor liberado *por mol* do produto formado. No Ex. 11.2,

TERMODINÂMICA QUÍMICA / 421

produzimos 0,0500 mol de H_2O. Portanto, dizemos que $\Delta E = -14,1$ kJ/0,0500 mol de H_2O ou $\Delta E = -282$ kJ mol^{-1}.

No passado, era prática comum expressar sempre o calor de reação em calorias ou quilocalorias. Desde a aceitação do sistema SI, preferimos usar joules e quilojoules. Independente das unidades, os métodos empregados para resolver os problemas são os mesmos. No momento, já somos capazes de converter facilmente joules em calorias.

Lembre-se: 1 cal = 4,184 J.

O calor liberado a volume constante nos permite calcular ΔE. Todavia, a maioria das transformações que são de interesse prático para nós ocorre em recipientes abertos e à pressão atmosférica essencialmente constante. Sob estas condições, consideráveis variações de volume podem ocorrer. Por exemplo, quando 2 mol do gás H_2 reagem com 1 mol do gás O_2 para produzir 2 mol de água líquida, à pressão constante de 100 kPa, o volume varia de cerca de 67 dm^3 para 0,036 dm^3. Imaginemos que esta variação ocorra em um cilindro, com um pistom exercendo uma pressão constante de 100 kPa; quando a reação chega a se completar, o ambiente realizou trabalho sobre o sistema, cuja magnitude é o produto $P\,\Delta V$, aproximadamente, igual a 6700 J (6,7 kJ).

Para evitar a necessidade de considerar o trabalho PV quando o calor de reação é medido a pressão constante, definimos uma nova função termodinâmica chamada **conteúdo de calor** ou **entalpia**, H. Esta é dada como

Entalpia *vem do alemão* enthalen, *significando* conter.

$$H = E + PV \qquad [11.4]$$

Para uma variação a pressão constante,

$$\Delta H = \Delta E + P\,\Delta V \qquad [11.5]$$

Se apenas trabalho PV está envolvido na transformação, sabemos que

$$\Delta E = q - P\,\Delta V$$

Substituindo isto na Eq. 11.5, temos

$$\Delta H = (q - P\,\Delta V) + P\,\Delta V$$
$$\Delta H = q_p \qquad [11.6]$$

Assim, vemos que ΔH é o calor q_p, absorvido ou liberado a pressão constante.

A entalpia de um sistema, como a energia interna, é uma função de estado; assim, o valor de ΔH depende somente das entalpias dos estados inicial e final. Assim, podemos escrever

$$\Delta H = H_{\text{final}} - H_{\text{inicial}}$$

Aqui usamos a mesma simbologia que usamos para nossas discussões anteriores sobre ΔH_{vap}, ΔH_{fus} e assim por diante. Estas quantidades, de fato, correspondem às variações de entalpia associadas a vaporização, a fusão e assim por diante.

Em muitas situações, as diferenças entre ΔH e ΔE são pequenas, particularmente para reações químicas. Quando ocorre uma reação em que todos os reagentes e produtos são líquidos ou sólidos, ocorrem apenas variações muito pequenas de volume. Como resultado, $P\,\Delta V$ é muito pequeno e ΔH tem, aproximadamente, a mesma grandeza que ΔE. Quando ocorrem reações químicas nas quais gases são consumidos ou produzidos, ocorrem variações muito maiores de volume e o produto $P\,\Delta V$ também é muito maior. Todavia, mesmo nestes casos, ΔE é, geralmente, tão grande

422 / QUÍMICA GERAL

em comparação com o termo $P \, \Delta V$, que ΔE e ΔH ainda são quase os mesmos. Veremos isto no Ex. 11.3.

EXEMPLO 11.3   Quando 2,00 mol de H_2 e 1,00 mol de O_2, a 100°C e 1 atm, reagem para produzir 2,00 mol de vapor d'água a 100°C e 1 atm, um total de 484,5 kJ são liberados. Quais são: (a) ΔH; (b) ΔE para a formação de um único mol de H_2O (g)?

SOLUÇÃO   (a) Desde que a reação

$$2H_2(g) + O_2(g) \rightarrow 2H_2O(g)$$

está ocorrendo a pressão constante,

$$q_p = \Delta H = \frac{-484{,}5 \text{ kJ}}{2 \text{ mol de } H_2O}$$

Este sinal negativo significa que a reação é exotérmica. Para a produção de 1 mol de água,

$$\Delta H = -242{,}2 \text{ kJ/mol}$$

(b) Para calcular ΔE a partir do ΔH teremos de usar a Eq. 11.5. Resolvendo para ΔE teremos

$$\Delta E = \Delta H - P \, \Delta V$$

Assim, temos de subtrair o produto $P \, \Delta V$ de ΔH. Por simplicidade, assumiremos que os gases são ideais (isto gera um erro pequeno). Então, tomando V_i e n_i como o volume e o número de moles iniciais dos reagentes numa dada P e T,

$$PV_i = n_i RT$$

Da mesma forma, para o estado final (produtos)

$$PV_f = n_f RT$$

O trabalho pressão-volume, no processo, é dado por

$$PV_f - PV_i = P\,(V_f - V_i) = P \, \Delta V$$

Isto é igual a

$$P \, \Delta V = n_f RT - n_i RT$$

$$P \, \Delta V = (n_f - n_i)\,RT = (\Delta n)\,RT$$

Estamos interpretando a equação numa base molar.   A quantidade Δn = (número de moles de produtos gasosos) − (número de moles de reagentes gasosos). Usando os coeficientes na equação química na parte (a), temos dois moles de produtos gasosos e três moles de reagentes gasosos. Portanto,

$$\Delta n = 2{,}00 \text{ mol} - 3{,}00 \text{ mol} = -1{,}00 \text{ mol}.$$

Portanto, usando $R = 8{,}314$ J/mol K, para obtermos as unidades de energia desejadas,

$$P \, \Delta V = (-1{,}00 \text{ mol})\,(8{,}314 \text{ J/mol K})\,(373 \text{ K})$$

$$P \, \Delta V = -3\,100 \text{ J} = -3{,}10 \text{ kJ}$$

O que calculamos, baseados na equação química, é o trabalho $P \, \Delta V$ para a formação de 2 mol de H_2O (g). Para um mol, $P \, \Delta V = -1{,}55$ kJ. Agora, podemos calcular ΔE em kJ mol^{-1}.

TERMODINÂMICA QUÍMICA / 423

$$\Delta E = \Delta H - P \, \Delta V$$

$$\Delta E = -242,2 \text{ kJ/mol} - (-1,55 \text{ kj/mol})$$

$$\Delta E = -240,6 \text{ kJ/mol}$$

Note que ΔH e ΔE não são muito diferentes, mesmo nesta reação que envolve uma variação no número de moles de um gás. Eles diferem de somente 0,6%.

Neste último exemplo, vimos que o trabalho PV, envolvido numa reação química em que gases são consumidos ou produzidos, pode ser calculado pela simples expressão

$$\text{trabalho pressão-volume} = (\Delta n) \, RT \qquad [11.7]$$

Lembremo-nos de que Δn é *a variação no número de moles de* **gás** *indo-se dos reagentes para os produtos.* A Eq. 11.7 não se aplica a reações onde estejam envolvidos apenas líquidos ou sólidos. Para tais reações, as variações de volume são extremamente pequenas e o trabalho $P \, \Delta V$ é usualmente desprezível, comparado com as outras variações de energia que ocorrem. Para tais reações, ΔE e ΔH são, portanto, praticamente idênticos.

11.4 LEI DE HESS DA SOMA DOS CALORES

Uma vez que a entalpia é uma função de estado, a grandeza de ΔH para uma reação química não depende do caminho seguido pelos reagentes para formar os produtos. Consideremos, por exemplo, a conversão de 1 mol de água líquida, a 100°C e 1 atm, para 1 mol de vapor, a 100°C e 1 atm. Este processo absorve 41 kJ de calor para cada mol de H_2O vaporizado e, logo, $\Delta H = +41$ kJ. Podemos representar esta "reação" como

$$H_2O \; (l) \longrightarrow H_2O \; (g) \qquad \Delta H = +41 \text{ kJ}$$

Uma equação escrita desta maneira, em que a variação de energia também é mostrada, chama-se uma **equação termoquímica** e é quase sempre interpretada em base molar. Aqui, por exemplo, vemos que 1 mol de $H_2O \, (l)$ é convertido em 1 mol de $H_2O \, (g)$ pela absorção de 41 kJ.

O valor de ΔH para este processo será sempre $+41$ kJ, desde que fique assegurado que nos referimos ao mesmo par de estados inicial e final. Podíamos, ainda, primeiramente, decompor 1 mol do líquido em hidrogênio e oxigênio gasosos e então recombiná-los para produzir $H_2O \, (g)$ a 100°C e 1 atm. A variação líquida em entalpia ainda seria a mesma, $+41$ kJ. Conseqüentemente, é possível considerar qualquer transformação como resultado de uma seqüência de reações químicas. O valor de ΔH para o processo global é simplesmente a soma de todas as variações de entalpia que ocorrem ao longo do caminho. Este último enunciado constitui a *lei de Hess da soma dos calores.*

As equações termoquímicas são uma ferramenta útil para a aplicação da lei de Hess. Por exemplo, as equações termoquímicas que correspondem ao caminho indireto anteriormente descrito para a vaporização de água são[2]

---

[2] Observemos que são permitidos coeficientes fracionários nas equações termoquímicas. Isto ocorre porque um coeficiente como $\frac{1}{2}$ é tomado para significar $\frac{1}{2}$ mol. Em equações ordinárias, coeficientes fracionários são evitados, porque são desprovidos de significado a nível molecular. Não se pode ter metade de um átomo ou molécula e ainda reter a identidade química das espécies.

$$H_2O\ (l) \longrightarrow H_2\ (g) + \tfrac{1}{2}O_2\ (g) \quad \Delta H = +283\ \text{kJ}$$
$$H_2\ (g) + \tfrac{1}{2}O_2\ (g) \longrightarrow H_2O\ (g) \quad \Delta H = -242\ \text{kJ}$$

Estas equações nos dizem que são necessários + 283 kJ para decompor 1 mol de $H_2O\ (l)$ em seus elementos e que 242 kJ são liberados, quando eles se recombinam para produzir 1 mol de $H_2O\ (g)$. A soma das duas equações, após cancelamento das quantidades que aparecem em ambos os lados da seta, nos dá a equação para a vaporização de 1 mol de água

$$H_2O\ (l) + \cancel{H_2\ (g)} + \cancel{\tfrac{1}{2}O_2\ (g)} \longrightarrow H_2O\ (g) + \cancel{H_2\ (g)} + \cancel{\tfrac{1}{2}O_2\ (g)}$$

ou

$$H_2O\ (l) \longrightarrow H_2O\ (g)$$

Podemos também constatar que o calor da reação global é igual à soma algébrica dos calores de reação para as duas etapas

$$\Delta H = +283\ \text{kJ} + (-242\ \text{kJ})$$
$$\Delta H = +41\ \text{kJ}$$

Assim, *quando adicionamos equações termoquímicas para obter alguma transformação global, também adicionamos seus calores de reação correspondentes.*

Para ilustrar a natureza destas transformações termoquímicas, podemos também demonstrá-las graficamente (Fig. 11.6). Este tipo de gráfico é, freqüentemente, chamado **diagrama de entalpia**. Como zero da escala de energia, escolhemos a entalpia dos elementos livres. Esta escolha é inteiramente arbitrária, porque estamos interessados apenas em determinar diferenças em H. De fato, não temos nenhum meio de conhecer as entalpias absolutas, assim como não temos como saber as energias internas absolutas. Podemos medir apenas o ΔH. Usamos diagramas similares ao da Fig. 11.6 no último capítulo, quando discutimos os calores de dissolução; assim, o conceito da lei de Hess já nos é familiar.

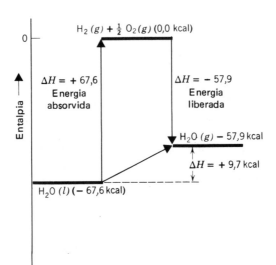

Figura 11.6
Diagrama de entalpia para a reação $H_2O\ (l) \rightarrow H_2O\ (g)$.

TERMODINÂMICA QUÍMICA / 425

EXEMPLO 11.4

A equação termoquímica para a combustão do acetileno, um combustível usado nos maçaricos, é dada pela Eq. (1).

(1) $\qquad$ $2C_2H_2(g) + 5O_2(g) \rightarrow 4CO_2(g) + 2H_2O(l) \qquad \Delta H_1 = -2\,602\,kJ$

O etano, um outro hidrocarboneto combustível, reage da seguinte maneira:

(2) $\qquad$ $2C_2H_6(g) + 7O_2(g) \rightarrow 4CO_2(g) + 6H_2O(l) \qquad \Delta H_2 = -3\,123\,kJ$

Numeramos os ΔH
simplesmente para
facilidade de identificação
na solução do problema.

e o hidrogênio e o oxigênio combinam-se conforme a equação

(3) $\qquad$ $H_2(g) + \frac{1}{2}O_2(g) \rightarrow H_2O(l) \qquad \Delta H_3 = -286\,kJ$

Todos estes dados correspondem à mesma temperatura e pressão: $25°C$ e 1 atm. Use estas equações termoquímicas para calcular o calor de hidrogenação do acetileno,

(4) $\qquad$ $C_2H_2(g) + 2H_2(g) \rightarrow C_2H_6(g) \qquad \Delta H_4 = ?$

a $25°C$ e 1 atm.

SOLUÇÃO

Para resolver este problema devemos combinar as equações dadas (1), (2) e (3) de tal forma que quando elas forem adicionadas tudo o mais se cancele, exceto as fórmulas da equação desejada (4). Isto requer que não desviemos nossa atenção da equação final enquanto rearranjamos as equações dadas de forma que elas se adicionem corretamente. Por exemplo, temos $1C_2H_2(g)$ à esquerda na Eq. (4), de forma que queremos usar a Eq. (1) com os seus coeficientes divididos por 2 (o que dá a Eq. 5). Devemos também dividir seu ΔH por 2 porque existem agora somente metade dos moles envolvidos. Temos também $2H_2(g)$ à esquerda, de forma que temos que tomar a Eq. (3) multiplicada por 2 e temos de multiplicar o seu ΔH por 2 (o que dá a Eq. 6). Finalmente, temos $1C_2H_6(g)$ à direita. Para colocá-lo lá, devemos inverter a Eq. (2) e dividir os seus coeficientes por 2 (Eq. 7). Quando invertemos uma equação, devemos trocar o sinal do seu ΔH, pois isto transforma uma reação exotérmica numa reação endotérmica. Neste caso, também devemos dividi-lo por 2. Isto nos dá, portanto,

(5) $C_2H_2(g) + \frac{5}{2}O_2(g) \rightarrow 2CO_2(g) + H_2O(l) \qquad \Delta H_5 = \dfrac{-2\,602\,kJ}{2} = -1\,301\,kJ$

(6) $2H_2(g) + O_2(g) \rightarrow 2H_2O(l) \qquad\qquad \Delta H_6 = 2\,(-286\,kJ) = -572\,kJ$

(7) $2CO_2(g) + 3H_2O(l) \rightarrow C_2H_6(g) + \frac{7}{2}O_2(g) \quad \Delta H_7 = \dfrac{+3\,123\,kJ}{2} = +1\,561\,kJ$

Adicionando-se as Eqs. (5), (6) e (7) teremos

À esquerda, $\frac{5}{2}O_2 + O_2$
dá $\frac{7}{2}O_2$.

$$C_2H_2(g) + 2H_2(g) + \frac{7}{2}O_2(g) + 2CO_2(g) + 3H_2O(l) \rightarrow$$
$$2CO_2(g) + 3H_2O(l) + C_2H_6(g) + \frac{7}{2}O_2(g)$$

Cancelando-se os elementos que ocorrem em ambos os lados teremos

$$C_2H_2(g) + 2H_2(g) \rightarrow C_2H_6(g)$$

que é a equação desejada. Uma vez que ela foi obtida pela adição das Eqs. (5), (6) e (7), o seu ΔH (ΔH_4 no enunciado do problema) é obtido adicionando-se os ΔH de (5), (6) e (7).

$$\Delta H_4 = \Delta H_5 + \Delta H_6 + \Delta H_7$$

$$\Delta H_4 = (-1\,301\,kJ) + (-572\,kJ) + (1\,561\,kj)$$

$$= -312\,kJ$$

Portanto, o calor de hidrogenação do acetileno é $-312\,kJ$.

426 / QUÍMICA GERAL

Calor de formação

Um tipo particularmente útil de equação termoquímica corresponde ao da formação de uma substância a partir de seus elementos. A variação de entalpia associada a estas reações é chamada **calor de formação** ou **entalpia de formação**, simbolizado por ΔH_f. Por exemplo, as equações termoquímicas para a formação de água líquida e gasosa a 100°C e 1 atm são, respectivamente,

$$H_2\ (g) + \tfrac{1}{2}O_2\ (g) \longrightarrow H_2O\ (l) \qquad \Delta H_f = -283 \text{ kJ mol}^{-1}$$

$$H_2\ (g) + \tfrac{1}{2}O_2\ (g) \longrightarrow H_2O\ (g) \qquad \Delta H_f = -242 \text{ kJ mol}^{-1}$$

Como podemos usar estas equações para obter o calor latente de vaporização da água? Devemos, é claro, inverter a primeira equação e, então, adicioná-la à segunda. Ao invertermos esta equação, devemos também trocar o sinal de ΔH. Se a formação de $H_2O\ (l)$ é exotérmica, como indicado por ΔH_f negativo, o processo inverso deve ser endotérmico.

(Exotérmico) $\qquad H_2\ (g) + \tfrac{1}{2}O_2\ (g) \longrightarrow H_2O\ (l) \qquad \Delta H = \Delta H_f = -283 \text{ kJ}$

(Endotérmico) $\qquad H_2O\ (l) \longrightarrow H_2\ (g) + \tfrac{1}{2}O_2\ (g) \qquad \Delta H = -\Delta H_f = +283 \text{ kJ}$

Quando esta última equação é adicionada à de formação de $H_2O\ (g)$, obtemos

$$H_2O\ (l) \longrightarrow H_2O\ (g)$$

e o calor de reação é

$$\Delta H = \Delta H_{f\,H_2O\,(g)} - \Delta H_{f\,H_2O\,(l)}$$

$$\Delta H = 242 \text{ kJ} - (-283 \text{ kJ}) = +41 \text{ kJ}$$

Veremos que a Eq. 11.8 é uma forma particularmente útil da lei de Hess.

Note que o calor de reação para a transformação global é igual ao calor de formação do produto *menos* o calor de formação do reagente. Em geral, podemos escrever que, para qualquer reação global,

$$\Delta H_{\text{reação}} = (\text{soma dos } \Delta H_f \text{ dos produtos}) - (\text{soma dos } \Delta H_f \text{ dos reagentes}) \qquad [11.8]$$

11.5 ESTADOS PADRÕES

A grandeza de ΔH_f depende das condições de temperatura, pressão e do estado físico (gasoso, líquido, sólido, forma cristalina) dos reagentes e produtos. Por exemplo, a 100°C e 1 atm, o calor de formação da água líquida é -283 kJ mol^{-1}, enquanto que, a 25°C e 1 atm, ΔH_f para $H_2O\ (l)$ é -286 kJ mol^{-1}. Para evitar a necessidade de ter sempre que especificar as condições para as quais ΔH_f está registrado e permitir comparações entre ΔH_f para vários compostos, um conjunto de condições padronizadas é escolhido, usualmente 25°C e uma pressão de 1 atm (101,325 kPa).[3] Sob estas condições, diz-se que uma substância está em seu **estado padrão**. O calor de formação das substâncias em seus estados padrões é indicado como ΔH_f^0. Por exemplo, o calor padrão de formação da água líquida, $\Delta H_{f\,H_2O(l)}^0 = -286$ kJ mol^{-1}, representa o calor liberado, quando H_2 e O_2, cada um na forma natural, a 25°C e 1 atm, reagem para produzir $H_2O\ (l)$ a 25°C e 1 atm.

Sabemos que a energia é liberdade porque $\Delta H°$ é negativo.

---

[3] Devemos observar que a escolha da temperatura padrão, aqui, difere da temperatura padrão de 0°C, usada nos cálculos envolvendo gases, no Cap. 7.

Tabela 11.1

Calor padrão de formação de algumas substâncias a 25°C e 1 atm

Substância	ΔH_f^0 (kJ/mol)	Substância	ΔH_f^0 (kJ/mol)
Al_2O_3 (s)	−1676	HBr (g)	−36
Br_2 (l)	0,00	HI (g)	+26
Br_2 (g)	+30,9	KCl (s)	−436,0
C (s, diamante)	+1,88	LiCl (s)	−408,8
CO (g)	−110	$MgCl_2$ (s)	−641,8
CO_2 (g)	−394	$MgCl_2 \cdot 2H_2O$ (s)	−1280
CH_4 (g)	−74,9	$Mg(OH)_2$ (s)	−924,7
C_2H_6 (g)	−84,5	NH_3 (g)	−46,0
C_2H_4 (g)	+51,9	N_2O (g)	+81,5
C_2H_2 (g)	+227	NO (g)	+90,4
C_3H_8 (g)	−104	NO_2 (g)	+34
C_6H_6 (l)	+49,0	NaF (s)	−571
CH_3OH (l)	−238	NaCl (s)	−413
HCOOH (g)	−363	NaBr (s)	−360
CS_2 (l)	+89,5	NaI (s)	−288
CS_2 (g)	+117	Na_2O_2 (s)	−504,6
CCl_4 (l)	−134	NaOH (s)	−426,8
C_2H_5OH (l)	−278	$NaHCO_3$ (s)	−947,7
CH_3CHO (g)	−167	Na_2CO_3 (s)	−1131
CH_3COOH (l)	−487,0	O_3 (g)	+143
CaO (s)	−635,5	PbO_2 (s)	−277
$Ca(OH)_2$ (s)	−986,6	$PbSO_4$ (s)	−920,1
$CaSO_4$ (s)	−1433	SO_2 (g)	−297
CuO (s)	−155	SO_3 (g)	−396
Fe_2O_3 (s)	−822,2	H_2SO_4 (l)	−813,8
H_2O (l)	−286	SiO_2 (s)	−910,9
H_2O (g)	−242	SiH_4 (g)	+34
HF (g)	−271	ZnO (s)	−348
HCl (g)	−92,5	$Zn(OH)$ (s)	−642,2

A Tab. 11.1 contém o calor padrão de formação para uma variedade de substâncias diferentes. Esta tabela é muito útil, porque nos permite calcular, usando a Eq. 11.8, o calor padrão de reação, ΔH^0, para um número muito grande de diferentes transformações químicas. Ao realizar estes cálculos, arbitrariamente, tomamos o ΔH_f^0 para um elemento em sua forma natural e mais estável, a 25°C e 1 atm, igual a zero. Assim, em nossos cálculos, o ponto zero da escala de energia é outra vez escolhido como correspondente aos elementos livres. Como já mencionamos, devido ao fato de falarmos apenas de *variações* em energia, a localização real deste ponto zero é sem importância. Os exemplos seguintes ilustram como os princípios desenvolvidos nas duas seções precedentes podem ser aplicados.

428 / QUÍMICA GERAL

EXEMPLO 11.5   Muitas cozinheiras cuidadosas têm sempre bicarbonato de sódio à mão, pois ele é um extintor de incêndios de óleos ou gorduras. Seus produtos de decomposição ajudam a apagar as chamas. A reação é

$$2NaHCO_3\,(s) \rightarrow Na_2CO_3\,(s) + H_2O\,(g) + CO_2\,(g)$$

Calcule o ΔH^0 para a reação.

SOLUÇÃO   A Eq. 11.8 implica que

$$\Delta H^0 = \text{(soma dos } \Delta H_f^0 \text{ dos produtos)} - \text{(soma dos } \Delta H_f^0 \text{ dos reagentes)}$$

Isto significa que devemos adicionar todo o calor liberado durante a formação dos produtos a partir dos seus elementos e, então, subtrair o calor liberado pela formação dos reagentes a partir dos seus elementos.

Usando-se os dados da Tab. 11.1, a entalpia total de formação dos produtos é

$$1 \text{ mol Na}_2\text{CO}_3\,(s) \times \left(\frac{-1131 \text{ kJ}}{1 \text{ mol Na}_2\text{CO}_3\,(s)} \right) = -1131 \text{ kJ}$$

$$1 \text{ mol H}_2\text{O}\,(g) \times \left(\frac{-242 \text{ kJ}}{1 \text{ mol H}_2\text{O}\,(g)} \right) = -242 \text{ kJ}$$

$$1 \text{ mol CO}_2\,(g) \times \left(\frac{-394 \text{ kJ}}{1 \text{ mol CO}_2\,(g)} \right) = -394 \text{ kJ}$$

$$\overline{\Delta H_f^0 \text{ total dos produtos} = -1767 \text{ kJ}}$$

Para o reagente,

$$2 \text{ mol NaHCO}_3\,(s) \times \left(\frac{-947,7 \text{ kJ}}{1 \text{ mol NaHCO}_3\,(s)} \right) = -1895 \text{ kj}$$

Já dissemos que

$$\Delta H^0 = \text{(soma dos } \Delta H_f^0 \text{ dos produtos)} - \text{(soma dos } \Delta H_f^0 \text{ dos reagentes)}$$

Portanto,

$$\Delta H^0 = -1767 \text{ kJ} - (-1895 \text{ kJ})$$

ou

$$\Delta H^0 = +128 \text{ kJ}$$

Note que, ao calcularmos o ΔH^0 para a reação global, multiplicamos cada ΔH_f^0 pelo coeficiente apropriado da equação. Isto nos dá o calor total da reação para os números de moles especificados pela equação química.

EXEMPLO 11.6   Determine ΔH^0 para a reação

$$2Na_2O_2\,(s) + 2H_2O\,(l) \rightarrow 4NaOH\,(s) + O_2\,(g)$$

SOLUÇÃO   Usando-se a Eq. 11.8,

$$\Delta H^0 = [4\Delta H_f^0\,\text{NaOH}\,(s) + \Delta H_f^0\,\text{O}_2\,(g)] - [2\Delta H_f^0\,\text{Na}_2\text{O}_2\,(s) + 2\Delta H_f^0\,\text{H}_2\text{O}\,(l)]$$

TERMODINÂMICA QUÍMICA / 429

Todos os dados encontram-se disponíveis na Tab. 11.1, exceto o $\Delta H_f^\circ O_2 (g)$, mas já sabemos (ou *deveríamos* saber) que o calor de formação de um elemento puro é zero. Portanto,

$$\Delta H^\circ = \left[4 \text{ mol} \times \left(\frac{-426,8 \text{ kJ}}{1 \text{ mol NaOH}} \right) + 0,00 \right]$$

$$- \left[2 \text{ mol} \times \left(\frac{-504,6 \text{ kJ}}{1 \text{ mol Na}_2\text{O}_2} \right) + 2 \text{ mol} \times \left(\frac{-286 \text{ kJ}}{1 \text{ mol H}_2\text{O} (l)} \right) \right]$$

$$= [-1707 \text{ kJ}] - [-1581 \text{ kJ}]$$

$$= -126 \text{ kJ}$$

Para calcularmos o número de quilojoules liberados por 25,0 g de Na_2O_2, temos de levar em conta que o ΔH° que calculamos é a energia liberada quando reagem 2 mol de Na_2O_2. Portanto,

$$2 \text{ mol Na}_2\text{O}_2 \sim -126 \text{ kJ}$$

A massa molar do Na_2O_2 é 78,0 g mol^{-1}, daí

$$25,0 \text{ g Na}_2\text{O}_2 \times \left(\frac{1 \text{ mol Na}_2\text{O}_2}{78,0 \text{ g Na}_2\text{O}_2} \right) \times \left(\frac{-126 \text{ kJ}}{2 \text{ mol Na}_2\text{O}_2} \right) \sim -20,2 \text{ kJ}$$

A reação de 25,0 g de Na_2O_2 libera 20,2 kJ.

Freqüentemente, é impossível medir diretamente o calor de formação de um composto. Por exemplo, não podemos fazer hidrogênio, oxigênio e grafita (a forma cristalina mais estável do carbono) reagirem diretamente para produzir álcool etílico, C_2H_5OH. Se pudéssemos, poderíamos converter carvão em álcool e diminuir a crise de energia! Conseqüentemente, para determinarmos o ΔH_f° para substâncias como o C_2H_5OH devemos usar um método indireto. Uma técnica que pode ser aplicada para a maioria dos materiais orgânicos consiste em queimar a substância em um calorímetro, formando produtos de calores de formação conhecidos, como é mostrado no Ex. 11.7.

EXEMPLO 11.7

A combustão de 1 mol de benzeno, $C_6H_6 (l)$, para produzir $CO_2 (g)$ e $H_2O (l)$, libera 3271 kJ, quando os produtos são trazidos a 25°C e 1 atm. Qual o calor padrão de formação do $C_6H_6 (l)$, expresso em quilojoules por mol?

SOLUÇÃO

A equação para a combustão de 1 mol de C_6H_6 é

$$C_6H_6 (l) + 7\tfrac{1}{2}O_2 (g) \rightarrow 6CO_2 (g) + 3H_2O (l)$$

O calor padrão de reação, $\Delta H^\circ = 3271$ kJ. Da Eq. 11.8, sabemos que

$$\Delta H^\circ = \left[6 \, \Delta H_f^\circ CO_2 (g) + 3 \, \Delta H_f^\circ H_2O (l) \right] - \left[\Delta H_f^\circ C_6H_6 (l) \right]$$

Resolvendo para o calor de formação do benzeno,

$$\Delta H_f^\circ C_6H_6 (l) = 6 \, \Delta H_f^\circ CO_2 (g) + 3 \, \Delta H_f^\circ H_2O (l) - \Delta H^\circ$$

430 / QUÍMICA GERAL

Da Tab. 11.1, podemos obter o calor de formação do CO_2 e do H_2O. Portanto,

$$\Delta H^0_f {}_{C_6H_6}(l) = 6\,(-394)\text{ kJ} + 3\,(-286)\text{ kJ} - (-3271\text{ kJ})$$

$$\Delta H^0_f {}_{C_6H_6}(l) = +49\text{ kJ}$$

Desde que 1 mol de C_6H_6 está envolvido,

$$\Delta H^0_f = +49\text{ kJ mol}^{-1}$$

11.6
ENERGIA DE LIGAÇÃO

Estabelecemos, anteriormente, que seria possível relacionar calor de reação com as variações de energia potencial associadas à quebra e formação de ligações químicas. Falando explicitamente, poderíamos usar ΔE para esta finalidade; todavia uma vez que as contribuições de $P\,\Delta V$ para o ΔH são relativamente pequenas para as reações químicas, podemos usar ΔH em lugar de ΔE e ainda esperar obter resultados bastante razoáveis. Conseqüentemente, usaremos os termos energia de ligação e entalpia de ligação indistintamente.

No Cap. 4, a energia de ligação foi definida como a energia necessária para romper uma ligação e produzir fragmentos neutros. Para uma molécula complexa, a energia necessária para dividir a molécula gasosa em átomos gasosos neutros, chamada **energia de atomização**, é a soma de todas as energias de ligação na molécula. Moléculas diatômicas simples, como H_2, O_2, Cl_2 ou HCl, possuem apenas uma ligação; portanto, a energia de atomização é igual à energia de ligação. Para estes casos simples, a energia de atomização pode ser obtida estudando-se o espectro produzido, quando estas moléculas absorvem ou emitem luz. Para moléculas mais complexas, todavia, empregamos um método indireto que faz uso dos calores de formação medidos.

Como exemplo, vamos considerar a molécula CH_4. Se usarmos a mesma técnica utilizada no Ex. 11.7, poderemos determinar experimentalmente o calor padrão de formação do $CH_4\,(g)$ como sendo igual a $-74{,}9$ kJ mol^{-1}. Isto corresponde à variação de entalpia, $\Delta H_f{}^0$, para a reação

$$\text{C }(s,\text{ grafita}) + 2H_2\,(g) \longrightarrow CH_4\,(g)$$

Podemos vislumbrar um caminho alternativo, que nos leve dos elementos livres ao composto, metano, através de uma série de reações sucessivas,

(1)	C $(s,$ grafita) $\longrightarrow$ C (g)	ΔH_1
(2)	$2H_2\,(g) \longrightarrow 4H\,(g)$	ΔH_2
(3)	C $(g) + 4H\,(g) \longrightarrow CH_4\,(g)$	ΔH_3

A soma das três dar-nos-á a desejada reação global.

As etapas 1 e 2 envolvem o calor de formação dos átomos gasosos a partir de um elemento no seu estado padrão. Para o hidrogênio, o calor de formação de cada mol de átomos de hidrogênio gasoso é metade da energia de atomização do $H_2\,(g)$. Para o carbono, corresponde à energia de sublimação da grafita. A Tab. 11.2 contém alguns calores de formação de átomos gasosos de elementos típicos, a partir de seus estados padrões.

Tabela 11.2
Calor de formação de átomos gasosos a partir dos elementos nos seus estados padrões

Átomo	ΔH_f por mol de átomos (kJ mol^{-1})
H	218
Li	161
Be	327
B	555
C	715
N	473
O	249
F	79,1
Na	108
Si	454
Cl	121
Br	112
I	107

Aplicando a lei de Hess, sabemos que para obter o ΔH para a reação global, isto é, ΔH_f^0 para CH$_4$ (g), podemos adicionar as variações de entalpia para cada etapa.

$$\Delta H_f^0 = \Delta H_1 + \Delta H_2 + \Delta H_3 \qquad [11.9]$$

A partir dos dados da Tab. 11.2, determinamos que $\Delta H_1 = +715$ kJ, o calor de formação dos átomos de carbono gasosos. Do mesmo modo, $\Delta H_2 = 4 (+218$ kJ$)$, isto é, quatro vezes o calor de formação de 1 mol de H (g). A quantidade ΔH_3 é a energia de atomização do CH$_4$ (g) com sinal negativo.

$$\Delta H_3 = -\Delta H_{atom} \text{ para CH}_4 \text{ (g)}$$

Resolvendo para a energia de atomização do metano na Eq. 11.9, temos

$$\Delta H_{atom} = \Delta H_1 + \Delta H_2 - \Delta H_f^0$$

Substituindo pelos valores numéricos, temos

$$\Delta H_{atom} = (+715 + 872 + 74,9) \text{ kJ}$$

$$\Delta H_{atom} = +1662 \text{ kJ}$$

Esta é a quantidade total de energia que deve ser absorvida para romper todos os 4 moles de ligações C–H em 1 mol de CH$_4$. A divisão por 4, então, nos fornece uma energia de ligação média de 415 kJ mol^{-1} das ligações C–H. Este valor, juntamente com algumas outras energias de ligação, aparecem na Tab. 11.3.

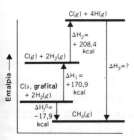

EXEMPLO 11.8

O calor de formação do etileno, C_2H_4, é $+51{,}9$ kJ mol^{-1}. A estrutura da molécula é

$$\begin{array}{c} H \qquad\qquad H \\ \diagdown\qquad\diagup \\ C = C \\ \diagup\qquad\diagdown \\ H \qquad\qquad H \end{array}$$

Assumindo que a energia da ligação C–H é 415 kJ mol^{-1}, calcule a energia da ligação C=C.

SOLUÇÃO

Examinemos os dois caminhos alternativos mostrados na Fig. 11.7 que nos levam dos reagentes [C (s) e H_2 (g)] ao produto [C_2H_4 (g)]. A soma das variações de energia nas etapas 1, 2 e 3 deve ser a mesma que para o caminho direto, ΔH_f^0.

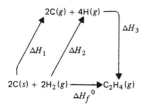

Figura 11.7
Caminhos alternativos para a formação do etileno a partir dos seus elementos, no estado padrão.

$$\Delta H_1 + \Delta H_2 + \Delta H_3 = \Delta H_f^0$$

ETAPA 1. ΔH_1 é duas vezes o calor de formação de um mol de átomos de carbono.

$$\Delta H_1 = 2\,(715 \text{ kJ}) = 1430 \text{ kJ}$$

ETAPA 2. ΔH_2 é quatro vezes o calor de formação de um mol de átomos de hidrogênio.

$$\Delta H_2 = 4\,(218 \text{ kJ}) = 872 \text{ kJ}$$

ETAPA 3. ΔH_3 é a energia de atomização com sinal negativo.

$$\Delta H_3 = -\Delta H_{atom}$$

Portanto,

$$1430 \text{ kJ} + 872 \text{ kJ} + (-\Delta H_{atom}) = +51{,}9 \text{ kJ}$$

Resolvendo para ΔH_{atom}

$$\Delta H_{atom} = 1430 \text{ kJ} + 872 \text{ kJ} - 51{,}9 \text{ kJ}$$
$$= 2250 \text{ kJ}$$

Esta é a energia necessária para quebrar quatro moles de ligações C–H mais um mol de ligações C=C.

$$\Delta H_{atom} = 4\Delta H_{C-H} + \Delta H_{C=C}$$

Substituindo-se e resolvendo-se para $\Delta H_{C=C}$,

$$\Delta H_{C=C} = \Delta H_{atom} - 4\Delta H_{C-H}$$
$$= 2250 \text{ kJ} - 4\,(415 \text{ kJ})$$
$$= 590 \text{ kJ por mol de ligações C=C}$$

É digno de nota o fato de que este valor está dentro de 3% da média aceita para a energia da ligação C=C de 607 kJ mol^{-1}.

Um fato muito importante é que as energias médias de ligação encontradas na Tab. 11.3 podem ser usadas, em muitos casos, para calcular um calor de formação com boa precisão, como está ilustrado a seguir, no Ex. 11.9. É muito significativo que uma ligação entre dois átomos tenha, aproximadamente, a mesma força em uma molécula quanto em outra. Isto implica, por exemplo, que quase todas as ligações C–H sejam muito semelhantes, tanto numa molécula pequena, como CH$_4$, co-

TERMODINÂMICA QUÍMICA / 433

Tabela 11.3
Energias médias de ligação

Ligação	Energia de Ligação $kJ\ mol^{-1}$	Ligação	Energia de Ligação $kJ\ mol^{-1}$
H—C	415	C=O	724
H—O	463	C—N	292
H—N	391	C=N	619
H—F	563	C≡N	879
H—Cl	432	C—C	348
H—Br	366	C=C	607
H—I	299	C≡C	833
C—O	356		

mo numa molécula grande e complexa, como $C_{42}H_{86}$. O mesmo se aplica a muitas outras ligações. Este fenômeno tem simplificado significativamente o desenvolvimento das teorias modernas sobre ligações químicas, que discutimos no Cap. 5.

EXEMPLO 11.9 Use os dados das Tabs. 11.2 e 11.3 para calcular o calor de formação molar do álcool etílico líquido. Este composto tem um calor latente de vaporização de $\Delta H^0_{vap} = 39\ kJ\ mol^{-1}$ e a fórmula estrutural

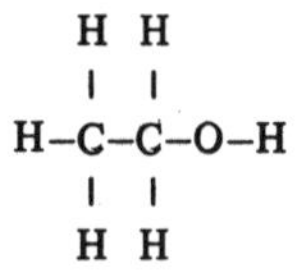

$$\begin{array}{ccc} H & H \\ | & | \\ H-C-C-O-H \\ | & | \\ H & H \end{array}$$

SOLUÇÃO Desejamos determinar o ΔH^0 para a reação

$$2C\ (s, grafita) + 3H_2\ (g) + \tfrac{1}{2}O_2\ (g) \rightarrow C_2H_5OH\ (l)$$

Para calcular ΔH_f, seguimos o caminho alternativo, a partir dos reagentes para os produtos, ilustrado na Fig. 11.8. Usando os dados da Tab. 11.2, podemos calcular a energia necessária para converter os reagentes em átomos gasosos, isto é, ΔH_A, na Fig. 11.8.

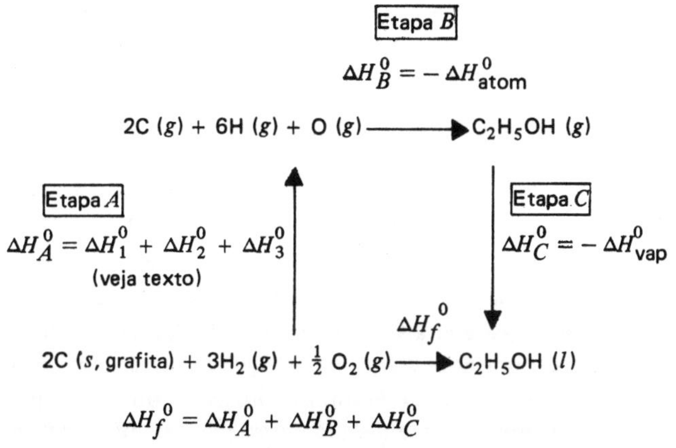

$$\boxed{\text{Etapa } B}$$
$$\Delta H^0_B = -\Delta H^0_{atom}$$
$$2C\ (g) + 6H\ (g) + O\ (g) \longrightarrow C_2H_5OH\ (g)$$

$$\boxed{\text{Etapa } A}$$
$$\Delta H^0_A = \Delta H^0_1 + \Delta H^0_2 + \Delta H^0_3$$
$$(\text{veja texto})$$

$$\boxed{\text{Etapa } C}$$
$$\Delta H^0_C = -\Delta H^0_{vap}$$

$$\Delta H_f^0$$
$$2C\ (s, grafita) + 3H_2\ (g) + \tfrac{1}{2}O_2\ (g) \longrightarrow C_2H_5OH\ (l)$$

$$\Delta H_f^0 = \Delta H^0_A + \Delta H^0_B + \Delta H^0_C$$

Figura 11.8
Caminhos alternativos para a formação do álcool etílico líquido, $C_2H_5OH\ (l)$.

434 / QUÍMICA GERAL

$$2C\,(s, \text{grafita}) \rightarrow 2C\,(g) \qquad \Delta H_1{}^0 = 2\,\Delta H_f^0{}_{C\,(g)} = 2\,(+\,715\;kJ) = +\,1430\;kJ$$

$$3H_2\,(g) \rightarrow 6H\,(g) \qquad \Delta H_2{}^0 = 6\,\Delta H_f^0{}_{H\,(g)} = 6\,(+\,218\;kJ) = +\,1308\;kJ$$

$$\tfrac{1}{2}O_2\,(g) \rightarrow O\,(g) \qquad \Delta H_3{}^0 = \Delta H_f^0{}_{O\,(g)} = +\,249\;kJ$$

Energia total necessária para fornecer átomos gasosos:

$$\Delta H_A{}^0 = \Delta H_1{}^0 + \Delta H_2{}^0 + \Delta H_3{}^0 = +\,2987\;kJ$$

A seguir, calculamos a energia liberada quando estes átomos se combinam para formar 1 mol de C_2H_5OH gasoso. Esta é a energia de atomização do C_2H_5OH com sinal negativo, que envolve cinco ligações C–H, uma ligação C–C, uma ligação C–O e uma ligação O–H. As energias são obtidas da Tab. 11.3.

5 (C–H)	5 (415 kJ)
1 (C–C)	348 kJ
1 (C–O)	356 kJ
1 (O–H)	463 kJ
ΔH_{atom}^0 para o C_2H_5OH (g) =	3242 kJ

Portanto, para a etapa B, $\Delta H_B{}^0 = -\,3242\;kJ$

Finalmente, energia é liberada quando C_2H_5OH (g) condensa formando um líquido. O ΔH^0 para este processo é o ΔH_{vap}^0, com sinal negativo. Portanto, $\Delta H_C{}^0 = -\,39\;kJ$.

Agora, podemos calcular ΔH_f^0 para o C_2H_5OH (l), adicionando os valores de ΔH^0 de cada etapa do caminho alternativo.

$$\Delta H_f{}^0 = \Delta H_A{}^0 + \Delta H_B{}^0 + \Delta H_C{}^0$$

$$= +\,2987\;kJ + (-\,3242\;kJ) + (-\,39\;kJ)$$

$$= -\,294\;kJ$$

Uma vez que o cálculo foi realizado para 1 mol, podemos escrever

$$\Delta H_f{}^0 = -\,294\;kJ\;mol^{-1}$$

Comparando este com o valor indicado na Tab. 11.1,

$$\Delta H_f{}^0 = -\,278\;kJ\;mol^{-1}$$

Podemos ver que a concordância (cerca de 6%) não é realmente tão má, levando em conta que foi assumido que qualquer tipo de ligação tem a mesma energia em *todos* os compostos.

11.7 ESPONTANEIDADE DAS REAÇÕES QUÍMICAS

No começo deste capítulo, indicamos que a termodinâmica é capaz de nos dizer quando uma reação pode ocorrer espontaneamente, isto é, sem ajuda externa continuada. Para ver como isto pode ser obtido, vamos começar descobrindo que fatores estão envolvidos num processo espontâneo. Um processo espontâneo que todos já observaram é o de uma bola rolando ladeira abaixo. Quando ela, finalmente, pára embaixo da ladeira, sua energia potencial diminui e ela está num estado mais estável, de mais baixa energia, do que antes. Podemos concluir, portanto, que um processo que leva a um decréscimo na energia de um sistema (no caso, a bola) tenderia a ser espontâneo. Na verdade, muitos processos que são espontâneos ocorrem com liberação de energia. Por exemplo, uma mistura de hidrogênio e oxigênio, quando infla-

TERMODINÂMICA QUÍMICA / 435

As transformações exotérmicas, como as que estão ocorrendo nesta floresta em chamas, tendem a ser espontâneas.

mada, reage muito rapidamente para produzir água. Esta transformação química é acompanhada pela liberação de uma grande quantidade de calor, tanto que, de fato, o vapor d'água quente produzido expande-se explosivamente.

Liberação de energia, todavia, não é o único critério a ser considerado. Existem muitos exemplos de processos que ocorrem com absorção de energia e ainda são espontâneos. No último capítulo discutimos calor de dissolução e vimos que, em muitos casos, energia é absorvida quando um sal se dissolve em água. Um exemplo que você se lembra é o nitrato de amônio, o sal usado no "saco gelado instantâneo". A formação da solução, ainda que endotérmica, é, contudo, espontânea. Qual é, então, a força motriz, para este processo, que é capaz de sobrepujar o efeito endotérmico de energia que ocorre?

Quando um sólido como NH_4NO_3 dissolve-se em água, as partículas do soluto deixam o estado cristalino bem ordenado e, gradualmente, difundem-se através do líquido para produzir uma solução. Neste estado final, as partículas do soluto estão em uma condição mais desordenada do que estavam antes da dissolução, como é mostrado na Fig. 11.9. Do mesmo modo, o solvente está em um estado mais randômico na solução, porque as moléculas do solvente estão, num certo sentido, dispersas pelas moléculas do soluto.

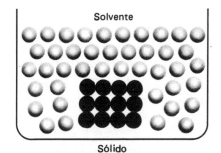
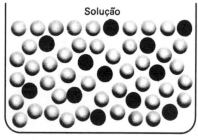

Figura 11.9
Ocorre um aumento na desordem quando um sólido cristalino dissolve-se para formar uma solução.

436 / QUÍMICA GERAL

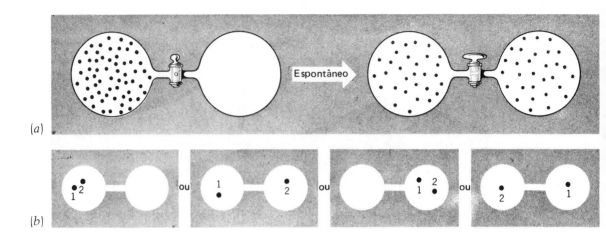

Figura 11.10
(a) Um gás se expande, espontaneamente, e enche o vácuo. (b) Quatro maneiras de duas moléculas se distribuírem em dois compartimentos.

Em qualquer processo, existe uma tendência ou direção natural, no sentido de aumentar o estado caótico das partículas, uma vez que a distribuição altamente caótica de partículas é uma condição de maior probabilidade estatística do que uma distribuição ordenada. Para vermos os efeitos da probabilidade estatística sobre a espontaneidade, suponhamos que haja 1 mol de um gás no compartimento da esquerda do aparelho da Fig. 11.10 e vácuo no outro compartimento. Se a torneira entre os compartimentos for aberta, sabemos, intuitivamente, que o gás fluirá para o compartimento da direita e que, após certo tempo, cada lado conterá igual número de moléculas, desde que o volume de ambos seja o mesmo. Mas por que esta transformação ocorre espontaneamente?

Para entender isto, imaginemos primeiro que existam apenas duas moléculas no compartimento da esquerda. Quando a torneira é aberta, ambas as moléculas estão livres para vaguear no outro compartimento e, neste ponto, existem quatro diferentes distribuições de partículas possíveis para o sistema (Fig. 11.10b). Uma vez que ambas as partículas ficam no compartimento da esquerda em apenas uma destas quatro distribuições, a probabilidade de encontrá-las à esquerda é de uma em quatro ou 1/4. Do mesmo modo, uma vez que existem duas maneiras de se ter uma mesma distribuição de partículas entre os dois compartimentos, a probabilidade desta distribuição é de duas em quatro ou 1/2. Destas probabilidades, concluiremos que haverá uma distribuição equilibrada das partículas 50% do tempo e que existirão duas partículas à esquerda em apenas 25% do tempo. Em outras palavras, uma distribuição equilibrada é um estado mais provável do que uma na qual ambas as moléculas encontram-se no compartimento da esquerda.

Quando o nosso sistema tem mais partículas, a diferença entre as probabilidades destes dois tipos de distribuições moleculares é ainda mais dramática. Com seis partículas, por exemplo, a probabilidade de encontrar todas elas em um compartimento é de apenas 1/64, enquanto que uma distribuição equilibrada de três para três tem uma probabilidade de 20/64.

Em geral, a probabilidade de encontrar todas as moléculas de um gás em um compartimento deste aparelho é $1/2^n$, em que n é o número de partículas. Para 1 mol de gás, a probabilidade de todo o gás ser encontrado num dos compartimentos (isto é, a probabilidade de que o gás *não* se expanda espontaneamente) é

$$p = \frac{1}{2^{(6,02 \times 10^{23})}}$$

TERMODINÂMICA QUÍMICA / 437

Isto pode ser mostrado que é igual a

$$p = \frac{1}{10^{(1,81\times10^{23})}} = 10^{(-1,81\times10^{23})}$$

É quase impossível sentir quão pequena é esta probabilidade. Se fôssemos escrever isto como uma fração decimal, teríamos

$$p = 0,\underbrace{0000.......00001}_{1,81 \times 10^{23} \text{ zeros}}$$

Você escreve rápido? A três zeros por segundo, você levaria cerca de 19 000 bilhões de séculos para escrever este número!

e se cada zero tivesse 1,0 mm de diâmetro, necessitaríamos de um pedaço de papel de 100 000 000 000 000 000 km de comprimento para escrever o número! Esta probabilidade muito pequena nos diz que um estado tendo todas as moléculas em um compartimento não pode ser mantido. A razão por que o gás expande se deve ao fato dele ir de um estado de baixa probabilidade (todas as moléculas num mesmo lado) para um estado de maior probabilidade, correspondente a uma distribuição mais equilibrada. O estado final é de maior desordem, mais randômico, porque as partículas do gás estão mais distribuídas e têm maior grau de liberdade de movimento.

Em resumo, vemos que existem dois fatores que influenciam a espontaneidade de um processo físico ou químico. Um é a variação em energia; o outro é a variação randômica ou desordem do sistema. Qualquer transformação que seja acompanhada por uma diminuição de energia e por um aumento da desordem, como o colapso do edifício mostrado na fotografia no início deste capítulo, está determinada a ocorrer, uma vez iniciada.

11.8 ENTROPIA

O grau de desordem num sistema é representado por uma quantidade termodinâmica chamada **entropia**, representada pelo símbolo S; quanto maior a desordem, maior a entropia. Entropia, como E e H, também é uma função de estado, o que significa que a magnitude de ΔS depende somente das entropias do sistema nos seus estados inicial e final.

Uma variação de entropia, dada por ΔS, pode ser obtida pela adição de calor ao sistema. Por exemplo, consideremos um cristal perfeito de monóxido de carbono a 0 K, no qual todos os dipolos C—O estão alinhados na mesma direção (Fig. 11.11). Em virtude do perfeito alinhamento dos dipolos, existe perfeita ordem no cristal e a entropia do sistema está num mínimo. Quando é fornecido calor a este cristal e a temperatura sobe acima de 0 K, o movimento térmico (vibração) dentro da rede faz

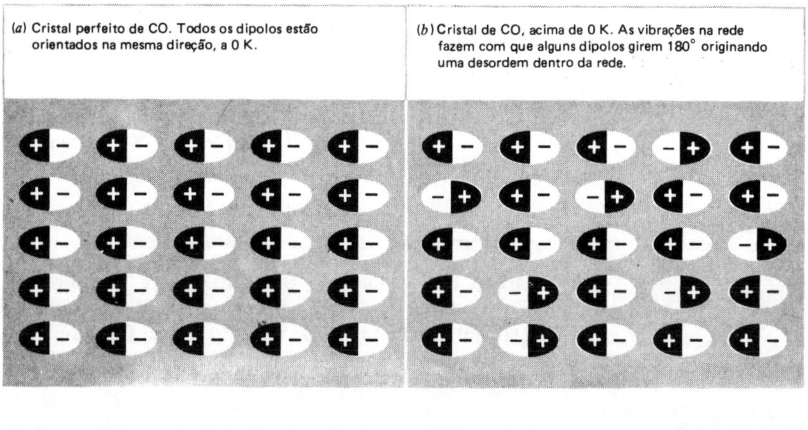

Figura 11.11
(*a*) Cristal perfeito de CO a 0 K. (*b*) Cristal de CO acima de 0 K.

438 / QUÍMICA GERAL

com que alguns dos dipolos tornem-se orientados na direção oposta (Fig. 11.11b). Como resultado, existe menos ordem (mais desordem), e, obviamente, a entropia do cristal aumentou. Logicamente, quanto mais calor for fornecido ao sistema, maior será a extensão de desordem produzida. Portanto, é razoável que a variação de entropia, ΔS, seja diretamente proporcional à quantidade de calor, q_{rev}, fornecida ao sistema.[4]

$$\Delta S \propto q_{rev}$$

A grandeza de ΔS também é *inversamente* proporcional à temperatura segundo a qual o calor esteja sendo fornecido. A baixas temperaturas, uma dada quantidade de calor provoca uma grande variação no grau relativo de organização. Próximo ao zero absoluto, o sistema vai de uma organização essencialmente perfeita para uma certa desordem — uma variação muito substancial, de forma que ΔS é grande. Se a mesma quantidade de calor é fornecida ao sistema a alta temperatura, este vai de um estado já altamente caótico para outro ligeiramente mais caótico. Isto constitui apenas uma variação muito pequena no grau *relativo* de desordem e, portanto, apenas uma pequena variação de entropia. Assim, pode-se mostrar que uma variação de entropia é finalmente dada por

$$\Delta S = \frac{q_{rev}}{T} \qquad [11.10]$$

em que T é a temperatura absoluta na qual q é transferido para o sistema. Notemos que a entropia tem unidades de *energia/temperatura*, como, por exemplo, joules por kelvin ($J\ K^{-1}$).

11.9 A SEGUNDA LEI DA TERMODINÂMICA

A segunda lei da termodinâmica fornece um meio de comparar os efeitos das duas forças motrizes envolvidas num processo espontâneo — variações em energia e variações em entropia. Um dos enunciados da segunda lei é: *em qualquer processo espontâneo, existe sempre um aumento na entropia do universo* ($\Delta S_{total} > 0$). Este aumento leva em consideração as variações de entropia, tanto no sistema como no ambiente:

$$\Delta S_{total} = \Delta S_{sistema} + \Delta S_{ambiente}$$

A variação de entropia que ocorre no ambiente é obtida dividindo-se o calor fornecido ao ambiente pela temperatura na qual é transferida. Para um processo a P e T constantes, o calor fornecido ao sistema é $\Delta H_{sistema}$ e é igual ao calor fornecido ao ambiente, com o *sinal trocado*. Assim,

$$q_{ambiente} = -\Delta H_{sistema}$$

---

[4] Na Seç. 11.2, vimos que, em geral, q não é uma função de estado. Para uma transformação reversível, todavia, q_{rev} depende apenas dos estados inicial e final, porque o caminho (reversível) é claramente definido. ΔS só poderá ser uma função de estado se o valor de q usado para cálculo for, em si, uma quantidade que só depende dos estados inicial e final e, portanto, q_{rev} deve ser usado.

TERMODINÂMICA QUÍMICA / 439

A variação de entropia para o ambiente é, portanto,

$$\Delta S_{ambiente} = \frac{-\Delta H_{sistema}}{T}$$

e a variação total de entropia para o universo é

$$\Delta S_{total} = \Delta S_{sistema} - \frac{\Delta H_{sistema}}{T}$$

ou

$$\Delta S_{total} = \frac{T\,\Delta S_{sistema} - \Delta H_{sistema}}{T}$$

Isto pode ser rearranjado, para dar

$$T\,\Delta S_{total} = -\left(\Delta H_{sistema} - T\,\Delta S_{sistema}\right)$$

T é positivo e ΔS_{total} é positivo, de forma que T ΔS_{total} é positivo.

Uma vez que ΔS_{total} deve ser um número positivo para uma transformação espontânea, o produto $T\,\Delta S_{total}$ também deve ser positivo. Isto significa que a quantidade entre parênteses à direita ($\Delta H_{sistema} - T\,\Delta S_{sistema}$) deve ser negativa, de modo que $-(\Delta H_{sistema} - T\,\Delta S_{sistema})$ possa ser positivo. Assim, para uma transformação espontânea ocorrer, a expressão ($\Delta H_{sistema} - T\,\Delta_{sistema}$) deve ser negativa.

Neste ponto, é conveniente introduzir uma outra função termodinâmica de estado, G, chamada **energia livre de Gibbs**. Esta é definida como

$$G = H - TS$$

Para uma variação a T e P constantes, escrevemos

$$\Delta G = \Delta H - T\,\Delta S \qquad [11.11]$$

Do argumento apresentado no parágrafo precedente, vemos que ΔG deve ser menor que zero para um processo espontâneo, isto é, ΔG deve ter um valor negativo a T e P constantes.

A variação da energia livre de Gibbs, ΔG, representa uma composição dos dois fatores que contribuem para a espontaneidade, ΔH e ΔS. Para sistemas nos quais ΔH é negativo (exotérmico) e ΔS é positivo (aumenta a desordem que acompanha a transformação), ambos favorecem a espontaneidade e o processo ocorrerá espontaneamente a qualquer temperatura. Inversamente, se ΔH é positivo (endotérmico) e ΔS é negativo (aumento na organização), ΔG será sempre positivo e a transformação não poderá ocorrer espontaneamente em nenhuma temperatura.

É termodinamicamente impossível para um edifício se formar, por si só, a partir de um monte de entulho. Por quê?

Nas situações onde ΔH e ΔS são ambos positivos, ou ambos negativos, a Eq. 11.11 mostra que a temperatura desempenha um papel determinante para controlar se a reação ocorrerá ou não. No primeiro caso (ΔH, $\Delta S > 0$), ΔG será negativo somente a temperaturas altas, onde $T\,\Delta S$ é maior que ΔH, em valor absoluto; em conseqüência, a reação será espontânea somente a elevadas temperaturas. Um exemplo é a fusão do gelo que não é espontânea a baixas temperaturas (abaixo de $0°C$) e é espontânea a altas temperaturas (acima de $0°C$). Quando ΔH e ΔS são ambos negativos, ΔG só será negativo a baixas temperaturas. Um exemplo disto é o congelamento da água. Sabemos que calor deve ser removido do líquido para produzir gelo; logo, o processo é exotérmico, com um ΔH negativo. O congelamento também é acompanhado por uma ordenação das moléculas de água, quando deixam o estado líquido randômico e tornam-se parte do cristal. Como resultado, ΔS também é negativo. O sinal de ΔG é determinado tanto por ΔH, que neste caso é negativo, como por $T \Delta S$, que também é negativo. Para calcular ΔG, devemos subtrair um $T \Delta S$ negativo de um ΔH negativo. O resultado será negativo apenas a baixa temperatura. Conseqüentemente, a 1 atm, observamos H_2O congelar espontaneamente somente abaixo de $0°C$. Acima de $0°C$, a grandeza de $T \Delta S$ é maior que ΔH e ΔG torna-se positivo. Como resultado, o congelamento não é mais espontâneo. Pelo contrário, ocorre o processo inverso (fusão). Os efeitos dos sinais de ΔH e ΔS e o efeito da temperatura sobre a espontaneidade podem ser resumidos como segue.

ΔH	ΔS	Resultado
(−)	(+)	Espontânea em qualquer temperatura
(+)	(−)	Não-espontânea independentemente da temperatura
(+)	(+)	Espontânea somente a altas temperaturas
(−)	(−)	Espontâneas somente a baixas temperaturas

O significado da variação da energia livre de Gibbs na determinação da espontaneidade pode ser visto na prática, no mundo ao nosso redor. Um exemplo clássico está na produção de diamantes sintéticos. Muita gente tem ficado fascinada por este problema desde 1797, quando se descobriu que o diamante era simplesmente uma forma do carbono. Ao longo dos anos, muitas experiências foram imaginadas, na tentativa de converter grafita, a forma comum do carbono, em sua outra forma muito mais valiosa. Todavia, até 1938, ninguém tinha sido capaz de realizar esta façanha. Naquela época, foi realizada uma cuidadosa análise termodinâmica do problema, cujos resultados estão resumidos na Fig. 11.12.

Nesta figura, $\Delta G/T$ está lançado ao longo do eixo vertical e a temperatura, em kelvin, está lançada ao longo do eixo horizontal. Uma vez que ΔG para a reação

$$C (s, \text{grafita}) \rightarrow C (s, \text{diamante})$$

deve ser negativo, para o processo ser espontâneo, o diamante só pode ser produzido a temperaturas e pressões que se situem *abaixo* do zero na escala $\Delta G/T$. Por exemplo, a 470 K, a conversão da grafita em diamante só pode ocorrer a pressões maiores ou iguais a 20 000 atm. Podemos também concluir que, a uma pressão constante de 20 000 atm, a reação não é espontânea acima de 470 K.

Esta análise, então, serviu para definir os limites de temperatura e pressão que permitiriam a conversão ocorrer. Todavia, isto não era o fim do problema, porque

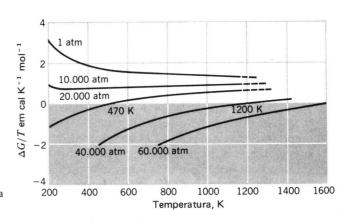

Figura 11.12
Termodinâmica da conversão da grafita em diamante. Adaptada da Chemical and Engineering News, 15 de abril de 1971, p. 51. Usada com permissão.

TERMODINÂMICA QUÍMICA / 441

materiais apropriados tinham que ser encontrados para possibilitar a reação a uma velocidade mensurável. De fato, isto não foi possível até 1955, quando finalmente o sucesso foi alcançado, e hoje os diamantes sintéticos são um importante abrasivo industrial, usados em ferramentas de afiar e de corte.

A conversão da grafita em diamante representa somente um exemplo de como a termodinâmica pode servir como guia para responder a questões práticas. Os princípios da termodinâmica têm sido aplicados através dos anos a problemas tão diversos, como o projeto de máquinas a vapor e o desenvolvimento de pilhas de combustível, que são agora usadas como fontes de energia elétrica em espaçonaves. O Dr. Frederick Rossini, termodinâmico notável, ressaltou que o balanço entre forças opostas simultâneas em direção à segurança (baixa energia) e à liberdade (alta entropia) que controlam o equilíbrio químico também parece determinar o equilíbrio numa sociedade estável, ilustrando, talvez, a verdadeira grande amplitude do campo da termodinâmica.

Outra ilustração do impacto da termodinâmica em nossas vidas é o problema da poluição térmica, particularmente na vizinhança das termelétricas. Isto é uma conseqüência da segunda lei da termodinâmica, segundo a qual qualquer máquina térmica projetada para converter calor em trabalho útil deve absorver calor de uma fonte a alta temperatura. Parte deste calor pode ser convertido em trabalho; todavia, parte dele deve também ser depositado em um reservatório a baixa temperatura. Portanto, qualquer invento que tente converter calor em trabalho útil também descarrega algum calor no ambiente. Um motor de automóvel que queima gasolina ou óleo diesel converte parte da energia térmica resultante em trabalho, que movimenta o carro, enquanto o restante é descarregado para o radiador. As grandes termelétricas queimam combustível (tanto combustível fóssil, como carvão, óleo ou combustíveis nucleares, como o urânio) para gerar energia elétrica. No processo, elas também despejam quantidades relativamente grandes de calor no ambiente. A água de refrigeração destas instalações é aquecida em tal intensidade que chega a elevar a temperatura de rios e lagos vizinhos em $13°C$ ou mais. Estas outras temperaturas diminuem a solubilidade do oxigênio e matam algumas espécies de peixe. Entretanto, também tem sido constatado que algumas conchas e ostras prosperam nestas águas aquecidas.

Há vários anos, uma instalação nuclear de Nova Jersey foi forçada a parar para reparos durante o inverno. É interessante que, nesse caso, a paralisação da poluição térmica causou uma grande mortandade de peixes, porque muitos peixes que, normalmente, viviam em água quente foram repentinamente "lançados em água fria."

11.10 ENERGIA LIVRE E TRABALHO ÚTIL

Uma das aplicações mais importantes das reações químicas é na produção de energia sob a forma de trabalho útil. Isto pode, por exemplo, tomar a forma de combustão, na qual o calor gerado é usado para produzir vapor necessário à produção de trabalho mecânico, ou talvez trabalho elétrico extraído de uma pilha seca ou bateria. A quantidade G é chamada *energia livre*, porque ΔG representa a quantidade *máxima* de energia liberada em um processo ocorrendo a temperatura e pressão constantes que está livre ou disponível para realizar trabalho útil. Já associamos ΔG aos fatores que conduzem à espontaneidade. O que vemos agora é que esta força motriz, em uma transformação química, pode ser aproveitada para realizar trabalho para nós.

A quantidade de trabalho obtida de qualquer processo real espontâneo é sempre menor que o máximo previsto pelo ΔG. Isto acontece porque os processos reais são sempre irreversíveis e vimos, anteriormente, que o trabalho máximo só pode ser extraído de uma transformação verdadeiramente reversível. A variação da energia livre nos dá um objetivo a perseguir. Quanto mais próximo um dado processo estiver da reversibilidade, maior será a quantidade de trabalho disponível que pode ser

Interior de uma moderna unidade geradora de eletricidade, movida a vapor. Embora eficiente pelos padrões da engenharia, a sua eficiência termodinâmica é de apenas cerca de 35 a 40%.

Os sistemas mecânicos, tais como os geradores elétricos e motores a gasolina, são muito menos eficientes do que os sistemas vivos, na conversão de energia em trabalho.

usada. Todavia, mesmo sistemas relativamente eficientes são capazes de aproveitar apenas uma pequena fração da energia livre disponível. Sistemas vivos, por exemplo, são capazes de converter apenas cerca de 40% da energia livre disponível na oxidação da glicose para outras formas de energia química armazenadas (por exemplo, TFA — trifosfato de adenosina).

11.11 ENTROPIA PADRÃO E ENERGIA LIVRE PADRÃO

A **terceira lei da termodinâmica** estabelece que a entropia de qualquer substância cristalina pura, no zero absoluto, é igual a zero. Isto faz sentido porque, em um cristal perfeito, no zero absoluto existe ordem perfeita. Em virtude disto, é possível, somando-se os incrementos q_{rev}/T de 0 K a 298 K (25°C), determinar a entropia absoluta de uma substância em seu estado padrão. A Tab. 11.4 contém um número de tais entropias padrões. As entropias padrões podem ser usadas para se calcular a variação de entropia padrão por um cálculo semelhante à aplicação da lei de Hess.

$$\Delta S^0_{reação} = (\text{soma do } S^0 \text{ dos produtos}) - (\text{soma do } S^0 \text{ dos reagentes}) \quad [11.12]$$

EXEMPLO 11.10 Calcule a variação de entropia padrão (em unidades de J K^{-1}) para a reação

$$2NaHCO_3 \,(s) \rightarrow Na_2CO_3 \,(s) + CO_2 \,(g) + H_2O \,(g)$$

SOLUÇÃO Usando-se a Eq. 11.12 e os dados da Tab. 11.4, temos

$$\Delta S^0_{reação} = [S^0_{Na_2CO_3 \,(g)} + S^0_{CO_2 \,(g)} + S^0_{H_2O \,(g)}] - [2S^0_{NaHCO_3 \,(s)}]$$
$$= [1 \text{ mol } (136 \text{ J mol}^{-1}\text{K}^{-1}) + 1 \text{ mol } (213,6 \text{ J mol}^{-1}\text{K}^{-1}) +$$
$$+ 1 \text{ mol } (188,7 \text{ J mol}^{-1}\text{K}^{-1})] - [2 \text{ mol } (155 \text{ J mol}^{-1}\text{K}^{-1}]$$
$$= (538 \text{ J K}^{-1}) - (310 \text{ J K}^{-1})$$
$$= + 228 \text{ J K}^{-1}$$

Tabela 11.4
Entropias absolutas, a 25°C e 1 atm

Substância	S^0 $J\,mol^{-1}\,K^{-1}$	Substância	S^0 $J\,mol^{-1}\,K^{-1}$
Al (s)	28,3	$Mg(OH)_2$ (s)	63,1
Al_2O_3 (s)	51,0	N_2 (g)	191,5
Br_2 (l)	152,2	NH_3 (g)	192,5
Br_2 (g)	245,4	N_2O (g)	220,0
C $(s, grafita)$	5,69	NO (g)	210,6
C $(s, diamante)$	2,4	NO_2 (g)	240,5
CO (g)	197,9	Na (s)	51,0
CO_2 (g)	213,6	NaF (s)	51,5
CH_4 (g)	186,2	NaCl (s)	72,8
C_2H_6 (g)	230	NaBr (s)	83,7
C_2H_4 (g)	220	NaI (s)	91,2
C_2H_2 (g)	201	$NaHCO_3$ (s)	155
C_3H_8 (g)	269,9	Na_2CO_3 (s)	136
CCl_4 (l)	214,4	O_2 (g)	205,0
Cl_2 (g)	223,0	Pb (s)	64,9
F_2 (g)	202,7	PbO_2 (s)	68,6
H_2 (g)	130,6	$PbSO_4$ (s)	149
H_2O (l)	70,0	S $(s, rômbico)$	31,8
H_2O (g)	188,7	SO_2 (g)	248
HF (g)	173,5	SO_3 (g)	256
HCl (g)	186,7	H_2SO_4 (l)	157
HBr (g)	198,5	Si (s)	19
HI (g)	206	SiO_2 (s)	41,8
I_2 (s)	116,1	Zn (s)	41,8
Mg (s)	32,5	ZnO (s)	43,5

É interessante notar que esta reação também tem um ΔH^0 positivo (Ex. 11.5), de forma que ela cai na categoria em que ambos, ΔH e ΔS, são positivos. A decomposição do $NaHCO_3$ não é espontânea a baixas temperaturas, mas torna-se espontânea a alta temperatura e é por isso que ele pode ser usado como um extintor de incêndios.

A partir dos calores padrões de formação e entropias padrões, também podemos calcular as *energias livres padrões de formação*, ΔG_f^0. Por exemplo, consideremos a formação de CO_2 a partir dos elementos com todos os reagentes e produtos em seus estados padrões

$$C\ (s,\ grafita)\ +\ O_2\ (g) \longrightarrow CO_2(g)$$

444 / QUÍMICA GERAL

A Tab. 11.1 nos fornece a entalpia padrão de formação do CO_2 (g), ΔH_f^0, como sendo -394 kJ mol^{-1}. Dos dados da Tab. 11.4, podemos calcular ΔS_f^0.

Note que temos de calcular os ΔS_f^0; eles não estão tabelados.

$$\Delta S_f^{\bar{0}} = S_{CO_2}^0 - (S_C^0 + S_{O_2}^0)$$

$$\Delta S_f^0 = 213,6 - (5,7 + 205,0) \text{ J mol}^{-1} \text{ K}^{-1} = +2,9 \text{ J mol}^{-1} \text{ K}^{-1}$$

Podemos, então, obter ΔG_f^0 como

$$\Delta G_f^0 = \Delta H_f^0 - T \Delta S_f^0$$

A $25°C$ (298 K), então,

$$\Delta G_f^0 = -394 \text{ kJ mol}^{-1} - (298 \text{ K})(2,9 \text{ J mol}^{-1} \text{ K}^{-1})$$

$$\Delta G_f^0 = -394 \text{ kJ mol}^{-1} - 860 \text{ J mol}^{-1}$$

Convertendo tudo para quilojoules por mol, teremos

$$\Delta G_f^0 = (-394 - 0,9) \text{ kJ mol}^{-1}$$

$$\Delta G_f^0 = -395 \text{ kJ mol}^{-1}$$

Esta e outras energias livres padrões de formação são dadas na Tab. 11.5.

Tabela 11.5
Energias livres padrões de formação, a $25°C$ e 1 atm

Substância	ΔG_f^0 kJ mol^{-1}	Substância	ΔG_f^0 kJ mol^{-1}
Al_2O_3 (s)	-1577	HBr (g)	$-53,1$
$AgNO_3$ (s)	-32	HI (g)	$+1,30$
C $(s,$ diamante$)$	$+2,9$	H_2O (l)	-237
CO (g)	-137	H_2O (g)	-228
CO_2 (g)	-395	$MgCl_2$ (s)	$-592,5$
CH_4 (g)	$-50,6$	$Mg(OH)_2$ (s)	$-833,9$
C_2H_6 (g)	-33	NH_3 (g)	-17
C_2H_4 (g)	$+68,2$	N_2O (g)	$+104$
C_2H_2 (g)	$+209$	NO (g)	$+86,8$
C_3H_8 (g)	-23	NO_2 (g)	$+51,9$
CCl_4 (l)	$-65,3$	HNO_3 (l)	$-79,9$
C_2H_5OH (l)	-175	PbO_2 (s)	-219
CH_3COOH (l)	-392	$PbSO_4$ (s)	$-811,3$
CaO (s)	$-604,2$	SO_2 (g)	-300
$Ca(OH)_2$ (s)	$-896,6$	SO_3 (g)	-370
$CaSO_4$ (s)	-1320	H_2SO_4 (l)	$-689,9$
CuO (s)	-127	SiO_2 (s)	-805
Fe_2O_3 (s)	$-741,0$	SiH_4 (g)	-39
HF (g)	-271	ZnO (s)	-318
HCl (g)	$-95,4$		

TERMODINÂMICA QUÍMICA / 445

No início deste capítulo, vimos que ΔH^0 para uma reação pode ser calculado a partir dos calores padrões de formação. As mesmas regras também se aplicam ao cálculo de ΔG^0, usando energias livres padrões de formação, isto é,

$$\Delta G^0 = \left(\text{soma dos } \Delta G_f^0 \text{ dos produtos}\right) - \left(\text{soma dos } \Delta G_f^0 \text{ dos reagentes}\right) \quad [11.13]$$

EXEMPLO 11.11

O silano, SiH_4, é o composto de silício análogo ao principal constituinte do gás natural, o metano, CH_4. Como o metano, o silano queima ao ar. O produto desta queima é a sílica, um sólido bastante diferente do dióxido de carbono.

A sílica encontra-se na areia.

$$SiH_4 (g) + 2O_2 (g) \rightarrow SiO_2 (s) + 2H_2O (g)$$
$$\text{dióxido de}$$
$$\text{silício (sílica)}$$

Calcule o ΔG^0 para esta reação em quilojoules.

SOLUÇÃO

Temos que aplicar a Eq. 11.13 usando os dados da Tab. 11.5.

$$\Delta G^0 = \left[\Delta G_f^0{}_{SiO_2 (s)} + 2\,\Delta G_f^0{}_{H_2O (g)}\right] - \left[\Delta G_f^0{}_{SiH_4 (g)} + 2\,\Delta G_f^0{}_{O_2 (g)}\right]$$

(Como com os ΔH_f^0, tomamos as energias livres padrões de formação de um elemento livre como iguais a zero.) Portanto,

$$\Delta G^0 = \left[1 \text{ mol} \left(\frac{-805 \text{ kJ}}{\text{mol}}\right) + 2 \text{ mol} \left(\frac{-228 \text{ kJ}}{\text{mol}}\right)\right] - \left[1 \text{ mol} \left(\frac{-39 \text{ kJ}}{\text{mol}}\right) + 0\right]$$
$$= -1222 \text{ kJ}$$

**11.12
ENERGIA
LIVRE E
EQUILÍBRIO**

Anteriormente, vimos que ΔG determina a quantidade máxima de energia disponível para a realização de trabalho útil, quando um sistema passa de um estado para outro. À medida que a reação prossegue, sua capacidade de realizar trabalho, medida por G, diminui, até que, finalmente, no equilíbrio, o sistema não é mais capaz de fornecer trabalho adicional. Isto significa que, tanto reagentes como produtos possuem a mesma energia livre e, portanto, $\Delta G = 0$. Vemos, então, que o valor de ΔG para uma transformação particular determina onde o sistema se situa em relação ao equilíbrio. Quando ΔG é negativo, significando que a energia livre do sistema está diminuindo, a reação é espontânea e prossegue em direção a um estado de equilíbrio. Quando ΔG é zero, o sistema está em um estado de equilíbrio dinâmico e quando ΔG é positivo a reação é, na realidade, espontânea na direção inversa.

Neste ponto, deve-se enfatizar que, ainda que ΔG possa predizer que um processo particular é espontâneo, nada implica sobre quão rápida a transformação se dará.

A Fig. 11.13 ilustra graficamente as variações de energia livre numa reação química. Note que, se começarmos com reagentes puros, prosseguiremos em direção aos produtos, porque isto produz um abaixamento da energia livre (ΔG é negativo). Note, também, que, se começarmos com produtos puros, prosseguiremos em direção aos reagentes, pois isto também reduz a energia livre. Portanto, se começarmos com reagentes ou produtos, nós *sempre* apontaremos em direção ao mínimo na curva de energia livre. Quando a reação chegar lá, o equilíbrio foi alcançado ($\Delta G = 0$). Nenhuma transformação na composição poderá ocorrer porque, ao se caminhar em direção aos reagentes ou produtos, envolverá uma "subida" na curva de energia livre e que não é espontânea.

446 / QUÍMICA GERAL

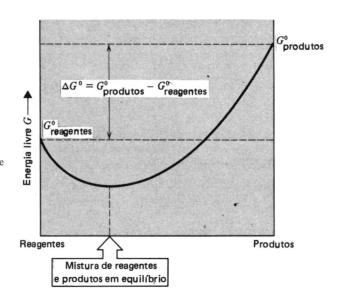

Figura 11.13
Variação da energia livre em um sistema químico homogêneo, à medida que a reação prossegue dos reagentes puros, à esquerda, aos produtos puros, à direita. O mínimo da curva representa a extensão da reação necessária para o sistema atingir o equilíbrio.

É a variação em G com a variação da composição que corresponde ao ΔG que controla a espontaneidade de uma reação química, numa direção ou na outra.

Na Fig. 11.13 vemos também o ΔG^0 para a reação. Ele é simplesmente a diferença entre as energias livres dos produtos puros e dos reagentes puros, mas não nos diz (diretamente) em que direção a reação prosseguirá quando a mistura reacional tiver uma dada composição. Por exemplo, nesta reação particular ΔG^0 é positivo porque $G^0_{produtos}$ é maior do que $G^0_{reagentes}$. O sinal e o valor numérico de ΔG^0 para a reação são fixos (é uma constante para a reação). É a maneira como G varia com a composição, isto é, é a inclinação da curva de energia livre, que determina a direção que a reação irá tomar.

Neste ponto você poderá perguntar "por que se importar com o ΔG^0?" A resposta pode ser vista na Fig. 11.14. Na Fig. 11.14a vemos uma reação para a qual ΔG^0 é positivo. Na Fig. 11.14b a reação possui $\Delta G^0 = 0$ e na Fig. 11.14c a reação possui um ΔG^0 negativo. Observe como a localização do mínimo na curva de energia livre varia com o ΔG^0. Quando ΔG^0 é positivo, o mínimo está próximo dos reagentes, ou seja, basta que ocorra um pouco da reação e o equilíbrio será atingido. Quando ΔG^0 é igual a zero o equilíbrio é atingido a meio caminho dos reagentes e produtos e quando ΔG^0 é negativo a reação prossegue até ser quase completa, quando o equilíbrio é atingido.

Podemos agora ver a utilidade dos cálculos de ΔG^0. O valor de ΔG^0 nos permite prever o resultado final de uma reação se ela prosseguir até o equilíbrio. Quando ΔG^0 é positivo em cerca de 20 kJ, ou mais, tão pouco produto estará presente no equilíbrio que poderemos concluir que nada acontecerá na mistura reacional. Por outro lado, quando ΔG^0 é negativo em cerca de 20 kJ, a reação parecerá ter sido completa. É neste sentido que ΔG^0 prevê a "espontaneidade" da reação!

Figura 11.14
A posição de equilíbrio varia quando o valor de ΔG^0 varia. (a) Posição de equilíbrio a favor dos reagentes. (b) Posição de equilíbrio intermediária entre reagentes e produtos. (c) Posição de equilíbrio a favor dos produtos.

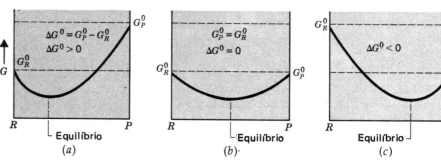

TERMODINÂMICA QUÍMICA / 447

EXEMPLO 11.12   Espera-se que a reação $2SO_2(g) + O_2(g) \rightarrow 2SO_3(g)$ seja espontânea a $25°C$ e 1 atm, isto é, ela terá sido praticamente completa quando tiver atingido o equilíbrio?

SOLUÇÃO   Calculemos o ΔG^0 para a reação.

$$\Delta G^0 = 2\Delta G_f^0 SO_3(g) - \left[2\Delta G_f^0 SO_2(g) + \Delta G_f^0 O_2(g) \right]$$

$$= 2 \, mol \left(\frac{-370 \text{ kJ}}{mol} \right) - \left[2 \, mol \left(\frac{-300 \text{ kJ}}{mol} \right) + 0,0 \right] = -740 \text{ kJ} - (-600 \text{ kJ})$$

$$= -140 \text{ kJ}$$

Este ΔG^0 bastante negativo indica que a posição do equilíbrio é francamente favorável ao SO_3, de forma que a reação parecerá ser bastante espontânea. Na verdade isto é verdade, mas a reação é muito lenta na ausência de agentes chamados catalisadores, que discutiremos no próximo capítulo.

ÍNDICE DE QUESTÕES E PROBLEMAS (Os números dos problemas estão em negrito)

Terminologia 2, 3, 8, 9, 10 e 15

Primeira lei 4, 5, 6, 7, 13, 14, 16, 38, 39 e 40

Processos reversíveis e irreversíveis 11 e 12

Calor de reação 16, 42, 63

Calorimetria 18, 41, 42, 46

Entalpia 16, 17, 20, 21 e 47

Relacionamento entre ΔE e ΔH 22, 43, 44, 45, 46, 48, 49, 50, 51 e 70

Lei de Hess 19, 52, 53, 54, 55, 56, 57, 58, 59, 60, 61, 62, 64, 65, 66, 67, 68 e 69

Energia de atomização e energia de ligação 23, 24, 71, 72, 73 e 74

Espontaneidade 1, 28 e 31

Entropia 25, 26, 29, 30, 75, 76, 77 e 79

Energia livre 28, 31, 32, 33, 34, 35, 36, 37, 78, 80, 81 e 82

Terceira lei 27

QUESTÕES DE REVISÃO

11.1 Quais os dois fatores que determinam fundamentalmente se será possível a observação da formação de produtos numa reação química?

11.2 Que significa a palavra *termodinâmica*?

11.3 Dê as definições dos seguintes termos: sistema, ambiente, processo adiabático, processo isotérmico, função de estado, capacidade calorífica molar, calor específico.

11.4 Dê a primeira lei da termodinâmica. Em base molecular, por que E é uma função de estado?

11.5 Por que não é possível medir ou calcular E para um sistema?

11.6 Um gás real, geralmente, se resfria levemente, se houver uma expansão adiabática para dentro de um recipiente com vácuo.

(a) Que deve acontecer com a temperatura de um gás ideal quando este é tratado da mesma forma?

(b) Que conclusões você deve tirar sobre ΔE, q e w para a expansão *isotérmica* de um gás real?

11.7 Por que ΔE é igual a zero para uma expansão isotérmica de um gás ideal?

11.8 Que é uma "equação de estado"?

11.9 Quais são algumas das diferentes espécies de trabalho que um sistema pode realizar sobre o ambiente?

11.10 Que se entende pelo termo transformação espontânea?

11.11 Que é um processo reversível?

11.12 Em termos da conversão de energia em trabalho útil, que vantagem e desvantagem um processo reversível oferece?

11.13 Suponha que uma barra de aço é comprimida e amarrada de forma que não se possa expandir, e dissolvida em ácido clorídrico. Que acontece com a energia potencial armazenada na barra?

11.14 Que unidade de trabalho no sistema SI é produzida pelas unidades de pressão e volume nos cálculos de trabalho pressão-volume?

448 / QUÍMICA GERAL

11.15 De um ponto de vista experimental, como pode um processo ocorrer isotermicamente? Como pode um processo ser efetuado adiabaticamente?

11.16 Por que ΔE é chamado de calor de reação a volume constante? Por que ΔH é chamado de calor de reação a pressão constante?

11.17 Por que nós, normalmente, nos interessamos mais sobre as variações de entalpia do que sobre as variações de energia interna?

11.18 Que é uma bomba calorimétrica?

11.19 Que é a lei de Hess da soma dos calores? Que se entende pelo termo estado padrão?

11.20 A seguir, existem duas reações mostrando a formação de 1 mol de SO_3.

$$SO_2\ (g) + \tfrac{1}{2}O_2\ (g) \longrightarrow SO_3\ (g)$$

$$S\ (s) + \tfrac{3}{2}O_2\ (g) \longrightarrow SO_3\ (g)$$

As suas variações de energia poderão ser igualmente rotuladas de ΔH_f^0 se essas variações ocorrerem a $25°C$ e 1 atm? Explique.

11.21 Qual das seguintes reações deve ter um ΔH^0 mais negativo?

$$2C\ (s) + 3H_2\ (g) + \tfrac{1}{2}O_2\ (g) \longrightarrow C_2H_5OH\ (g)$$

$$2C\ (s) + 3H_2\ (g) + \tfrac{1}{2}O_2\ (g) \longrightarrow C_2H_5OH\ (l)$$

11.22 Para que tipos de reações é seguro ignorar as diferenças entre ΔE e ΔH? Em geral, ΔH e ΔE diferem muito?

11.23 Que se entende por energia de atomização? Escreva uma equação representando o processo para o qual ΔH é a energia de atomização do H_2O. Indique o estado físico (gasoso, líquido ou sólido) para cada substância da equação.

11.24 Por que os valores de ΔH_f^0 calculados a partir das energias de ligação tabeladas não concordam precisamente com os ΔH_f^0 medidos experimentalmente?

11.25 De que forma a probabilidade estatística está relacionada à expontaneidade? Como a entropia é relacionada à probabilidade estatística?

11.26 Ao calcular ΔS para um sistema, por que deve ser usado q_{rev}?

11.27 Explique por que a entropia de uma substância pura é zero a 0 K. Seria zero a entropia de uma mistura a 0 K? Explique sua resposta.

11.28 Quais os dois critérios que devem ser satisfeitos para que um processo seja espontâneo, independentemente da temperatura?

11.29 Enuncie a segunda lei da termodinâmica.

11.30 Qual é o sinal da variação de entropia para cada um dos seguintes processos?
(a) Um soluto cristaliza a partir de uma solução.
(b) Água evapora.
(c) Um baralho de cartas é embaralhado.
(d) Um jogador de cartas recebeu 13 cartas de espadas.
(e) AgCl sólido precipita a partir de uma solução de $AgNO_3$ e NaCl.
(f) $^{235}_{92}U$ é extraído de uma mistura de $^{235}_{92}U$ e $^{238}_{92}U$.
(g) $Na_2CO_3\ (aq) + HCl\ (aq) \rightarrow$
$$2NaCl\ (aq) + H_2O\ (l) + CO_2\ (g)$$

11.31 Por que é possível uma reação química ocorrer espontaneamente, ainda que o ΔG^0 para a reação seja positivo?

11.32 Por que é possível uma reação química ocorrer espontaneamente com ΔG^0 positivo?

11.33 Que relação existe entre o ΔG^0 e a velocidade com que os produtos de uma reação são formados?

11.34 Descreva a relação entre ΔG^0 e a posição de equilíbrio, em uma reação química.

11.35 Referindo-se à Fig. 11.12, qual é a pressão mínima necessária para a conversão da grafita em diamante, a uma temperatura de 200 K? Teoricamente, é possível a transformação da grafita em diamante a 1 atm?

11.36 Explique por que $\Delta G = 0$, para um sistema que está em um estado de equilíbrio.

11.37 ΔH e ΔS são quase independentes da temperatura. Por que isto não acontece para ΔG?

PROBLEMAS DE REVISÃO (Os problemas mais difíceis estão marcados por um asterisco)

11.38 Um gás, inicialmente sob uma pressão de 1500 kPa e tendo um volume de 10,0 dm^3, expande-se, isotermicamente, em duas etapas. Na primeira etapa, a pressão externa é mantida constante em 750 kPa; na segunda etapa, a pressão externa é mantida a 100 kPa. Quais são as variações globais na energia interna do sistema e do ambiente? Quais os valores de q e w para cada etapa? Considere o gás como ideal.

11.39 Um gás, possuindo um volume inicial de 50,0 m^3 a uma pressão inicial de 200 kPa, é colocado para expandir contra uma pressão constante de 100 kPa. Calcule o trabalho realizado pelo gás, em kJ. Se o gás é ideal e a expansão é isotérmica, qual o valor de q para o gás, em quilojoules?

11.40 Se 500 cm^3 de um gás são comprimidos a 250 cm^3, sob uma pressão externa constante de 300 kPa, e se o gás também absorve 12,5 kJ, qual será o valor de q, w e ΔE para o gás, expresso em kJ? Qual o valor de ΔE para o ambiente?

TERMODINÂMICA QUÍMICA / 449

11.41 Uma determinada reação em uma bomba calorimétrica liberou 14,3 kJ. Se a temperatura inicial do calorímetro foi de $25,000°C$ e a capacidade calorífica do calorímetro e de seus componentes foi de $17,78$ kJ $°C^{-1}$, qual a temperatura final do calorímetro?

11.42 Uma amostra de 0,100 mol de propano, um gás usado para cozinhar em muitas áreas rurais, foi colocada em uma bomba calorimétrica com excesso de oxigênio e inflamada. A reação ocorrida foi:

$$C_3H_8 \ (g) + 5O_2 \ (g) \longrightarrow 3CO_2 \ (g) + 4H_2O \ (l)$$

A temperatura inicial do calorímetro foi de $25,000°C$ e sua capacidade calorífica era $97,1$ kJ $°C^{-1}$. A reação aumentou a temperatura do calorímetro para $27,282°C$.

(a) Quantos joules foram liberados pela combustão do propano?

(b) Qual o ΔE para a reação, expresso em kJ mol^{-1} de C_3H_8?

11.43 Calcule ΔH para a reação do Probl. 11.42, na unidade kJ mol^{-1} de C_3H_8.

11.44 A $25°C$ e a uma pressão constante de 101 kPa, a reação de 0,500 mol de OF_2 com vapor-d'água, de acordo com a equação

$$OF_2 \ (g) + H_2O \ (g) \longrightarrow O_2 \ (g) + 2HF \ (g)$$

libera 162 kJ. Calcule ΔH e ΔE em unidades de kJ mol^{-1} de OF_2.

11.45 A $25°C$ e 1 atm, a reação de 1,00 mol de CaO com água (mostrada abaixo) libera 62,3 kJ.

$$CaO \ (s) + H_2O \ (l) \longrightarrow Ca(OH)_2 \ (s)$$

Quais são ΔH e ΔE, em kJ mol^{-1} de CaO, para este processo, se as densidades de CaO (s), H_2O (l) e Ca$(OH)_2$ (s), a $25°C$, são $3,25$ g cm^{-3}, $0,997$ g cm^{-3} e $2,24$ g cm^{-3}, respectivamente? Que isto lhe diz sobre os valores relativos de ΔH e ΔE, quando todas as substâncias são líquidas ou sólidas?

11.46 A $25°C$, queimando-se 0,200 mol de H_2 com 0,100 mol de O_2 para produzir H_2O (l) em uma bomba calorimétrica, a temperatura do aparelho se eleva de $0,880°C$. Quando 0,0100 mol de tolueno, C_7H_8, é queimado neste calorímetro, a temperatura é aumentada de $0,615°C$. A equação para a reação de combustão é

$$C_7H_8 \ (l) + 9O_2 \ (g) \longrightarrow 7CO_2 \ (g) + 4H_2O \ (l)$$

Calcule ΔE para esta reação. Use ΔH_f^0 para H_2O (l), encontrado na Tab. 11.1 para calcular ΔE_f^0 para H_2O (l).

11.47 A combustão do etanol, C_2H_5OH (l), para dar CO_2 (g) e H_2O (l), libera $1,37 \times 10^3$ kJ mol^{-1} de C_2H_5OH (l), quando os produtos são restituídos a $25°C$ e 1 atm. Use essa informação e os dados da Tab. 11.1 para calcular ΔH_f^0, em kJ mol^{-1}, para o C_2H_5OH (l).

11.48 Calcule ΔH_f^0 (em kJ mol^{-1}) para o C_3H_8 (g), a partir dos dados do Probl. 11.42.

*11.49 Baseado nos resultados do Probl. 11.46, calcule o calor padrão de formação, ΔH_f^0 (em kJ mol^{-1}), do tolueno (considere que a reação foi conduzida a $25°C$).

11.50 A reação

$$Ca \ (s) + O_2 \ (g) + H_2 \ (g) \longrightarrow Ca(OH)_2 \ (s)$$

tem $\Delta H^0 = -897$ kJ. Qual o ΔE para esta reação?

11.51 O calor de vaporização ΔH_{vap} da H_2O, a $25°C$, é $43,9$ kJ mol^{-1}. Calcule q, w e ΔE para o processo.

11.52 Use a lei de Hess e os dados da Tab. 11.1 para calcular ΔH^0, em kJ, para cada uma das seguintes reações:

(a) $2Al \ (s) + Fe_2O_3 \ (s) \rightarrow Al_2O_3 \ (s) + 2Fe \ (s)$

(b) $SiH_4 \ (g) + 2O_2 \ (g) \rightarrow SiO_2 \ (s) + 2H_2O \ (g)$

(c) $CaO \ (s) + SO_3 \ (g) \rightarrow CaSO_4 \ (s)$

(d) $CuO \ (s) + H_2 \ (g) \rightarrow Cu \ (s) + H_2O \ (g)$

(e) $C_2H_4 \ (g) + H_2 \ (g) \rightarrow C_2H_6 \ (g)$

11.53 Calcule ΔH^0, em quilojoules, para cada uma das seguintes reações, usando os dados da Tab. 11.1.

(a) $C_2H_2 \ (g) + H_2 \ (g) \rightarrow C_2H_4 \ (g)$

(b) $SO_3 \ (g) + H_2O \ (l) \rightarrow H_2SO_4 \ (l)$

(c) $Mg(OH)_2 \ (s) + 2HCl \ (g) \rightarrow MgCl_2 \cdot 2H_2O \ (s)$

(d) $CO_2 \ (g) + H_2 \ (g) \rightarrow CO \ (g) + H_2O \ (g)$

(e) $10N_2O \ (g) + C_3H_8 \ (g) \rightarrow$
$$10N_2 \ (g) + 3CO_2 \ (g) + 4H_2O \ (g)$$

11.54 Os propelentes usados nos aerossóis são normalmente clorofluormetanos (CFMs), como freon-11 ($CFCl_3$) e freon-12 (CF_2Cl_2). Tem sido sugerido que o uso continuado destes pode, finalmente, reduzir a blindagem de ozônio na estratosfera, com resultados catastróficos para os habitantes de nosso planeta. Na estratosfera, os CFMs absorvem radiação de alta energia e produzem átomos de Cl que têm o efeito catalítico de remover o ozônio:

$$\begin{array}{ll} O_3 + Cl \longrightarrow O_2 + ClO & \Delta H^0 = -120 \text{ kJ} \\ ClO + O \longrightarrow Cl + O_2 & \Delta H^0 = -270 \text{ kJ} \\ \hline O_3 + O \longrightarrow 2 \ O_2 & \end{array}$$

Os átomos de O estão presentes, devido a dissociação de moléculas de O_2 pela radiação de alta energia. Calcule ΔH^0 para a reação global da remoção do ozônio.

11.55 Dadas as seguintes equações termoquímicas,

$$2H_2 \ (g) + O_2 \ (g) \longrightarrow 2H_2O \ (l) \qquad \Delta H^0 = -571,5 \text{ kJ}$$

$$N_2O_5 \ (g) + H_2O \ (l) \longrightarrow 2HNO_3 \ (l) \quad \Delta H^0 = -76,6 \text{ kJ}$$

$$\tfrac{1}{2}N_2 \ (g) + \tfrac{3}{2}O_2 \ (g) + \tfrac{1}{2}H_2 \ (g) \longrightarrow HNO_3 \ (l)$$
$$\Delta H^0 = -174,1 \text{ kJ}$$

calcule ΔH^0 para a reação

$$2N_2 \ (g) + 5O_2 \ (g) \longrightarrow 2N_2O_5 \ (g)$$

450 / QUÍMICA GERAL

11.56 Dadas as seguintes equações termoquímicas,

$$Fe_2O_3\ (s) + 3CO\ (g) \longrightarrow 2Fe\ (s) + 3CO_2\ (g)$$
$$\Delta H = -28\ kJ$$

$$3Fe_2O_3\ (s) + CO\ (g) \longrightarrow 2Fe_3O_4\ (s) + CO_2\ (g)$$
$$\Delta H = -59\ kJ$$

$$Fe_3O_4\ (s) + CO\ (g) \longrightarrow 3FeO\ (s) + CO_2\ (g)$$
$$\Delta H = +38\ kJ$$

calcule ΔH para a reação

$$FeO\ (s) + CO\ (g) \longrightarrow Fe\ (s) + CO_2\ (g)$$

sem recorrer aos dados da Tab. 11.1.

11.57 Use os resultados da Questão 11.56 e os dados da Tab. 11.1 para calcular o calor padrão de formação do FeO.

11.58 O acetileno, C_2H_2, um gás usado nos maçaricos de solda, é produzido pela ação da água sobre o carbeto de cálcio, CaC_2. Dadas as seguintes equações termodinâmicas, calcule ΔH_f^0 para o acetileno.

$$CaO\ (s) + H_2O\ (l) \longrightarrow Ca(OH)_2\ (s)$$
$$\Delta H^0 = -65\ kJ$$

$$CaO\ (s) + 3C\ (s) \longrightarrow CaC_2\ (s) + CO\ (g)$$
$$\Delta H^0 = +462\ kJ$$

$$CaC_2\ (s) + 2H_2O\ (l) \longrightarrow Ca(OH)_2\ (s) + C_2H_2\ (g)$$
$$\Delta H^0 = -126\ kJ$$

$$2C\ (s) + O_2\ (g) \longrightarrow 2CO\ (g)\quad \Delta H^0 = -221\ kJ$$

$$2H_2O\ (l) \longrightarrow 2H_2\ (g) + O_2\ (g)$$
$$\Delta H^0 = +572\ kJ$$

11.59 O estuque, $CaSO_4 \cdot \frac{1}{2}H_2O$, é misturado à água, com a qual se combina para produzir gesso, $CaSO_4 \cdot 2H_2O$. A reação é exotérmica, o que explica por que o gesso colocado num braço quebrado torna-se aquecido quando o gesso endurece. Dado que, para o $CaSO_4 \cdot \frac{1}{2}H_2O$, $\Delta H_f^0 = -1573\ kJ/mol$ e, para o $CaSO_4 \cdot 2H_2O$, $\Delta H_f^0 = -2020\ kJ/mol$, calcule ΔH^0 para a reação

$$CaSO_4 \cdot \tfrac{1}{2}H_2O\ (s) + \tfrac{3}{2}H_2O\ (l) \longrightarrow CaSO_4 \cdot 2H_2O\ (s)$$

11.60 Importantes reações na produção de ozônio em ar poluído são:

$$2NO\ (g) + O_2\ (g) \longrightarrow 2NO_2\ (g)$$

$$NO_2\ (g) \xrightarrow{h\nu} NO\ (g) + O\ (g)$$

$$O_2\ (g) + O\ (g) \longrightarrow O_3\ (g)$$

Calcule ΔH^0 (em quilojoules) para cada um dos processos, usando os dados das Tabs. 11.1 e 11.2.

11.61 O corpo elimina álcool etílico, C_2H_5OH, por oxidação, formando água e a seguinte série de produtos contendo carbono:

$$C_2H_5OH \xrightarrow{O_2} CH_3CHO \xrightarrow{O_2} CH_3COOH \xrightarrow{O_2} CO$$

Escreva equações balanceadas para cada etapa da oxidação e calcule seus ΔH^0 em quilojoules. Qual ΔH^0 global para a oxidação completa a CO_2 e H_2O

11.62 Use os dados da Tab. 11.1 para determinar quanta calorias são liberadas na combustão de 45,0 g de $C_2H_6\ (g)$, para produzir $CO_2\ (g)$ e $H_2O\ (g)$, sob uma pressão constante de 1,00 atm.

11.63 Um adulto despende, em média, 8000 kJ de energia por dia, em atividades normais. Se 1 g de carboidrato fornece 17 kJ de energia utilizável, quantos gramas de carboidratos devem ser consumidos, para atender a esta demanda calorífica?

11.64 A evaporação pela transpiração é um mecanismo pelo qual o corpo se desfaz do excesso de energia térmica e regula-se para manter uma temperatura constante. Quantos quilojoules são removidos do corpo pela evaporação de 10,0 g de H_2O?

*11.65 Calcule o número de quilojoules liberados durante combustão de 1,00 dm³, de octano (gasolina). A densidade do octano é 0,703 g cm⁻³. Que massa de hidrogênio teria que ser queimada – formando $H_2O\ (l)$ – para produzir esta mesma quantidade de calor? Se o H_2 fosse comprimido a uma pressão de 170 atm (17 MPa), a 25°C, que volume ocuparia Que isto sugere sobre a viabilidade de uma economia baseada na utilização do hidrogênio como combustível para automóveis? Para o octano, $C_8H_{18}\ (l)$ $\Delta H_f^0 = -208,4\ kJ\ mol^{-1}$.

*11.66 É estimado que o corpo gera 5900 kJ de energia térmica por hora, durante exercícios físicos intensos. Se o único meio pelo qual este excesso de energia seria dissipado fosse através da evaporação de água quantos gramas de água teria que evaporar por hora para manter constante a temperatura do corpo?

*11.67 Quantos gramas de glicose, $C_6H_{12}O_6$, teriam que metabolizados por hora (produzindo CO_2 e H_2O para gerar o excesso de energia térmica descrito no problema precedente, se fosse considerado que 60% da energia disponível aparece como excesso de calor do corpo? (Os 40% restantes são usados pelo corpo para realizar trabalho mecânico – movimento dos membros, bombeamento do sangue etc.) Para $C_6H_{12}O_6$, $\Delta H_{combustão} = -2820\ kJ\ mol^{-1}$.

*11.68 Quantos dm³ de gás natural (CH_4), a 25°C e 1 atm devem ser queimados, para produzir energia suficiente para converter 250 cm³ de H_2O, a 20°C, em vapor, a 100°C?

*11.69 O primeiro potencial de ionização dos átomos gasosos de sódio é 494,1 kJ mol⁻¹ e a adição de elétron aos átomos gasosos de cloro para formar íons gasosos de cloreto libera 351 kJ mol⁻¹. Use esta informação juntamente com os calores de formação dos átomos gasosos de Na e Cl, bem como o calor de formação do NaCl (s), para calcular ΔH (em kJ) para a reação

$$NaCl\ (s) \longrightarrow Na^+\ (g) + Cl^-\ (g)$$

TERMODINÂMICA QUÍMICA / 451

A resposta corresponde à energia da rede do cloreto de sódio. (Orientação: escreva as equações termoquímicas para cada processo descrito no problema.)

*11.70 Uma importante reação fotoquímica na produção da cerração oriunda da mistura de fumaça com nevoeiro é

$$NO_2 (g) + h\nu \longrightarrow NO (g) + O (g)$$

Se é necessário um quantum de energia para fazer essa reação ocorrer, qual deve ser o comprimento da onda de luz? (Use os dados das Tabs. 11.1 e 11.2, calcule ΔE para o processo e calcule, então, ν, em nanômetros, da equação de Planck $\Delta E = h\nu$.)

11.71 Use os dados da Tab. 11.2 e 11.3 para calcular ΔH_f^0, em quilojoules, para o acetileno, $C_2H_2 (g)$. A estrutura da molécula é $H–C\equiv C–H$.

*11.72 O benzeno é, freqüentemente, escrito como um híbrido de ressonância das duas estruturas equivalentes

O ΔH_f^0 para o benzeno gasoso foi determinado a partir de seu calor de combustão como sendo + 82,8 kJ mol^{-1}.

$$6C (s) + 3H_2 (g) \longrightarrow C_6H_6 (g)$$

$$\Delta H_f^0 = +82,8 \text{ kJ mol}^{-1}$$

Use os dados das Tabs. 11.2 e 11.3 para calcular ΔH_f^0, em kJ mol^{-1}. Como seu valor calculado se compara com o valor experimental? A diferença entre os valores calculado e experimental é chamada energia de ressonância. Que você pode concluir sobre a estabilidade da espécie que existe como uma composição de duas ou mais estruturas de ressonância?

11.73 Use os dados das Tabs. 11.2 e 11.3 para calcular ΔH_f^0 (em kJ mol^{-1}) para o propileno gasoso, a substância usada para se obter o plástico polipropileno. A estrutura do propileno é

11.74 Use as energias médias de ligação da Tab. 11.3 para calcular o calor padrão de formação do $C_3H_8 (g)$, em kJ mol^{-1}. Sua estrutura é

Como comparar o seu valor calculado com o valor constante da Tab. 11.1?

11.75 O calor latente de fusão da água, a 0°C, é 6,02 kJ mol^{-1}; seu calor latente de vaporização é 40,7 kJ mol^{-1}, a 100°C. Quais são os ΔS para a fusão e para a ebulição de 1 mol de água? Você pode explicar por que ΔS_{vap} é maior que $\Delta S_{fusão}$?

11.76 A partir dos dados das Tabs. 11.1 e 11.4, calcule o ponto de ebulição do bromo líquido (isto é, a temperatura na qual o $Br_2 (l)$ e o $Br_2 (g)$ podem coexistir em equilíbrio um com o outro).

11.77 Qual das seguintes reações é acompanhada pela maior variação de entropia?

(a) $SO_2 (g) + \frac{1}{2}O_2 (g) \rightarrow SO_3 (g)$
(b) $CO (g) + \frac{1}{2}O_2 (g) \rightarrow CO_2 (g)$

11.78 Calcule ΔG^0, em quilojoules, para as seguintes reações:

(a) $2Al (s) + Fe_2O_3 (s) \rightarrow Al_2O_3 (s) + 2Fe (s)$
(b) $CaO (s) + SO_3 (g) \rightarrow CaSO_4 (s)$
(c) $CuO (s) + H_2 (g) \rightarrow Cu (s) + H_2O (g)$

11.79 Use os resultados dos Probls. 11.52 e 11.78 para calcular ΔS^0, em joules por kelvin, das reações do Probl. 11.78.

11.80 A energia livre padrão de formação da glicose é $\Delta G_f^0 = -910,2$ kJ mol^{-1}. Calcule ΔG^0 para a reação

$$C_6H_{12}O_6 (s) + 6O_2 (g) \longrightarrow 6CO_2 (g) + 6H_2O (l)$$

11.81 Qual a quantidade máxima de trabalho útil que pode ser obtida pela oxidação do propano, C_3H_8, de acordo com a equação

$$C_3H_8 (g) + 5O_2 (g) \longrightarrow 3CO_2 (g) + 4H_2O (g) ?$$

Por que sempre usamos menos do que esta quantidade máxima de trabalho em qualquer processo real no qual usamos propano como combustível?

11.82 Quais das seguintes reações podem, *potencialmente*, servir como um método prático para a preparação de NO_2? (*Nota*: as equações não estão balanceadas.)

(a) $N_2 (g) + O_2 (g) \rightarrow NO_2 (g)$
(b) $HNO_3 (l) + Ag (s) \rightarrow AgNO_3 (s) + NO_2 (g) + H_2O (l)$
(c) $NH_3 (g) + O_2 (g) \rightarrow NO_2 (g) + NO (g) + H_2O (g)$
(d) $CuO (s) + NO (g) \rightarrow NO_2 (g) + Cu (s)$
(e) $NO (g) + O_2 (g) \rightarrow NO_2 (g)$
(f) $H_2O (g) + N_2O (g) \rightarrow NH_3 (g) + NO_2 (g)$

12
CINÉTICA QUÍMICA

Eis o que restou de um transportador de cereais em Nova Orleans, Louisiana, após a sua explosão em dezembro de 1977, matando 35 pessoas. O tamanho da partícula é um dos fatores que controlam a velocidade das reações químicas. A combustão rápida da poeira muito fina dos grãos provocou os efeitos explosivos vistos aqui. Neste capítulo estudamos as velocidades das reações químicas e os tipos de informações químicas que provêm de tais estudos.

454 / QUÍMICA GERAL

Não é raro encontrarmos uma reação que a termodinâmica prediz ocorrer completamente, mas que, em realidade, não ocorre. Sabem , pelo último capítulo, que hidrogênio e oxigênio podem ser guardados em contato um com o outro, quase indefinidamente, sem formar quantidades apreciáveis de água, ainda que sua reação, para produzir água, seja acompanhada por um decréscimo de energia livre. Este é um exemplo de uma transformação química em que a velocidade da reação determina se a formação dos produtos será ou não observada.

A **cinética química**, também conhecida como dinâmica química, trata das velocidades das reações químicas. Nesta área da Química, estudamos os fatores que controlam quão rapidamente as transformações químicas ocorrem. Estes incluem:

1. *A natureza dos reagentes e produtos.* Sendo todos os outros fatores iguais, algumas reações são naturalmente rápidas e outras são naturalmente lentas, dependendo da composição química das moléculas ou íons envolvidos.

2. *A concentração das espécies reagentes.* Para duas moléculas reagirem uma com a outra elas precisam se encontrar, e a probabilidade de que isso vá ocorrer numa mistura homogênea aumenta com o aumento de suas concentrações. Para as reações heterogêneas, aquelas em que os reagentes estão em fases separadas, a velocidade também depende da área de contato existente entre as fases. Uma vez que muitas partículas pequenas possuem uma área bem maior do que uma partícula grande, de mesma massa total, diminuindo o tamanho da partícula aumentaremos a velocidade da reação.

3. *O efeito da temperatura.* Quase todas as reações químicas ocorrem de forma mais rápida quando suas temperaturas são aumentadas.

4. *A influência dos agentes externos chamados catalisadores.* As velocidades de muitas reações, incluindo virtualmente todas as reações bioquímicas, são afetadas por substâncias chamadas catalisadores, que não são consumidas durante o curso da reação.

Cortando-se um tronco em pequenos pedaços de madeira, com uma grande área superficial total, pode-se acender uma fogueira com mais facilidade.

O estudo de como esses fatores afetam a velocidade de uma reação tem vários objetivos. Por exemplo, permite-nos ajustar as condições de um sistema reacional para obter os produtos tão rápido quanto possível. A importância disso na produção comercial de produtos químicos é óbvia. Permite-nos, também, ajustar as condições de forma que a reação ocorra o mais lentamente possível. Isso é útil, por exemplo, no controle do crescimento de fungos e outros microorganismos que estragam os alimentos.

Para o químico, um dos mais significantes benefícios que vêm do estudo das velocidades de reação é o conhecimento dos detalhes de como as variações químicas ocorrem. Iremos ver mais adiante, ainda neste capítulo, que uma reação química não ocorre, normalmente, em uma única etapa, envolvendo as colisões simultâneas de todas as moléculas reagentes descritas na equação global balanceada. Em vez disso, a mudança observada é o resultado de uma seqüência de reações simples. Essa seqüência é chamada **mecanismo** da reação e o estudo das velocidades de reação nos esclarece qual o tipo de mecanismo existente. Dessa forma, adquirimos uma compreensão maior sobre as reações fundamentais que levam as substâncias a reagir da maneira como o fazem.

12.1 VELOCIDADE DE REAÇÃO E SUA MEDIDA

Antes de examinarmos os fatores que influenciam a velocidade de reação, é necessário sabermos o significado de "velocidade". Em geral, a velocidade de uma reação química pode ser expressa como a razão da variação de concentração de um reagente (ou produto) com uma variação de tempo. Isso é exatamente análogo a se

CINÉTICA QUÍMICA / 455

obter a velocidade de um automóvel dividindo a variação de posição (que é a distância percorrida) pelo tempo gasto no percurso. Neste caso, a velocidade pode ser dada em km h^{-1}. Com as reações químicas, a velocidade é comumente expressa em moles por decímetro cúbico (litro) por segundo.

$$\text{Velocidade do auto} = \frac{\text{distância}}{\text{tempo}} = \frac{\text{quilômetros}}{\text{hora}}$$

$$\text{velocidade de uma reação química} = \frac{\text{variação na concentração}}{\text{tempo}} = \frac{\text{moles/dm}^3}{\text{segundo}}$$

$$= \frac{\text{mol/dm}^3}{\text{s}} = \text{mol dm}^{-3}\text{s}^{-1}$$

O ciclopropano é usado como um anestésico de ação rápida.

Para determinar a velocidade de uma dada reação química, devemos medir quão rapidamente a concentração de um reagente ou produto varia, durante o curso da investigação. Na prática, a espécie cuja concentração é mais fácil de acompanhar é determinada a vários intervalos de tempo. O exemplo mais simples é uma reação onde apenas um reagente sofre uma transformação para formar um único produto. Um exemplo deste tipo de reação é a conversão do ciclopropano a propileno.

$$\underset{\text{ciclopropano}}{\overset{\underset{|}{\overset{H_2}{C}}}{H_2C\text{——}CH_2}} \longrightarrow \underset{\text{propileno}}{H_3C\text{—}\overset{\overset{H}{|}}{C}\text{=}CH_2}$$

Em geral, a equação balanceada para este tipo de reação seria

$$A \longrightarrow B \qquad [12.1]$$

Quando a reação é iniciada, nenhum produto (B) está presente e, à medida que o tempo decorre, a concentração de B aumenta, com uma correspondente diminuição na concentração de A (Fig. 12.1). A observação da Fig. 12.1 revela que a velocidade desta reação química varia com o tempo. Por exemplo, próximo ao início da reação, a concentração de A está decrescendo rapidamente e a concentração de B está aumentando rapidamente. Mais tarde, durante a reação, todavia, ocorrem, com o tempo, apenas variações na concentração; a velocidade é, portanto, muito menor. Em geral, este tipo de comportamento é observado em quese todas as reações químicas; à medida que os reagentes são consumidos, a velocidade da reação decresce gradualmente.

Figura 12.1
Variação na concentração dos reagentes e produtos com o tempo, para a reação $A \to B$.

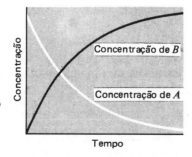

456 / QUÍMICA GERAL

Em reações mais complexas, as velocidades de formação dos vários produtos e as velocidades de consumo dos vários reagentes não são totalmente iguais e estão relacionadas com os coeficientes da equação global equilibrada. Considere, por exemplo, a reação:

$$N_2\ (g) + 3H_2\ (g) \longrightarrow 2NH_3\ (g)$$

Vemos que, para cada molécula de N_2 que reage, são necessárias três moléculas de H_2. Isso é o mesmo que o hidrogênio estar desaparecendo três vezes mais rápido do que o nitrogênio. Os coeficientes também nos mostram que duas moléculas de NH_3 são formadas a partir de cada N_2; assim, a velocidade de formação de cada NH_3 precisa ser duas vezes mais rápida do que a velocidade de consumo de cada N_2.

EXEMPLO 12.1

A amônia pode ser queimada de acordo com a reação

$$4NH_3\ (g) + 5O_2\ (g) \rightarrow 4NO\ (g) + 6H_2O\ (g)$$

Suponha que em um determinado momento durante a reação a amônia esteja reagindo à velocidade de $0{,}24\ mol\ dm^{-3}\ s^{-1}$. (a) Qual a velocidade de reação do oxigênio? (b) Qual a velocidade de formação da água?

SOLUÇÃO

A solução desse simples problema usa os coeficientes da equação para construir fatores de conversão relacionando os vários números de moles dos reagentes e produtos. Nós sabemos que:

$$\text{velocidade (para o } NH_3) = \frac{0{,}24\ mol\ de\ NH_3}{dm^3\ s}$$

Os coeficientes na equação nos permitem construir os fatores de conversão

$$\frac{5\ mol\ de\ O_2}{4\ mol\ de\ NH_3} \quad e \quad \frac{6\ mol\ de\ H_2O}{4\ mol\ de\ NH_3}$$

Esses fatores são usados da seguinte forma:

(a) Para a velocidade de consumo do oxigênio,

$$\text{velocidade (para o } O_2) = \frac{0{,}24\ \cancel{mol\ de\ NH_3}}{dm^3\ s} \times \left(\frac{5\ mol\ de\ O_2}{4\ \cancel{mol\ de\ NH_3}}\right) = \frac{0{,}30\ mol\ de\ O_2}{dm^3\ s}$$

(b) Para a velocidade de formação da água,

$$\text{velocidade (para o } H_2O) = \frac{0{,}24\ \cancel{mol\ de\ NH_3}}{dm^3\ s} \times \left(\frac{6\ mol\ de\ H_2O}{4\ \cancel{mol\ de\ NH_3}}\right) = \frac{0{,}36\ mol\ de\ H_2O}{dm^3\ s}$$

Medida da velocidade de reação

Uma estimativa precisa da velocidade de reação, em qualquer momento durante a reação, pode ser obtida da inclinação da tangente à curva de concentração-tempo neste instante particular. Isto é mostrado na Fig. 12.2. Os colchetes, [ ], são usados aqui para denotar concentração em moles por dm^3. Da tangente à curva, podemos escrever

$\dfrac{mol}{dm^3} = concentração\ molar.$

$$\text{velocidade} = \frac{\Delta[B]}{\Delta t} \qquad\qquad [12.2]$$

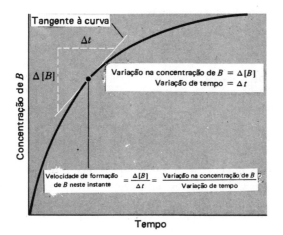

Figura 12.2
Estimativa da velocidade da reação, baseada na variação da concentração de B com o tempo.

Também podemos expressar a velocidade da reação anterior em termos da concentração do reagente A, porque sua concentração também está variando com o tempo. A velocidade medida em termos da concentração de A seria

$$\text{velocidade} = \frac{-\Delta[A]}{\Delta t} \qquad [12.3]$$

O sinal negativo indica que a concentração de A está decrescendo com o tempo. Um sinal negativo é sempre usado se os reagentes são empregados para expressar a velocidade.

Ao medir a velocidade de qualquer reação química, a concentração que é medida e a técnica empregada para medir a sua variação dependem da natureza da reação. Por exemplo, para reações gasosas, a pressão pode ser seguida, desde que exista uma variação no número de moles do gás, quando a reação avança. De outra forma, se um reagente ou produto colorido está envolvido, a intensidade da cor pode ser acompanhada durante a reação. Qualquer que seja o método de análise empregado, deve ser rápido, preciso e não deve interferir de maneira alguma com o curso normal da reação em estudo.

12.2 LEIS DE VELOCIDADE

Nesta seção, começamos a examinar os fatores que controlam a velocidade da reação. Nem todas as reações ocorrem à mesma velocidade. Reações iônicas, como as descritas no Cap. 6, são virtualmente instantâneas; a velocidade é determinada pela rapidez com que podemos misturar as espécies químicas. Outras reações, como a digestão de alimentos, ocorrem mais lentamente. Estas diferentes velocidades existem, primeiramente, em virtude das diferenças químicas entre as substâncias reagentes.

Para qualquer reação, uma das mais importantes influências é a concentração dos reagentes. Geralmente, se acompanhamos uma reação química durante um período de tempo, constatamos que sua velocidade decresce gradualmente, à medida que os reagentes são consumidos. Disto concluímos que a velocidade está relacionada, de alguma forma, com as concentrações das espécies reagentes. De fato, a velocidade é quase sempre diretamente proporcional à concentração dos reagentes, elevada a alguma potência. Isto significa que, para a reação geral

$$A \longrightarrow B$$

458 / QUÍMICA GERAL

a velocidade pode ser escrita como

$$\text{velocidade} \propto [A]^x \qquad\qquad [12.4]$$

em que o expoente, x, é chamado **ordem da reação**. Quando $x = 1$, temos uma reação de primeira ordem. Um exemplo é a decomposição do ciclopropano, mencionada anteriormente:

$$\text{velocidade} \propto [\text{ciclopropano}]^1$$

Em alguns casos um expoente pode ser negativo, significando que o aumento desta concentração diminui a velocidade da reação.

Reações de segunda ($x = 2$), terceira ($x = 3$) e ordens superiores são também possíveis, como o são as reações nas quais x é fracionário. Existem, também, exemplos de reações de ordem zero, onde $x = 0$. Para uma reação de ordem zero, a velocidade é constante e não depende da concentração dos reagentes. Um exemplo deste tipo de reação é a decomposição da amônia sobre uma superfície metálica de platina ou tungstênio. A velocidade na qual a amônia se decompõe é sempre a mesma, independente de sua concentração. Outro exemplo de um processo de ordem zero é a eliminação do álcool etílico pelo corpo. Independente da quantidade de álcool que esteja presente na rede sangüínea, sua velocidade de expulsão do corpo é constante. Assim, a velocidade é independente da concentração.

Um fato muito importante é que não existe, necessariamente, qualquer relação direta entre os coeficientes da equação química e a ordem da reação. *O valor de x*

Sem fazer experiências, não se pode prever com certeza qual será a ordem de uma reação.

só pode ser determinado experimentalmente.

Para uma reação ligeiramente mais complexa,

$$A + B \longrightarrow \text{produtos}$$

a velocidade é usualmente dependente tanto da concentração de A como da concentração de B. Geralmente, diminuindo-se a concentração, tanto de A como de B, diminuirá a velocidade da reação. A velocidade é, portanto, proporcional às concentrações de A e B, cada uma elevada a alguma potência:

$$\text{velocidade} \propto [A]^x[B]^y \qquad\qquad [12.5]$$

Desta equação, vemos que a ordem da reação com relação a A é x, que a ordem com relação a B é y e que a **ordem global** (isto é, a soma das ordens individuais) é $x + y$. Uma vez mais, x e y podem ter valores inteiros, fracionários ou zero. Quando um dos expoentes é zero, isto significa simplesmente que a velocidade da reação é independente da concentração daquela substância. Por exemplo, para a reação

$$NO_2\ (g) + CO\ (g) \longrightarrow CO_2\ (g) + NO\ (g)$$

a temperaturas abaixo de $225°C$, a relação entre a concentração e a velocidade é

$$\text{velocidade} \propto [NO_2]^2$$

A velocidade é independente da concentração de CO, mas depende do *quadrado* da concentração de NO_2. Dizemos que a reação é de segunda ordem, com relação ao NO_2, e de ordem zero, com relação ao CO. Devemos observar que não existe relação entre os coeficientes e os expoentes. Como mencionamos anteriormente, a ordem de uma reação só pode ser determinada experimentalmente.

A proporcionalidade, representada pela Eq. 12.5, pode ser convertida em uma igualdade, introduzindo-se uma constante de proporcionalidade, a que chamamos

CINÉTICA QUÍMICA / 459

constante de velocidade. A equação resultante, denominada **lei de velocidade** para a reação, é

$$velocidade = k[A]^x[B]^y$$

Por exemplo, a lei de velocidade para a reação entre I Cl e H_2

$$2ICl\ (g) + H_2\ (g) \longrightarrow I_2\ (g) + 2HCl\ (g)$$

foi determinada experimentalmente, a $230°C$, como sendo

$$velocidade = 0,163\ \frac{dm^3}{mol\ s}\ [I\ Cl][H_2]$$

A lei de velocidade nos permite calcular a velocidade para qualquer conjunto particular de concentrações.

Esta reação, portanto, é de *primeira ordem* com relação a ambos, I Cl e H_2 (portanto, global de *segunda ordem*) e tem como constante de velocidade $k = 0,163\ dm^3\ mol^{-1}\ s^{-1}$. Deve ser notado que este valor de k é aplicado apenas à temperatura de $230°C$, para essa determinada reação. Outras reações possuem outros valores de k e, como veremos mais tarde, k varia com a temperatura.

Como pode uma lei de velocidade como esta ser determinada? Uma das maneiras é realizar uma série de experiências nas quais a concentração de cada reagente é sistematicamente variada. Uma vez mais, podemos usar como exemplo a reação simples

$$A \longrightarrow B$$

A lei de velocidade para esta reação tomaria a seguinte forma:

$$velocidade = k[A]^x$$

Se a reação fosse de primeira ordem, o valor de x seria 1, e a equação da velocidade seria, então,

$$velocidade = k[A]$$

Para uma reação de primeira ordem, o aumento da concentração por um fator de 2 aumenta a velocidade de um fator de 2^1.

Isto significa que a velocidade da reação varia diretamente em relação à concentração de A elevada à primeira potência. Como resultado, se fôssemos dobrar a concentração de A de uma experiência para outra, veríamos que a velocidade também aumentaria segundo um fator de 2. Concluímos, então, que, *quando a velocidade de uma reação dobra, ao dobrarmos a concentração de um reagente, a ordem com relação a este reagente é 1.*

Suponhamos, agora, que a lei de velocidades fosse, ao contrário,

$$velocidade = k[A]^2$$

Nesse caso, uma duplicação na concentração faria *quadruplicar* a velocidade. Para ver isto, vamos imaginar que a velocidade inicial fosse medida com a concentração de A igual a, digamos, a moles/dm^3. Esta velocidade seria dada por

$$velocidade = k(a)^2$$

Agora, se a reação fosse repetida com $[A] = 2a$, a velocidade seria

$$velocidade = k(2a)^2$$

460 / QUÍMICA GERAL

ou

$$\text{velocidade} = 4ka^2$$

Para uma reação de segunda ordem, aumentando-se a concentração por um fator de 2 aumenta-se a velocidade de um fator de 2^2.

o que é quatro vezes a velocidade anterior. Assim, *se a velocidade aumenta por um fator de quatro, quando a concentração de um reagente é dobrada, a reação é de segunda ordem com relação a este componente. De maneira similar, podemos predizer que a velocidade de uma reação de terceira ordem sofreria um aumento de oito vezes, quando a concentração fosse dobrada* ($2^3 = 8$).

Os exemplos seguintes ilustram como podemos usar estas idéias para obter a lei de velocidade para uma reação, variando a concentração dos reagentes.

EXEMPLO 12.2

Abaixo estão alguns dados, coletados em uma série de experiências, sobre a reação do óxido nítrico com o bromo

$$2NO\,(g) + Br_2\,(g) \rightarrow 2NOBr\,(g)$$

a 273°C.

Experiência	Concentração Inicial (mol dm^{-3})		Velocidade Inicial (mol dm^{-3} s^{-1})
	NO	Br$_2^2$	
1	0,10	0,10	12
2	0,10	0,20	24
3	0,10	0,30	36
4	0,20	0,10	48
5	0,30	0,10	108

Determine a lei de velocidade para a reação e calcule o valor da constante de velocidade.

SOLUÇÃO

A lei de velocidade para essa reação terá a forma

$$\text{velocidade} = k\,[NO]^x\,[Br_2]^y$$

Para determinar cada expoente, iremos estudar como a velocidade varia, quando a concentração de um reagente varia e a do outro reagente é mantida constante. Por exemplo, enquanto a concentração de NO permanece a mesma, nós podemos ver como a variação na concentração de Br_2 afeta a velocidade e, então, determinar o valor de y. O valor de x é determinado de forma similar. Com essa estratégia em mente, nos será permitido estudar os dados fornecidos.

Nas experiências de 1 a 3, a concentração de NO é constante e a concentração de Br_2 é variada. Quando a concentração de Br_2 é dobrada (experiências 1 e 2), a velocidade aumenta segundo um fator de 2; quando é triplicada (experiências 1 e 3), a velocidade aumenta segundo um fator de 3. Concluímos, portanto, que a concentração de Br_2 aparece com a potência um na lei de velocidade.

Comparando as experiências 1 e 4, vemos que, mantendo a concentração de Br_2 constante, a velocidade aumenta por um fator de 4, quando a concentração de NO é multiplicada por 2. Do mesmo modo, o aumento da concentração de NO por um fator de 3 causa um aumento na velocidade de nove vezes (experiências 1 e 5). Assim, o expoente da concentração de NO na lei de velocidade é 2. Portanto,

$$\text{velocidade} = k\,[NO]^2\,[Br_2]$$

CINÉTICA QUÍMICA / 461

A constante de velocidade pode ser avaliada usando-se os dados de qualquer uma destas experiências. Trabalhando com a experiência 1, temos

$$12 \; \frac{mol}{dm^3 \, s} = k \; (0,10 \; mol \; dm^{-3})^2 \; (0,10 \; mol \; dm^{-3})$$

$$12 \; \frac{mol}{dm^3 \, s} = k \; (0,0010 \; mol^3 \; dm^{-9})$$

Resolvendo para k, temos

$$k = \frac{12 \; mol/dm^3 \, s}{1,0 \times 10^{-3} \; mol^3/dm^9} = 1,2 \times 10^4 \; dm^6 \; mol^{-2} \, s^{-1}$$

Podemos verificar que a mesma constante de velocidade é obtida a partir dos outros dados. (É por esse motivo que ela é chamada de *constante* de velocidade!)

EXEMPLO 12.3

Os seguintes dados foram coletados para a reação do brometo de t-butila $(CH_3)_3CBr$, com o íon hidróxido, a $55°C$:

$$(CH_3)_3CBr + OH^- \rightarrow (CH_3)_3COH + Br^-$$

Experiência	Concentração Inicial (M)		Velocidade Inicial de Formação do $(CH_3)_3COH$ (mol dm^{-3} s^{-1})
	$(CH_3)_3CBr$	OH^-	
1	0,10	0,10	0,0010
2	0,20	0,10	0,0020
3	0,30	0,10	0,0030
4	0,10	0,20	0,0010
5	0,10	0,30	0,0010

Qual a lei e a constante de velocidade para esta reação?

SOLUÇÃO

Baseados na equação, podemos esperar que a lei de velocidade seja da forma

$$velocidade = k \; [(CH_3)_3CBr]^x \; [OH^-]^y$$

Para obtermos x e y, seguiremos o mesmo caminho do exemplo anterior.

Devemos, primeiro, examinar as experiências 1, 2 e 3. Em cada uma delas, a concentração de OH^- é a mesma. Dobrando-se a concentração de $(CH_3)_3Br$, dobra a velocidade; triplicando-a, triplica a velocidade. A ordem com relação a $(CH_3)_3CBr$ deve, portanto, ser 1.

Nas experiências 1, 4 e 5, a concentração de $(CH_3)_3CBr$ é a mesma. A variação da concentração de OH^- não provoca nenhum efeito sobre a velocidade. Isto significa que a reação é de ordem zero com relação ao OH^-

$$velocidade = k \; [(CH_3)_3CBr]^1 \; [OH^-]^0$$

Uma vez que qualquer número elevado a zero é igual a 1,

$$velocidade = k \; [(CH_3)_3CBr]^1 \cdot 1$$

Quando não se escreve nenhum expoente, assume-se que ele é igual a 1.

ou

$$velocidade = k \; [(CH_3)_3CBr]$$

462 / QUÍMICA GERAL

A lei de velocidade final contém apenas a concentração do $(CH_3)_3CBr$, porque esta é a única concentração que afeta a velocidade. Para determinar a constante de velocidade, podemos usar os resultados de qualquer uma das experiências. Usando a experiência 1 e substituindo a velocidade e a concentração na lei de velocidade, obtemos

$$0,0010 \text{ mol/dm}^3 \text{ s} = k \, (0,10 \text{ mol/dm}^3)$$

$$k = \frac{0,0010 \text{ mol/dm}^3 \text{ s}}{0,10 \text{ mol/dm}^3}$$

$$k = 0,010 \text{ s}^{-1}$$

No Ex. 12.1, os expoentes na lei de velocidade, por coincidência, têm os mesmos coeficientes da equação balanceada. Isto não acontece no Ex. 12.2. Por favor, guarde na lembrança que a *única* maneira pela qual podemos encontrar os expoentes na lei de velocidade para uma reação química é medindo, experimentalmente, o modo como as concentrações dos reagentes afetam a velocidade. Também é importante lembrar que, uma vez que a temperatura é outro fator que influencia a velocidade, um dado valor de k aplica-se somente a *uma* temperatura (a temperatura na qual foi medido).

12.3 CONCENTRAÇÃO E TEMPO: MEIA-VIDA

A lei de velocidade para uma reação nos mostra como a velocidade de uma reação está relacionada às concentrações dos reagentes. Empregando o cálculo à lei de velocidade (o que não iremos tentar examinar aqui), uma expressão relacionando a concentração com o tempo poderá ser obtida. Por exemplo, uma lei de velocidade de primeira ordem tal como

$$\text{velocidade} = k[A]$$

fornece a expressão

$$\ln \frac{[A]_0}{[A]_t} = kt \qquad [12.6]$$

A expressão em x representa a pergunta: a que potência se deve elevar o número e para que ele seja igual a x? Sabe-se que e = 2,71828 . . . .

onde $[A]_0$ é a concentração inicial de A (no tempo t igual a zero), $[A]_t$ é a concentração num certo tempo t após o início da reação e o símbolo "ln" nos manda tirar o logaritmo natural do resultado da divisão de $[A]_0$ por $[A]_t$. Os logaritmos naturais aparecem freqüentemente na química e, se você ainda não teve contato com eles, você poderá estudá-los no Apêndice A.3, no final do livro.

Em termos do logaritmo comum, ou logaritmo na base 10, a equação 12.6 pode ser escrita como

$$2,303 \log \frac{[A]_0}{[A]_t} = kt$$

Não se esqueça de que ln x = 2,303 log x.

O fator 2,303 converte o logaritmo comum em natural. Se você possui uma calculadora científica, achará, provavelmente, mais fácil trabalhar com o logaritmo natural.

A Eq. 12.6, ou a sua similar em logaritmo comum, é conveniente porque nos mostra como calcular, para uma reação de primeira ordem, a concentração do reagente·num determinado instante durante o curso da reação, desde que saibamos o valor de k. Se conhecermos $[A]_0$, $[A]_t$ e k, poderemos calcular t (o espaço de tempo em que a reação está ocorrendo). Isto é muito importante na datação arqueológica usando isótopos radioativos.

EXEMPLO 12.4

A 400°C, a conversão de primeira ordem do ciclopropano em propileno possui uma constante de velocidade de $1,16 \times 10^{-6} \, s^{-1}$. Se a concentração do ciclopropano é $1,00 \times 10^{-2} \, mol \, dm^{-3}$, a 400°C, qual será sua concentração 24,0 horas após o início da reação?

SOLUÇÃO

Para resolver este problema usamos a Eq. 12.6. Nossos dados são:

$$ciclopropano = 1,00 \times 10^{-2} \, mol \, dm^{-3}$$
$$k = 1,16 \times 10^{-6} \, s^{-1}$$
$$t = 24,0 \, h$$

O primeiro passo é achar a razão das concentrações.

$$\ln \frac{[ciclopropano]_0}{[ciclopropano]_t} = (1,16 \times 10^{-6} \, s^{-1})\,(24,0 \, h)\left(\frac{3\,600 \, s}{1 \, h}\right) = 0,100$$

A maioria das calculadoras científicas manipulam os logaritmos naturais e os seus antilogaritmos com facilidade. Veja Apêndice A.

Para obter a razão das concentrações precisamos tirar o antilogaritmo. Se $\ln x = a$, temos que $x = e^a$. Assim,

$$\frac{[ciclopropano]_0}{[ciclopropano]_t} = e^{0,100} = 1,11$$

$$[ciclopropano]_t = \frac{[ciclopropano]_0}{1,11} = \frac{1,00 \times 10^{-2} \, mol \, dm^{-3}}{1,11}$$

$$= 9,01 \times 10^{-3} \, mol \, dm^{-3}$$

Após 24 horas, a concentração do ciclopropano terá caído para $9,01 \times 10^{-3} \, M$.

A equação relacionando concentração com tempo é diferente para diferentes ordens de reação. Por exemplo, para uma reação de segunda ordem possuindo a lei de velocidade

$$velocidade = k[B]^2$$

a equação passa a ser

$$\frac{1}{[B]_t} - \frac{1}{[B]_0} = kt \qquad [12.7]$$

Equações ainda mais complicadas ocorrem quando a lei de velocidade é mais complexa, mas nós não as iremos discutir aqui.

Meia-Vida

Uma quantidade importante, particularmente para as equações de primeira ordem, é a **meia-vida**, $t_{1/2}$ (a quantidade de tempo necessária para a concentração do reagente ser reduzida à metade do seu valor inicial). Nesse ponto, $t = t_{1/2}$ e

$$[A]_t = \tfrac{1}{2}[A]_0$$

Substituindo a Eq. 12.6 teremos:

$$\ln \frac{[A]_0}{\frac{1}{2}[A]_0} = kt_{1/2}$$

$$\ln 2 = kt_{1/2}$$

$$0,693 = kt_{1/2}$$

Resolvendo para $t_{1/2}$ temos

$$t_{1/2} = \frac{0,693}{k} \quad [12.8]$$

A Eq. 12.8 nos mostra que, para uma reação de primeira ordem, $t_{1/2}$ depende somente de k (ele é constante durante toda a reação). Se a meia-vida para uma determinada reação de primeira ordem é 1 hora, durante a primeira hora a concentração cai para a metade do seu valor inicial. Durante a segunda hora a concentração é novamente reduzida à metade, de forma que, após um total de 2 horas, a concentração é 1/4 do seu valor inicial (Fig. 12.3).

A meia-vida de uma reação de segunda ordem difere de um processo de primeira ordem por ser dependente da concentração. Seguindo o mesmo procedimento anterior, encontramos que uma reação de segunda ordem cuja lei de velocidade é

$$\text{velocidade} = k[B]^2$$

possui uma meia-vida dada por

$$t_{1/2} = \frac{1}{k[B]_0} \quad [12.9]$$

Isso significa que, se dobrarmos a concentração inicial, a meia-vida é dividida à metade.

Para uma reação de primeira ordem,

Números de meias-vidas	Fração de reagente restante
0	1
1	1/2
2	1/4
3	1/8
4	1/16
5	1/32
.	.
.	.
.	.
n	$1/2^n$

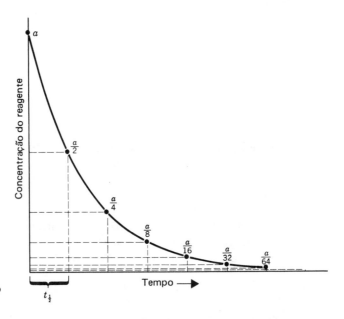

Figura 12.3
Gráfico de uma reação de primeira ordem, ilustrando o conceito de meia-vida.

CINÉTICA QUÍMICA / 465

EXEMPLO 12.5 A decomposição de N_2O_5 dissolvido em tetracloreto de carbono é uma reação de primeira ordem. A reação química é

$$2N_2O_5 \rightarrow 4NO_2 + O_2$$

A 45°C, a reação foi iniciada com uma concentração inicial de N_2O_5 de 1,00 mol dm^{-3}. Após 3,00 horas a concentração de N_2O_5 ficou reduzida a $1,21 \times 10^{-3}$ mol dm^{-3}. Qual a meia-vida do N_2O_5 expressa em minutos, a 45°C?

SOLUÇÃO Para saber a meia-vida, nós precisamos saber o valor de k. Como a reação é de primeira ordem, podemos usar a Eq. 12.6. Assim,

$$\ln \left(\frac{1,00 \text{ mol dm}^{-3}}{1,21 \times 10^{-3} \text{ mol dm}^{-3}} \right) = k \ (3,00 \text{ h}) \left(\frac{3600 \text{ s}}{1 \text{ h}} \right)$$

$$\ln (826) = (1,08 \times 10^4 \text{ s}) \ k$$

$$6,72 = (1,08 \times 10^4 \text{ s}) \ k$$

Portanto,

$$k = \frac{6,72}{1,08 \times 10^4 \text{ s}} = 6,22 \times 10^{-4} \text{ s}^{-1}$$

Agora nós podemos calcular o valor da meia-vida.

$$t_{1/2} = \frac{0,693}{6,22 \times 10^{-4} \text{ s}^{-1}} = 1,11 \times 10^3 \text{ s}$$

A meia-vida é, então, 18,5 minutos.

12.4 TEORIA DE COLISÕES

Em princípio, para uma reação química ocorrer, as moléculas dos reagentes devem colidir umas com as outras. Esta idéia é a base da **teoria de colisões** da cinética química. Basicamente, esta teoria estabelece que a velocidade de uma reação é proporcional ao número de colisões que ocorrem a cada segundo entre as moléculas dos reagentes:

$$\text{velocidade} \ \alpha \ \frac{\text{número de colisões}}{\text{segundo}} \qquad [12.10]$$

Como veremos brevemente, isto nos permite explicar a dependência entre a velocidade de reação e a concentração dos reagentes. Na Seç. 12.6 veremos, também, que apenas uma fração do número total de colisões a cada segundo é eficiente para produzir uma transformação química e que essa fração depende tanto da natureza dos reagentes como da temperatura.

Neste ponto, veremos como a teoria de colisões explica a forma como a velocidade de uma reação depende das concentrações dos reagentes. Suponha que nós tenhamos uma reação que ocorra pela colisão de duas moléculas, tal como

$$A + B \longrightarrow \text{produtos}$$

Neste caso, estamos considerando que sabemos, precisamente, o que ocorre entre A e B, isto é, consideramos, para efeito desta discussão, que os produtos são formados em colisões **bimoleculares** (duas moléculas) entre A e B.

466 / QUÍMICA GERAL

De acordo com nossa teoria, a velocidade da reação é proporcional ao número de colisões, a cada segundo, entre as moléculas de A e B. Se a concentração de A fosse dobrada, então, o número de colisões $A-B$ também dobraria, porque existiriam duas vezes mais moléculas de A que poderiam colidir com B. Então, a velocidade aumentaria segundo um fator de 2. Do mesmo modo, se a concentração de B fosse duplicada, existiria um aumento de duas vezes no número de colisões $A-B$ e a velocidade aumentaria segundo um fator de 2. De nossa discussão anterior, concluímos que a ordem com relação a cada reagente é 1 e a lei de velocidade para este processo de colisão bimolecular é

$$\text{velocidade} = k[A][B]$$

Agora, iremos ver o que aconteceria se tivéssemos uma reação do tipo

$$2A \longrightarrow \text{produtos}$$

Estamos dobrando tanto o número de moléculas colidindo quanto o número de colisões que cada uma delas faz.

em que a reação ocorre pela colisão de duas moléculas de A. Nestas circunstâncias, se dobrarmos a concentração de A, dobraremos o número de colisões que cada molécula de A *separadamente* sofre com as outras, porque dobramos o número destas outras. Mas nós dobramos também o número de moléculas de A que estão colidindo. O número de colisões $A-A$, portanto, duplicou, isto é, aumentou segundo um fator de 2 ao quadrado. Conseqüentemente, a lei de velocidade para esta reação bimolecular entre moléculas idênticas é

$$\text{velocidade} = k[A]^2$$

O que concluímos, então, é que, se soubermos qual processo de colisão está envolvido na formação dos produtos, podemos predizer, com base na teoria de colisões, qual será a lei de velocidade para aquele processo. *Os expoentes, na lei de velocidade, são iguais aos coeficientes da equação balanceada, para aquele processo de colisão.*

Neste ponto, poderíamos perguntar, então, por que é necessário determinar experimentalmente a lei de velocidade para uma reação? Por que não podemos, simplesmente, usar os coeficientes da equação global balanceada para deduzir a lei de velocidades? A resposta é que quando começamos a estudar uma reação, nós não sabemos qual o processo de colisão que está envolvido. São as colisões $A-B$ ou as colisões $A-A$ que são importantes para determinar a velocidade? Nós não podemos responder a essa pergunta antes de sabermos o mecanismo da reação, que é o nosso próximo tópico.

12.5 MECANISMOS DE REAÇÃO

A equação global balanceada para uma equação representa a transformação química total que ocorre quando a reação segue no sentido de se completar. Isto não significa, todavia, que todos os reagentes devem encontrar-se, simultaneamente, para sofrer uma transformação que gera os produtos. De fato, a transformação total pode representar (e usualmente representa) a soma de uma série de reações simples. Estas reações simples são chamadas **processos elementares**. A seqüência de processos elementares que, finalmente, conduzem à formação dos produtos é o chamado **mecanismo da reação**. Por exemplo, parece que a reação

$$2NO + 2H_2 \longrightarrow 2H_2O + N_2$$

realiza-se por um mecanismo de três etapas:

$$2NO \longrightarrow N_2O_2$$

$$N_2O_2 + H_2 \longrightarrow N_2O + H_2O$$

$$N_2O + H_2 \longrightarrow N_2 + H_2O$$

A soma destas etapas, em seqüência, nos fornece a equação global balanceada.

Mecanismos de reação, tais como esse descrito anteriormente, são comumente obtidos combinando-se teoria e experiência. Por exemplo, suponhamos que desejamos estudar a seguinte reação hipotética, na expectativa de descobrir o seu mecanismo.

$$2A + B \longrightarrow C + D$$

Começamos determinando, em primeiro lugar, a lei de velocidade, estudando talvez como a velocidade se comporta quando variamos as concentrações de A e B, como descrito anteriormente. Consideremos que seja

$$\text{velocidade} = k[A]^2[B]$$

A seguir, tentamos propor um mecanismo que, pela aplicação dos princípios da teoria de colisões, nos dê uma lei de velocidade igual àquela encontrada pelas experiências.

Como somos principiantes em propor mecanismos, podemos ser levados a propor um mecanismo de uma única etapa na qual duas moléculas de A e uma de B encontram-se simultaneamente, isto é, uma colisão de três corpos ou *trimolecular*. Este processo

$$2A + B \longrightarrow C + D$$

certamente conduz à lei de velocidade

$$\text{velocidade} = k[A]^2[B]$$

que possui os coeficientes iguais aos expoentes e é a mesma encontrada a partir das experiências. Devemos, agora, nos perguntar se este é o mecanismo real. Uma colisão simultânea de três corpos (trimolecular) é estatisticamente muito improvável e a conclusão a que geralmente se tem chegado é a de que as reações que têm de seguir tal caminho são muito lentas. Como resultado, uma reação de terceira ordem como esta, se é suficientemente rápida, é usualmente interpretada como ocorrendo por meio de uma série de processos bimoleculares simples. (Pensemos em outro caminho!) Uma seqüência possível de reações é

$$2A \longrightarrow A_2$$

$$A_2 + B \longrightarrow C + D$$

Aqui temos duas etapas, nas quais propusemos que algum intermediário relativamente instável, A_2, é primeiramente formado pela colisão de duas moléculas de A. Em uma segunda etapa, uma reação entre A_2 e B forma os produtos C e D. Novamente, a soma destes processos elementares nos dá a mesma transformação global.

Ambas as reações são improváveis de ocorrer a uma mesma velocidade. Vamos supor que a primeira reação é lenta e que, uma vez formado o intermediário, A_2, ele,

468 / QUÍMICA GERAL

A reação não pode ocorrer mais rápida do que a sua etapa mais lenta.

rapidamente, reage com B, na segunda etapa, para formar os produtos. Se isso for verdade, a velocidade segundo a qual os produtos finais aparecem é, na realidade, determinada por quão rapidamente A_2 é formado. Esta primeira etapa, então, funciona como um "gargalo" no caminho da reação. Referimo-nos a esta etapa mais lenta como a *etapa determinante da velocidade* da reação, pois governa quão rapidamente a reação global ocorre. Em virtude de a etapa determinante da velocidade ser um processo elementar (nesse caso, uma colisão bimolecular entre duas moléculas A), podemos predizer, com a ajuda da teoria de colisões, que a lei de velocidade seria

$$\text{velocidade} = k[A]^2$$

Se esta é a lei de velocidade para a etapa determinante, será também a lei de velocidade para a reação global. Todavia, a lei de velocidade não pode estar correta, porque não é igual à determinada experimentalmente. Isto não significa, necessariamente, que nosso mecanismo esteja errado, mas, sim, que a primeira etapa não é a etapa determinante da velocidade. Vamos ver o que esperaríamos observar se a segunda etapa, em vez da primeira, fosse a etapa lenta. Nesse caso, a lei de velocidade seria

$$\text{velocidade} = k[A_2][B]$$

Todavia, esta lei de velocidades contém a concentração do intermediário proposto (A_2) e a lei experimental de velocidade contém apenas as concentrações dos reagentes A e B. Como podemos expressar a concentração de A_2, em termos de A e B?

Uma vez tendo sido formado A_2, ele pode reagir por dois caminhos. Desde que propusemos que A_2 é instável (se ele fosse estável, poderíamos isolá-lo e não haveria nenhuma dúvida sobre o caminho da reação global), ele pode sofrer decomposição, voltando a formar duas moléculas de A. A outra possibilidade é que sofra uma colisão com B, levando à formação dos produtos C e D. Nosso mecanismo, portanto, incluiria uma reação que possibilita a decomposição de A_2.

$$A_2 \longrightarrow 2A$$

Nosso mecanismo total, agora, é

$$2A \longrightarrow A_2$$
$$A_2 \longrightarrow 2A$$
$$A_2 + B \longrightarrow C + D$$

Se a velocidade segundo a qual o intermediário é formado a partir do reagente A é igual à velocidade segundo a qual A é formado a partir do intermediário A_2, então, estas duas reações representam um estado de equilíbrio dinâmico. Podemos, portanto, escrever nossas duas primeiras equações como um equilíbrio, que tomaria a forma

$$2A \rightleftharpoons A_2$$

Estamos de volta agora a um mecanismo de duas etapas, no qual a primeira etapa é um equilíbrio. Nosso mecanismo, agora, é

$$2A \rightleftharpoons A_2 \qquad \text{rápida}$$
$$A_2 + B \longrightarrow C + D \qquad \text{lenta}$$

CINÉTICA QUÍMICA / 469

Uma vez que, em uma situação de equilíbrio, a velocidade de reação para frente (velocidade) é igual à velocidade da reação para trás (velocidade),

$$\text{velocidade}_f = k_f [A]^2 = \text{velocidade}_t = k_t [A_2]$$

ou, simplesmente,

$$k_f[A]^2 = k_t [A_2]$$

Resolvendo esta equação para $[A_2]$, temos

$$[A_2] = \frac{k_f[A]^2}{k_t}$$

Fazendo a substituição de $[A_2]$ na Eq. 12.11 e fazendo a combinação das constantes para dar uma outra constante, a que chamaremos k', nossa expressão da velocidade passa a ser

$$\text{velocidade} = k'[A]^2[B]$$

que concorda com a lei de velocidade encontrada experimentalmente. Nosso mecanismo proposto, portanto, *parece* ser um bom mecanismo. Todavia, um mecanismo é, em essência, uma teoria. É uma seqüência de etapas que imaginamos para explicar a estequiometria e prover uma lei de velocidade que concorde com a experiência. Freqüentemente, acontece, contudo, que mais de um mecanismo pode ser previsto, satisfazendo ambos os critérios, de modo que nunca podemos estar certos de termos, verdadeiramente, descoberto o caminho real da reação. Contudo, o estudo da cinética de uma reação fornecerá indícios do mecanismo que poderá estar ocorrendo e, assim, descartaremos algumas alternativas. Após tudo isso, poderemos, apenas, esperar colher mais informações que suportem nossas conjecturas (ou as derrubem).

EXEMPLO 12.6 Acredita-se que a decomposição do NO_2Cl envolve um mecanismo de duas etapas:

$$NO_2Cl \rightarrow NO_2 + Cl$$

$$NO_2Cl + Cl \rightarrow NO_2 + Cl_2$$

Qual seria a lei de velocidade experimental observada, se a primeira etapa fosse lenta e a segunda fosse rápida?

SOLUÇÃO Se a primeira reação é a etapa lenta, esta também é a etapa determinante da velocidade. A lei de velocidade para a reação global seria a mesma que a lei de velocidade para a etapa determinante. Uma vez que apenas uma molécula de NO_2Cl está envolvida, a lei de velocidade para a primeira reação, bem como para a reação global, é

$$\text{velocidade} = k\ [NO_2Cl]$$

12.6 COLISÕES EFETIVAS

Se todas as colisões que ocorrem em um frasco reacional fossem efetivas, produzindo transformações químicas, todas as reações químicas, incluindo as bioquímicas, seriam completadas quase que instantaneamente. Uma vez que os seres vivos têm vida finita, claro está que algum fator (ou fatores) deve intervir para diminuir as velocidades de reação a um nível razoável. Consideremos, por exemplo, a decomposição do iodeto de hidrogênio:

$$2HI\,(g) \longrightarrow H_2\,(g) + I_2\,(g)$$

A uma concentração de apenas 10^{-3} mol/dm^3 de HI, existem, aproximadamente, $3,5 \times 10^{28}$ colisões por dm^3 por segundo, a 500°C. Isto é equivalente a $5,8 \times 10^4$ moles de colisões por dm^3 por segundo; se cada uma destas colisões fosse efetiva, esperaríamos uma velocidade de reação de $5,8 \times 10^4$ mol/dm^3 s. Na realidade, sob estas condições, é de apenas cerca de $1,2 \times 10^{-8}$ mol/dm^3 s. Isso é menor, por um fator de aproximadamente 5×10^{12}, do que observaríamos se todas as colisões conduzissem à reação, o que significa que apenas uma de cada cinco trilhões de colisões leva à formação dos produtos! Evidentemente, nem todos os encontros entre moléculas de HI resultam na produção de H$_2$ e I$_2$. De fato, apenas uma fração muito pequena do número total de colisões é efetiva. Se tomarmos Z como o número total de colisões que ocorrem por segundo e f como a fração do número total de colisões que são efetivas, a velocidade de uma reação será

$$\text{velocidade} = fZ \qquad [12.12]$$

A fração, f, é determinada pelas energias das moléculas que colidem e, como veremos brevemente, é necessário um mínimo de energia para fazer a reação ocorrer. Além disso, em muitas circunstâncias, as moléculas devem também colidir segundo uma orientação adequada. A decomposição da molécula hipotética AB, cujas colisões resultam na formação de A_2 e B_2, pode servir como exemplo:

$$2AB \longrightarrow A_2 + B_2$$

Em princípio, para formar os produtos A_2 e B_2, os dois átomos de A e os dois átomos de B devem aproximar-se um do outro, muito intimamente, de modo que as ligações $A-A$ e $B-B$ possam ser formadas. Suponhamos agora que duas moléculas $A-B$ encontram-se numa colisão orientada, como é mostrado na Fig. 12.4a. Certamente, não esperamos que a colisão seja efetiva para formar os produtos. Todavia, uma colisão na qual as moléculas AB estão alinhadas, como é mostrado na Fig. 12.4b, pode conduzir à formação das ligações $A-A$ e $B-B$ e, então, a uma transformação química. Assim, o número de colisões efetivas e, portanto, a velocidade da reação,

Figura 12.4
Colisões entre moléculas $A-B$. (a) Uma colisão que não pode produzir uma transformação química. (b) Uma colisão que pode conduzir a uma reação.

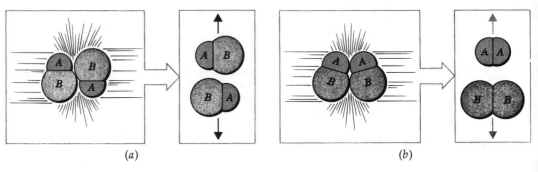

(a)   (b)

CINÉTICA QUÍMICA / 471

são diminuídos por um fator, p, que é uma medida da importância das orientações moleculares durante a colisão:

$$\text{velocidade} = pfZ \qquad [12.13]$$

Já vimos que Z, a freqüência de colisão, é proporcional às concentrações das moléculas dos reagentes; portanto, em geral,

$$Z = Z_0[A]^n[B]^m \, \ldots$$

onde Z_0 é a freqüência de colisão quando todos os reagentes estão na concentração unitária. Substituindo na Eq. 12.13, temos

$$\text{velocidade} = pfZ_0[A]^n[B]^m \, \ldots$$

ou

$$\text{velocidade} = k[A]^n[B]^m \, \ldots$$

em que $k = pfZ_0$. Esta é, então, a lei de velocidade derivada a partir dos princípios da teoria de colisões.

<h2>12.7
TEORIA DO ESTADO DE TRANSIÇÃO</h2>

A teoria de colisões, já discutida na Seç. 12.4, focalizou nossa atenção, primeiramente, na relação entre a velocidade de reação e o número de colisões por segundo entre as moléculas dos reagentes. A *teoria do estado de transição* está preocupada com o que realmente ocorre *durante* uma colisão. Ela trata da energia e da orientação das moléculas reagentes que colidem e, assim, procura explicações para somente poucas colisões, das muitas que ocorrem, serem realmente efetivas.

Uma colisão entre duas moléculas é muito diferente de uma colisão entre duas bolas de bilhar. A nuvem eletrônica de uma molécula não tem um limite definido; este limite é um tanto flexível e "vago". Portanto, quando duas moléculas aproximam-se uma da outra numa colisão, as nuvens eletrônicas sofrem um gradual aumento em suas repulsões mútuas e as moléculas começam a diminuir suas velocidades. Quando isso ocorre, a energia cinética das moléculas é gradualmente convertida em energia potencial, um tanto semelhante a uma compressão em uma mola. Se o par de moléculas que colidem possui uma pequena energia cinética, isto é, se elas não se estiverem movimentando muito rápido, elas começam a parar antes de suas nuvens eletrônicas terem penetrado muito uma na outra; nesse caso, elas simplesmente se afastam, quimicamente inalteradas (Fig. 12.5a).

Quando duas moléculas movendo-se rapidamente colidem, elas possuem uma quantidade de energia cinética que pode ser convertida em energia potencial. Isto significa que elas são capazes de superar forças substanciais de repulsão entre suas nuvens eletrônicas e se aproximar bastante uma das outras. Como ilustrado na Fig. 12.5b, a ocorrência da interpenetração das nuvens eletrônicas permite um rearranjo de elétrons, onde as ligações velhas são quebradas enquanto outras ligações novas são formadas, dando lugar a uma transformação química efetiva.

A partir da discussão anterior, vemos que uma colisão efetiva (uma em que as moléculas reagentes são convertidas em moléculas de produtos) pode ocorrer somente se as moléculas colidem com força suficiente. Em outras palavras, existe uma energia cinética mínima que as moléculas precisam possuir conjuntamente para

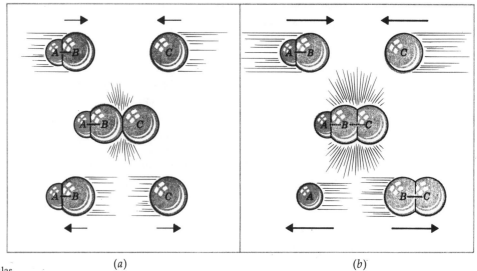

Figura 12.5
(a) Quando duas moléculas, movimentando-se lentamente, colidem, suas nuvens eletrônicas não conseguem se interpenetrar muito e elas se chocam, sem reagir quimicamente.
(b) Quando moléculas, movimentando-se rapidamente, colidem, os átomos aproximam-se uns dos outros com tanta intensidade que suas nuvens eletrônicas se interpenetram. Isso pode conduzir à formação e quebra de ligações.
A transformação que ocorre aqui é $AB + C \rightarrow A + BC$.

superar as repulsões entre suas nuvens eletrônicas quando elas colidem. Essa energia cinética, que é transformada em energia potencial no momento do impacto, é chamada de **energia de ativação**, E_a.

A variação na energia potencial que ocorre durante o curso de uma reação é mostrada na Fig. 12.6. O eixo horizontal é chamado **coordenada de reação**. Esta descreve o andamento da reação à medida que as moléculas se aproximam, colidem e emergem as moléculas dos produtos. Pode-se dizer que as posições ao longo deste eixo representam a extensão na qual a reação progrediu, no sentido de se completar. À esquerda, neste diagrama de energia potencial, encontramos duas moléculas de AB. Quando elas se aproximam uma da outra, suas energias potenciais aumentam o máximo. Quando continuamos para a direita, ao longo da coordenada de reação, a energia potencial do sistema diminui, à medida que os produtos, A_2 e B_2, se afastam. Quando as moléculas A_2 e B_2 estão finalmente separadas uma da outra, a energia potencial total cai a um valor essencialmente constante.

A energia de ativação para a decomposição de AB corresponde à diferença entre a energia dos reagentes e o máximo na curva de energia potencial. Moléculas de AB lentas não possuem energia suficiente para vencer esta barreira de energia potencial, enquanto que as rápidas possuem.

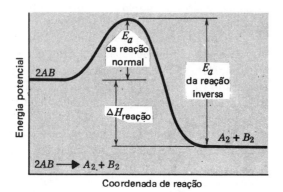

Figura 12.6
Diagrama de energia potencial para uma reação exotérmica.

CINÉTICA QUÍMICA / 473

Numa colisão, a Ec e Ep total são constantes. Se a Ep tornar-se menor, após a colisão, a Ec ter-se-á tornado maior.

Na Fig. 12.6 representamos a energia potencial dos produtos como sendo mais baixa que a dos reagentes. A diferença entre elas corresponde ao calor de reação[1]. Nesse caso, em virtude dos produtos estarem a uma energia mais baixa que os reagentes, a reação é exotérmica. A energia liberada aparece como um aumento na energia cinética dos produtos; portanto, a temperatura do sistema sobe, à medida que a reação prossegue.

Na mistura reacional existem, também, colisões entre moléculas A_2 e B_2. Tais colisões, se suficientemente energéticas, podem tornar a formar moléculas AB. Na Fig. 12.6, a energia de ativação para a reação

$$A_2 + B_2 \longrightarrow 2AB$$

está indicada como a diferença, em energia, entre os produtos e o topo da barreira de energia potencial. Uma vez que a reação direta é exotérmica, a reação inversa é endotérmica.

A Fig. 12.7 representa as variações de energia para uma reação que é endotérmica. Nesse caso, os produtos estão a uma energia potencial mais alta que os reagentes. O aumento de energia potencial que tem lugar quando os produtos são formados ocorre a expensas da energia cinética. Conseqüentemente, existe um decréscimo na energia cinética média, à medida que a reação prossegue e a mistura reacional torna-se fria.

Uma reação endotérmica é aquela na qual a Ec é convertida em Ep. Este sistema absorve ou armazena energia.

As espécies que existem no topo da barreira de energia potencial durante uma colisão efetiva não correspondem aos reagentes nem aos produtos, mas, ao contrário, a alguma combinação de átomos altamente instáveis, que chamamos de **complexo ativado**. Este complexo ativado é dito existir em um **estado de transição**, ao longo da coordenada de reação (daí o nome teoria do estado de transição).

A teoria do estado de transição vê a cinética química em termos de energia e da geometria do complexo ativado que, uma vez formado, pode tornar a produzir os reagentes ou seguir para formar os produtos. Por exemplo, vamos examinar outra vez a decomposição das moléculas hipotéticas AB para produzir A_2 e B_2. A transformação que ocorre ao longo da coordenada de reação pode ser assim representada:

$$\begin{matrix} A \\ | \\ B \end{matrix} + \begin{matrix} A \\ | \\ B \end{matrix} \rightleftharpoons \begin{bmatrix} A \cdots A \\ \vdots \quad \vdots \\ B \cdots B \end{bmatrix} \longrightarrow \begin{matrix} A - A \\ + \\ B - B \end{matrix}$$

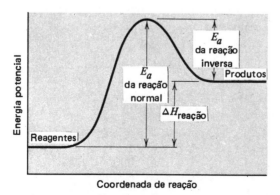

Figura 12.7
Diagrama de energia potencial para uma reação endotérmica.

---

[1] Estritamente falando, a diferença entre a energia potencial dos reagentes e produtos corresponde ao ΔE para a reação, mas aprendemos no Cap. 11 que ΔE e ΔH para um processo são, aproximadamente, da mesma magnitude.

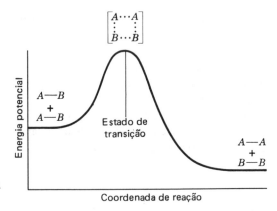

Figura 12.8
Teoria do estudo de transição e o diagrama de energia potencial para uma reação.

em que usamos linhas cheias para denotar ligações covalentes ordinárias e linhas pontilhadas para simbolizar as ligações parcialmente rompidas e formadas no estado de transição (que está dentro do colchete). A Fig. 12.8 ilustra esta transformação, à medida que ela ocorre em nosso diagrama de energia potencial para a reação.

Se a energia potencial do estado de transição é muito alta, então, uma grande quantidade de energia deve ser necessária durante a colisão, para formar o complexo ativado. Isto resulta em uma alta energia de ativação e, conseqüentemente, em uma reação lenta. Se fosse possível, de alguma forma, produzir um complexo ativado, cuja energia fosse mais próxima à dos reagentes, o decréscimo de energia de ativação conduziria a uma velocidade de reação mais rápida.

12.8 EFEITO DA TEMPERATURA SOBRE A VELOCIDADE DE REAÇÃO

Quase sempre um aumento na temperatura causa um aumento na velocidade da reação e, como uma regra prática muito geral, para muitas reações, sua velocidade duplica quando ocorre uma elevação de dez graus na temperatura. Como este comportamento pode ser explicado?

De acordo com a teoria cinética, em qualquer sistema há uma distribuição de energia cinética. Na seção anterior, definimos a energia de ativação como sendo o mínimo de energia cinética exigida para que uma colisão seja efetiva. Todas as moléculas que têm energias cinéticas maiores que este mínimo são capazes, portanto, de reagir. Isto pode ser ilustrado para a distribuição de energia cinética em um sistema, como é mostrado na Fig. 12.9. A fração total de todas as moléculas que têm energias iguais ou maiores que E_a corresponde à porção em destaque da área sob a curva. Se compararmos esta área para duas temperaturas diferentes, veremos que a fração total das moléculas com energia suficiente para sofrer colisões efetivas é maior a

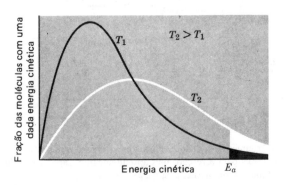

Figura 12.9
Efeito da temperatura sobre o número de moléculas que têm energias cinéticas maiores que E_a.

CINÉTICA QUÍMICA / 475

temperaturas mais elevadas. Como resultado, o número de moléculas que são capazes de reagir aumenta com o aumento da temperatura e, conseqüentemente, aumenta, também, a velocidade da reação.

Medida da Energia de Ativação

A grandeza da constante de velocidade, que é a velocidade da reação quando todas as concentrações têm valor igual a um, depende de um número de fatores. Na Seç. 12.6, vimos que essa grandeza depende, em parte, da freqüência de colisões. Agora, acabamos de aprender que a velocidade de reação também é afetada pelas orientações das moléculas durante uma colisão e pela energia cinética que as moléculas precisam ter quando colidem. Esses vários fatores são relatados quantitativamente pela equação

$$k = Ae^{-E_a/RT} \qquad [12.14]$$

Em 1903, Arrhenius recebeu o terceiro Prêmio Nobel, destinado, até então, para a química.

que é conhecida como *equação de Arrhenius*, após sua descoberta pelo químico sueco Svante Arrhenius. Na equação, e é a base dos logaritmos naturais (Apêndice A), R é a constante dos gases, T é a temperatura absoluta, k é a constante de velocidade e E_a é a energia de ativação. O fator A é uma constante de proporcionalidade cuja magnitude está relacionada com a freqüência de colisão e, também, com a importância das orientações moleculares durante uma colisão.

A equação de Arrhenius fornece-nos um meio de determinarmos o valor da energia de ativação (além do fator A) a partir de medições da constante de velocidade a, pelo menos, duas temperaturas diferentes. Tomando o logaritmo natural da Eq. 12.14, teremos

$$\ln k = \ln A - \frac{E_a}{RT} \qquad [12.15]$$

Podemos comparar esta equação à equação de uma linha reta:

$$\ln k = \ln A - \frac{E_a}{R}\left(\frac{1}{T}\right)$$
$$\updownarrow \qquad \updownarrow \qquad \updownarrow \quad \updownarrow$$
$$y \;\; = \;\; b \;\; + \; m \;\; x$$

Assim, um gráfico de $\ln k$ *versus* $1/T$ dá uma linha reta, cuja inclinação m é igual a $-E_a/R$ e cuja interseção b com a ordenada (o eixo vertical) é o $\ln A$ (Fig. 12.10).

Podemos, também, obter E_a a partir do valor de k, a duas temperaturas, por cálculo direto. Para qualquer temperatura, T_1, a Eq. (12.14) torna-se

$$k_1 = Ae^{-E_a/RT_1}$$

e, para qualquer outra temperatura, T_2, podemos escrever

$$k_2 = Ae^{-E_a/RT_2}$$

Dividindo k_1 por k_2, temos

$$\frac{k_1}{k_2} = \frac{Ae^{-E_a/RT_1}}{Ae^{-E_a/RT_2}}$$

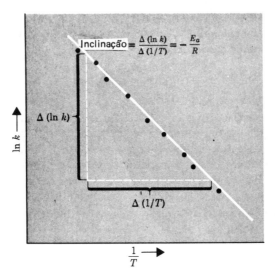

Figura 12.10
Determinação gráfica da energia de ativação, E_a. Os pontos sobre a linha representam os logaritmos naturais das constantes de velocidade, experimentalmente medidas a várias temperaturas. Determina-se a inclinação da linha que melhor se ajusta aos dados experimentais.

ou

$$\frac{k_1}{k_2} = e^{(E_a/R)[(1/T_2)-(1/T_1)]}$$

Tomando o logaritmo natural de ambos os lados, obtemos

$$\ln\left(\frac{k_1}{k_2}\right) = \frac{E_a}{R}\left(\frac{1}{T_2} - \frac{1}{T_1}\right) \qquad [12.17]$$

Convertendo essa expressão para logaritmo de base 10, temos

$$\log\left(\frac{k_1}{k_2}\right) = \frac{E_a}{2,303R}\left(\frac{1}{T_2} - \frac{1}{T_1}\right) \qquad [12.18]$$

As Eq. 12.17 e 12.18 podem ser usadas para calcular E_a, se as constantes de velocidade, a duas temperaturas diferentes, são conhecidas. Elas podem, também, ser usadas para calcular a constante de velocidade a qualquer temperatura específica, se são conhecidos E_a e k a qualquer outra temperatura. Quando E_a está em joules (ou quilojoules), usamos $R = 8,314$ J mol^{-1} K^{-1}.

EXEMPLO 12.7 A 300°C, a constante de velocidade para a reação

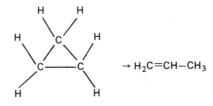

é $2,41 \times 10^{-10}$ s^{-1}. A 400°C, k é igual a $1,16 \times 10^{-6}$ s^{-1}. Quais são os valores de E_a (em quilojoules por mol) e de A, para esta reação?

CINÉTICA QUÍMICA / 477

SOLUÇÃO Podemos obter E_a substituindo os valores de k_1, k_2, T_1 e T_2 na Eq. 12.17 ou 12.18 e, então, resolver para E_a. Para evitar confusão, devemos tabelar os dados.

	k	T
1	$2{,}41 \times 10^{-10} \, s^{-1}$	$300 + 273 = 573 \, K$
2	$1{,}16 \times 10^{-6} \, s^{-1}$	$400 + 273 = 673 \, K$

Note que as temperaturas foram convertidas para Kelvins. Agora, fazendo substituições na Eq. 12.18, para trabalharmos em logaritmos comuns, temos

$$\log \left(\frac{2{,}41 \times 10^{-10} \, s^{-1}}{1{,}16 \times 10^{-6} \, s^{-1}} \right) = \frac{E_a}{2{,}303 \, (8{,}314 \, J \, mol^{-1} \, K^{-1})} = \left(\frac{1}{673 \, K} - \frac{1}{573 \, K} \right)$$

$$\log (2{,}08 \times 10^{-4}) = \frac{E_a}{19{,}15 \, J \, mol^{-1} \, K^{-1}} \quad (0{,}00149 \, K^{-1} - 0{,}00175 \, K^{-1})$$

$$-3{,}68 = E_a \, (-1{,}36 \times 10^{-5} \, J^{-1} \, mol)$$

$$E_a = \frac{-3{,}68}{-1{,}36 \times 10^{-5} \, J^{-1} \, mol} =$$

$$= 2{,}71 \times 10^5 \, J/mol = 271 \, kJ/mol$$

Podemos, agora, calcular A a partir da equação[2]

$$k = Ae^{-E_a/RT}$$

Tomando o logaritmo natural de ambos os lados da equação,

$$\ln k = \ln A - \frac{E_a}{RT}$$

ou, em termos dos logaritmos de base dez,

$$2{,}303 \log k = 2{,}303 \log A - \frac{E_a}{RT}$$

Resolvendo para $\log A$,

$$\log A = \log k + \frac{E_a}{2{,}303 \, RT}$$

---

[2] Se a sua calculadora possui a função e^x, o caminho mais simples de se trabalhar essa parte do problema é fazer primeiro a resolução de A.

$$A = \frac{k}{e^{-E_a/RT}} = ke^{E_a/RT}$$

e então calcule A diretamente multiplicando k por e elevado à potência E_a/RT. Assim,

$$A = (2{,}41 \times 10^{-10} \, s^{-1})e^{(2{,}71 \times 10^5 \, J \, mol^{-1})/(8{,}314 \, J \, mol^{-1} \, K^{-1} \times 573 \, K)}$$

$$= (2{,}41 \times 10^{-10} \, s^{-1}) \times (5{,}07 \times 10^{24})$$

$$= 1{,}2 \times 10^{15} \, s^{-1}$$

A diferença entre esta resposta e a obtida na solução acima é fruto do arredondamento que foi feito.

Substituindo os valores para 300°C,

$$\log A = \log (2{,}41 \times 10^{-10}) + \frac{2{,}71 \times 10^5 \text{ J mol}^{-1}}{(2{,}303)(8{,}314 \text{ J mol}^{-1} \text{ K}^{-1})(573 \text{ K})} =$$

$$= 9{,}62 + 24{,}7 = 15{,}1$$

O número de dígitos, após a vírgula, num logaritmo deve ser igual ao número de algarismos significativos no antilogaritmo (ver Apêndice A).

Tomando-se o antilogaritmo,

$$A = 1 \times 10^{-15} \text{ s}^{-1} \text{ (arredondamento de } 1{,}2 \times 10^{15})$$

Note que A deve ter as mesmas unidades que k.

12.9 CATALISADORES

Catalisador é uma substância que aumenta a velocidade de uma reação sem ser consumido; depois que cessa a reação, ele pode ser recuperado da mistura reacional quimicamente inalterado. O catalisador participa da reação, proporcionando um mecanismo alternativo, de mais baixa energia, para a formação dos produtos. Na Fig. 12.11, podemos observar que a curva de energia de uma reação catalisada é esboçada ao longo de uma coordenada de reação diferente, para enfatizar que está envolvido um mecanismo diferente. Em adição, a barreira de energia para o caminho catalisado é menor que para a reação não-catalisada. Esta menor energia de ativação significa que, na mistura reacional, há maior fração total de moléculas possuindo energia cinética suficiente para reagir (Fig. 12.12). Portanto, na presença do catalisador, há um número maior de colisões efetivas. Naturalmente, um aumento do número de colisões efetivas significa maior velocidade de reação.

Visto que o catalisador permanece quimicamente inalterado na reação, ele não aparece como reagente nem como produto, no balanço global da reação química. Na verdade, sua presença é indicada escrevendo-se seu nome ou fórmula sobre a seta. Por exemplo, o oxigênio pode ser preparado pela decomposição térmica do cloreto de potássio, $KClO_3$. Na ausência de um catalisador a reação é lenta e o $KClO_3$ precisa ser aquecido a uma temperatura elevada para que a sua decomposição ocorra a uma velocidade razoável. Porém, se uma pequena quantidade de dióxido de manganês (MnO_2) é adicionada ao $KClO_3$, a decomposição se processa facilmente a uma temperatura relativamente baixa. A análise da mistura reacional, depois que a liberação de oxigênio tenha cessado, revela que todo o MnO_2 inicialmente adicionado

Figura 12.11
Efeito de um catalisador sobre o diagrama de energia potencial. O catalisador modifica o mecanismo da reação, proporcionando um mecanismo diferente, de baixa energia, para a formação dos produtos. ΔH é o mesmo para cada caminho (deve ser assim porque ΔH é uma função de estado).

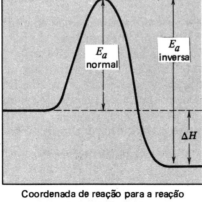
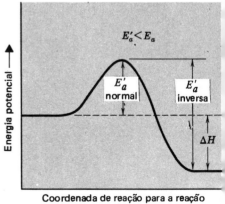

Figura 12.12
Mais moléculas possuem a energia cinética mínima necessária para uma colisão ser efetiva, quando o catalisador está presente.

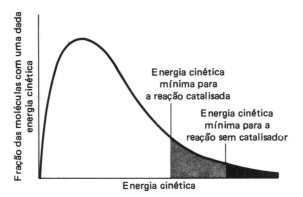

ainda está presente, mostrando que o MnO_2 serve como catalisador. A equação para a reação catalisada é dada por

$$2KClO_3 \xrightarrow{MnO_2} 2KCl + 3O_2$$

Mesmo considerando um catalisador como não modificando a estequiometria global de uma reação, ele participa quimicamente, sendo consumido em um estágio do mecanismo e regenerado em um estágio posterior. Esta regeneração do catalisador permite ao mesmo catalisador ser usado repetidas vezes; portanto, mesmo uma pequena quantidade do catalisador pode ter efeitos muito profundos sobre a velocidade da reação. Este fenômeno é particularmente significante em sistemas biológicos, em que, praticamente, cada reação é catalisada por quantidades muito pequenas de catalisadores bioquímicos altamente específicos, chamados *enzimas*.

Os catalisadores podem ser, de modo geral, classificados em duas categorias: catalisadores homogêneos e catalisadores heterogêneos. Um **catalisador homogêneo** está presente na mesma fase que os reagentes e pode servir para acelerar a reação pela formação de um intermediário reativo com um dos reagentes. Por exemplo, a decomposição do álcool *t*-butílico, $(CH_3)_3COH$, para produzir água e isobuteno, $(CH_3)_2C=CH_2$,

$$(CH_3)_3COH \longrightarrow (CH_3)_2C=CH_2 + H_2O$$

é catalisada pela presença de pequenas quantidades de HBr. Na ausência de HBr, a energia de ativação da reação é 274 kJ mol^{-1} e, abaixo de 450°C, a reação ocorre a uma velocidade quase imperceptível. Na presença de HBr, é encontrada uma energia de ativação de apenas 127 kJ mol^{-1} e é possível que a reação catalisada se processe por um ataque do HBr ao álcool,

$$(CH_3)_3COH + HBr \longrightarrow (CH_3)_3CBr + H_2O$$

seguida pela rápida decomposição do brometo de *t*-butila, $(CH_3)_3CBr$,

$$(CH_3)_3CBr \longrightarrow (CH_3)_2C=CH_2 + HBr$$

Assim, o HBr proporciona um percurso alternativo de baixa energia para a reação e o mecanismo da reação, quando o HBr está presente, é diferente do mecanismo de reação quando ele está ausente.

Figura 12.13
Produção de átomos de hidrogênio sobre uma superfície metálica. Uma molécula de hidrogênio colide com a superfície, onde é absorvida, e dissocia-se para produzir átomos de *H*.

Um **catalisador heterogêneo** não está na mesma fase que os reagentes, porém proporciona uma superfície favorável sobre a qual ocorre a reação. Um exemplo de reação cuja velocidade é aumentada pela presença de um catalisador heterogêneo é a reação entre o hidrogênio e o oxigênio para produzir água. Na introdução deste capítulo, indicamos que esta reação se processa a uma velocidade muito baixa, quando os dois gases são misturados, à temperatura ambiente. Contudo, foi constatado que a reação se processa a uma velocidade apreciável quando estão presentes metais como níquel, cobre ou prata.

Os catalisadores heterogêneos parecem funcionar através de um processo pelo qual as moléculas dos reagentes são adsorvidas sobre uma superfície onde a reação ocorre. A alta reatividade do hidrogênio, na presença de certos metais, por exemplo, parece ocorrer pela adsorção de moléculas de H_2 sobre a superfície catalítica. Sobre a superfície do metal, as ligações entre os átomos de hidrogênio são aparentemente enfraquecidas ou quebradas, como é mostrado na Fig. 12.13, de modo que a superfície metálica realmente se comporta como se contivesse átomos de hidrogênio altamente reativos.

A não ser que as moléculas dos reagentes possam ser adsorvidas sobre o catalisador, não poderá ocorrer nenhum aumento na velocidade da reação. Uma substância cuja presença, durante uma reação, interfere no processo de adsorção reduzirá, portanto, a eficiência do catalisador e é por isso chamada de **inibidor**. Estas substâncias, sendo fortemente adsorvidas sobre a superfície catalítica, diminuem o espaço disponível sobre o qual a reação pode ocorrer. Em alguns casos, o catalisador torna-se, eventualmente, inutilizado e é dito estar "envenenado". A destruição da atividade catalítica por envenenamento é muito importante em sistemas biológicos.

Os catalisadores heterogêneos têm muitas aplicações comerciais e industriais. Por exemplo, podem ser adquiridos pequenos aquecedores portáteis sem chama (para aquecimento de barracas de *camping* e semelhantes), nos quais o combustível e o oxigênio se combinam sobre uma superfície catalítica. A combustão sem chama libera a mesma quantidade de calor que seria gerada se o combustível fosse queimado diretamente. Como não há chama envolvida nesse processo, os aquecedores são, por isso, mais seguros de operar. Há, contudo, desvantagens. Infelizmente, a oxidação catalítica do combustível não é totalmente eficiente e são produzidas pequenas quantidades de monóxido de carbono. Como resultado, os aquecedores catalíticos devem ser usados com cuidado.

Outra aplicação muito importante é o controle da exaustão da descarga dos automóveis. Os silenciosos catalíticos usuais empregam um leito de óxidos metálicos mistos sobre o qual os gases da exaustão passam, após serem misturados com ar adicional (Fig. 12.14). O catalisador, bastante eficiente, promove a oxidação do CO e dos hidrocarbonetos nos inofensivos CO_2 e H_2O. Os catalisadores nos conversores catalíticos mais recentes também removem os óxidos de nitrogênio poluentes, promovendo a decomposição desses óxidos em nitrogênio e oxigênio. Os silenciosos catalíticos apresentam a desvantagem de serem envenenados pelo chumbo. Como resul-

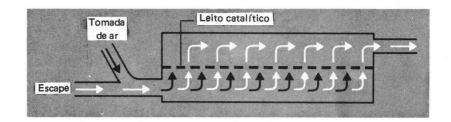

(a)

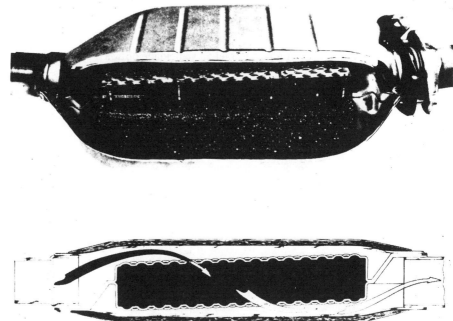

Figura 12.14
(a) Em um conversor catalítico, ar e gases de exaustão passam através de um leito catalítico, onde o CO é oxidado a CO_2 e os óxidos de nitrogênio são decompostos em N_2 e O_2. (b) Vista em corte de um conversor catalítico usado pela General Motors Corporation em seus carros de passageiros e caminhões leves. (b)

tado, devem ser empregados combustíveis isentos de chumbo nos automóveis que têm este tipo de equipamento antipoluição. Outra desvantagem é que eles também catalisam a oxidação do SO_2 a SO_3, o qual reage, então, com o vapor-d'água, para produzir uma neblina de H_2SO_4. Visto que o SO_2 é produzido na queima de combustíveis com altos teores de enxofre, o problema é sério e pode, finalmente, forçar a proibição do uso dos silenciosos catalíticos.

12.10 REAÇÕES EM CADEIA

As reações que discutimos até agora são bastante simples e diretas, com leis de velocidades sem complicações. Há algumas reações, geralmente com uma cinética muito complexa, que ocorrem por meio de um intermediário extremamente reativo, como um átomo livre ou um **radical livre** (um grupo de átomos neutros ou um íon contendo um ou mais elétrons não emparelhados). Estas espécies reativas podem ser produzidas termicamente (a temperaturas elevadas) ou por absorção de luz de um comprimento de onda apropriado; uma vez criados, eles podem, algumas vezes, reagir com outras moléculas, formando produtos, juntamente com outro átomo ou ra-

482 / QUÍMICA GERAL

Os radicais livres produzidos pela radiação proveniente de fontes radioativas podem provocar sérios danos a um organismo vivo.

dical livre. Este processo, uma vez iniciado, pode ser repetido diversas vezes, fazendo a reação se autopropagar. A série completa de reações que segue a produção de intermediários muito reativos é chamada uma *reação em cadeia*.

O mecanismo de uma reação em cadeia foi sugerido para explicar a lei de velocidade observada para a reação entre o hidrogênio e o bromo. A reação global é

$$H_2 + Br_2 \longrightarrow 2HBr$$

Se esta reação se processasse, simplesmente, por uma colisão bimolecular entre o H_2 e o Br_2, a lei de velocidade esperada seria

$$\text{velocidade} = k[H_2][Br_2]$$

Contudo, a real lei de velocidade obtida é

$$\text{velocidade} = k \, \frac{[H_2][Br_2]^{1/2}}{1 + [HBr]/k'[Br_2]}$$

que é, na verdade, muito complexa. O mecanismo proposto para justificar esta lei de velocidade é a reação em cadeia mostrada a seguir. O ponto é usado para representar um elétron não emparelhado sobre um átomo ou radical livre, altamente reativo.

$$
\begin{aligned}
&1.\ Br_2 \rightarrow 2Br\cdot &&\text{Iniciação} \\
&2.\ Br\cdot + H_2 \rightarrow HBr + H\cdot \\
&3.\ H\cdot + Br_2 \rightarrow HBr + Br\cdot &&\text{Propagação} \\
&4.\ H\cdot + HBr \rightarrow H_2 + Br\cdot &&\text{Inibição} \\
&5.\ 2Br\cdot \rightarrow Br_2 &&\text{Terminação}
\end{aligned}
$$

A reação 1 é a decomposição térmica das moléculas diatômicas do bromo, para produzir átomos de bromo (o intermediário reativo). A reação global processa-se muito lentamente, quando os dois reagentes são misturados à temperatura ambiente. Contudo, a temperaturas elevadas, a reação 1 ocorre em uma apreciável extensão e, rapidamente, desencadeia as demais reações. A etapa 1 é, portanto, a etapa de iniciação, porque começa a cadeia. Nas etapas 2 e 3, é formado o produto HBr, bem como átomos livres adicionais, que servem para manter o prosseguimento da reação. Estas etapas são, então, as etapas de propagação da cadeia. A etapa 5, que conduz, apenas, à formação de uma espécie estável, serve para finalizar a cadeia e é conhecida como etapa de terminação. A etapa 4 é chamada etapa de inibição porque sua ocorrência remove o produto e diminui, assim, a velocidade global de produção do HBr. Ela é incluída no mecanismo, porque a presença de HBr diminui a velocidade da reação (devemos observar o aparecimento do [HBr] no denominador da lei de velocidade).

Em geral, as reações em cadeia são muito rápidas; de fato, muitas reações explosivas parecem ocorrer por um mecanismo em cadeia. A formação de um único intermediário reativo proporciona muitas moléculas do produto, antes que a cadeia tenha terminado. Conseqüentemente, a velocidade de formação dos produtos é muitas vezes maior que a velocidade da etapa de iniciação sozinha.

CINÉTICA QUÍMICA / 483

ÍNDICE DE QUESTÕES E PROBLEMAS (Os números dos problemas estão em negrito)

Geral 1, 2, 5, 6 e 10

Velocidade de reação 3, 4, 42, 43 e 45

Leis de velocidade 7, 14, 15, 44, 46, 47, 48, 49, 50 e 59

Ordem de reação 8, 11 e 12

Constante de velocidade 9, 13, 47 e 53

Concentração e tempo 51

Meias-vidas 20, 21, 52 e 53

Teoria de colisões 16 e 17

Mecanismos 18, 19, 22, 23, 24, 25, 26 e 30

Colisões efetivas 27, 28 e 29

Teoria do estado de transição 28, 29, 33 e 34

Efeito da temperatura sobre a velocidade 31, 32 e 35

Equação de Arrhenius 54, 55, 56, 57, 58, 60, 61, 62 e 63

Catálise 36, 37, 38 e 39

Reações em cadeia 40 e 41

QUESTÕES DE REVISÃO

12.1 Quais são os quatro fatores que controlam a velocidade das reações químicas?

12.2 Que efeito possui o tamanho da partícula na velocidade de uma reação heterogênea?

12.3 Defina *velocidade de reação*. Quais são as unidades usadas?

12.4 Para cada uma das reações a seguir, como você expressaria a velocidade da reação, em termos do desaparecimento dos reagentes e do aparecimento dos produtos? Preveja o papel dos coeficientes na equação global balanceada para a determinação das velocidades relativas de desaparecimento dos reagentes e formação dos produtos.

(a) $2H_2 + O_2 \rightarrow 2H_2O$
(b) $2NOCl \rightarrow 2NO + Cl_2$
(c) $NO + O_3 \rightarrow NO_2 + O_2$
(d) $H_2O_2 + H_2 \rightarrow 2H_2O$

12.5 Que critério deve ser satisfeito pelos métodos usados para estudar a velocidade de uma reação?

12.6 Faça uma lista de cinco reações que ocorrem na natureza e compare suas velocidades. Tente sugerir algumas que sejam rápidas e outras que sejam lentas.

12.7 Que é uma lei de velocidade? Que fatores afetam o valor da constante de velocidade de uma determinada reação?

12.8 Que significa *ordem de uma reação*?

12.9 Quais são as unidades da constante de velocidade para: (a) uma reação de primeira ordem; (b) uma reação de segunda ordem; (c) uma reação de terceira ordem?

12.10 Por que dizemos que um dos fatores que influenciam a velocidade de uma reação é a natureza dos reagentes?

12.11 A velocidade com que o CO é removido da atmosfera terrestre pelas bactérias do solo é constante. Qual a ordem aparente desse processo?

12.12 Qual a ordem em relação a cada um dos reagentes e qual a ordem global das reações descritas pelas leis de velocidade a seguir?

(a) Velocidade = $k_1 [A] [B]$
(b) Velocidade = $k_2 [E]^2$
(c) Velocidade = $k_3 [G]^2 [H]^2$

12.13 Quais seriam as unidades de cada uma das constantes de velocidade da questão anterior se a velocidade tem unidades de $mol\, dm^{-3}\, s^{-1}$?

12.14 Quando a concentração de um reagente é dobrada, por que fator seria alterada a velocidade da reação, se a ordem em relação àquele reagente fosse: (a) 1; (b) 2; (c) 3; (d) 4; (e) 1/2; (f) − 2?

12.15 Suponha que, quando a concentração de um reagente foi dobrada, a velocidade da reação decresceu de um fator 2. Qual seria o expoente do termo da concentração do reagente, na lei de velocidade?

12.16 De que maneira a teoria de colisões justifica a dependência da velocidade com a concentração dos reagentes?

12.17 Por que não podem ser usadas as sugestões da teoria de colisões para prever, em geral, as leis de velocidade das reações químicas? Que devemos conhecer, a fim de predizer a lei de velocidades?

12.18 Que se entende por mecanismo de reação?

12.19 O propano, C_3H_8, é um combustível usado em várias áreas rurais para cozinhar. Ele é conhecido como GLP. É improvável que a combustão de propano ocorra por um mecanismo simples de uma etapa somente. Explique por quê.

$$C_3H_8\,(g) + 5O_2\,(g) \longrightarrow 3CO_2\,(g) + 4H_2O\,(g)$$

12.20 Defina *meia-vida de uma reação*.

12.21 Como a meia-vida de uma reação de primeira ordem é afetada pelas concentrações dos reagentes?

12.22 O mecanismo para a reação $2NO + Br_2 \rightarrow 2NOBr$ foi sugerido ser:

Etapa 1 $\quad NO + Br_2 \longrightarrow NOBr_2$

Etapa 2 $\quad NOBr_2 + NO \longrightarrow 2NOBr$

(a) Qual seria a lei de velocidade para a reação, se a primeira etapa deste mecanismo fosse lenta e a segunda, rápida?

(b) Qual seria a lei de velocidade, se a segunda etapa fosse lenta, com a primeira reação sendo um equilíbrio dinâmico que se estabelecesse rapidamente?

(c) Experimentalmente, a lei de velocidade foi encontrada como sendo:

$$velocidade = k[NO]^2[Br_2]$$

Que pode você concluir a respeito das velocidades relativas das etapas 1 e 2?

(d) Por que não preferimos, simplesmente, um mecanismo em uma única etapa

$$NO + NO + Br_2 \longrightarrow 2NOBr \,?$$

(e) Com base na lei de velocidade experimental, você poderia excluir, definitivamente, o mecanismo proposto no item (d)?

12.23 A reação

$$NO_2(g) + CO(g) \rightarrow CO_2(g) + NO(g)$$

parece ter o mecanismo (a baixa temperatura)

$NO_2 + NO_2 \longrightarrow NO_3 + NO \quad$ lenta

$NO_3 + CO \longrightarrow NO_2 + CO_2 \quad$ rápida

Explique por que a reação é de ordem zero, com respeito ao CO.

12.24 A reação do brometo de metila, CH_3Br, com o OH^- parece ocorrer através de um mecanismo de uma etapa envolvendo a colisão do CH_3Br com o OH^-

$$CH_3Br + OH^- \longrightarrow CH_3OH + Br^-$$

A lei de velocidade para a reação foi encontrada como sendo:

$$velocidade = k[CH_3Br][OH^-]$$

No Ex. 12.3, foi sugerido que a lei de velocidade da reação do $(CH_3)_3CBr$ com o OH^- tem a seguinte expressão:

$$velocidade = k[(CH_3)_3CBr]$$

Tente propor um mecanismo que possa justificar a lei de velocidade para a reação do $(CH_3)_3CBr$ com o OH^-.

12.25 Suponha que a seguinte seqüência de reações fosse proposta para uma reação:

Etapa 1 $\quad 2A \longrightarrow A_2$

Etapa 2 $\quad A_2 + B \longrightarrow C + 2D$

(a) Qual seria a reação química global?

(b) Qual seria a lei de velocidade, se a etapa 1 fosse lenta e a etapa 2 fosse rápida?

(c) Qual seria a lei de velocidade, se a etapa 2 fosse lenta e a etapa 1 fosse rápida?

12.26 Uma das reações que ocorrem no ar poluído das áreas urbanas é $2NO_2(g) + O_3(g) \rightarrow N_2O_5(g) + O_2(g)$. Sabe-se que uma espécie com a fórmula NO_3 está envolvida no mecanismo e que a lei de velocidade observada para a reação é: velocidade = $k[NO_2][O_3]$. Proponha um mecanismo para essa reação.

12.27 Como você pode saber que nem todas as colisões entre as moléculas de reagentes conduzem a um processo químico? Que determina se uma colisão particular é efetiva?

12.28 Como a orientação das moléculas influencia em determinar se uma colisão entre elas pode ser efetiva na produção de uma transformação química?

12.29 Uma etapa do mecanismo para a decomposição do NO_2Cl em NO_2 e Cl_2 parece ser $NO_2Cl + Cl \rightarrow NO_2 + Cl_2$. Dada a estrutura do NO_2Cl,

mostre como a orientação molecular no momento de uma colisão pode ser importante na determinação do fato dos produtos serem ou não formados.

12.30 O ácido nítrido é um dos produtos químicos mais importantes no mundo. Um de seus principais usos é na fabricação de fertilizantes. Em 1979, mais de $7,7 \times 10^{12}$ g (7,7 Tg) de HNO_3 foram produzidos, basicamente pela oxidação da amônia. Essa reação fornece óxido nítrico, NO, que reage com o oxigênio para formar dióxido de nitrogênio, NO_2. O dióxido de nitrogênio reage, finalmente, com a água para formar o ácido nítrico. A oxidação do NO a NO_2 segue a reação

$$2NO\,(g) + O_2\,(g) \longrightarrow 2NO_2\,(g)$$

e possui como lei de velocidade, velocidade = $k[NO]^2[O_2]$. Preveja um possível mecanismo para essa reação.

12.31 Defina o termo energia de ativação.

12.32 Explique, qualitativamente, em termos da teoria cinética, por que um aumento na temperatura conduz a um aumento na velocidade da reação.

12.33 Trace um diagrama de energia potencial para uma reação endotérmica. Indique sobre o traçado: (a) A energia potencial dos reagentes. (b) A energia potencial dos produtos. (c) As energias de ativação para as reações para frente e para trás. (d) O calor da reação.

12.34 Que se entende pelos termos estado de transição e complexo ativado? Em que lugar de um diagrama de energia potencial de uma reação encontra-se o estado de transição?

CINÉTICA QUÍMICA / 485

12.35 Os insetos, que são animais de sangue frio, cujos processos na temperatura do corpo seguem as mudanças da temperatura ambiente, tornam-se bastante inertes em tempo frio. Com base na cinética química, explique esse fenômeno.

12.36 Qual a diferença entre um catalisador homogêneo e um heterogêneo?

12.37 Que é um catalisador heterogêneo? Como funciona? Que é um inibidor?

12.38 Como um catalisador participa na redução da energia de ativação de uma reação?

12.39 Que efeito tem um catalisador sobre:

(a) O calor da reação?
(b) A energia potencial dos reagentes?
(c) O estado de transição?

12.40 Por que as reações em cadeia são, freqüentemente, tão rápidas?

12.41 A decomposição do acetaldeído, CH_3CHO, segue a reação global

$$CH_3CHO \longrightarrow CH_4 + CO$$

com pequenas quantidades de H_2 e C_2H_6 sendo, também, produzidas. Acredita-se que a reação se processe por uma reação em cadeia, envolvendo radicais livres (note uma vez mais que um radical livre é indicado pelo uso de um ponto, para representar seu elétron não emparelhado). Um mecanismo proposto é

(1) $CH_3CHO \rightarrow CH_3 \cdot + CHO \cdot$
(2) $2CH_3 \cdot \rightarrow C_2H_6$
(3) $CHO \cdot \rightarrow H \cdot + CO$
(4) $H \cdot + CH_3CHO \rightarrow H_2 + CH_3CO \cdot$
(5) $CH_3 \cdot + CH_3CHO \rightarrow CH_4 + CH_3CO \cdot$
(6) $CH_3CO \cdot \rightarrow CH_3 \cdot + CO$

Identifique: (a) A etapa de iniciação. (b) A(s) etapa(s) de propagação. (c) A(s) etapa(s) de terminação.

PROBLEMAS DE REVISÃO (Os problemas mais difíceis estão marcados por um asterisco)

12.42 Considere a reação para a combustão do metano, CH_4,

$$CH_4 (g) + 2O_2 (g) \longrightarrow CO_2 (g) + 2H_2O (g)$$

Se o metano é queimado a uma velocidade de $0,16$ mol $dm^{-3} s^{-1}$, a que velocidades são formados o CO_2 e o H_2O?

12.43 Para a reação,

$$4NH_3 (g) + 3O_2 (g) \longrightarrow 2N_2 (g) + 6H_2O (g)$$

foi encontrado que, num determinado instante, o N_2 era formado a uma velocidade de $0,68$ mol $dm^{-3} s^{-1}$.
(a) A que velocidade a água era formada?
(b) A que velocidade o NH_3 reagia?
(c) A que velocidade era o O_2 consumido?

12.44 A lei de velocidade determinada para uma reação é:

$$\text{velocidade} = (2,35 \times 10^{-6} \text{ dm}^6 \text{ mol}^{-2} \text{ s}^{-2})[A]^2[B]$$

Qual seria a velocidade da reação, se:
(a) As concentrações de A e de B fossem 1 mol dm^{-3}?

(b) $[A] = 0,25 \, M$, $[B] = 1,30 \, M$?

12.45 Os dados abaixo foram coletados para a reação

Tempo (min)	Concentração de A (mol dm^{-3})	Concentração de B (mol dm^{-3})
0	1,000	0,000
10	0,800	0,400
20	0,667	0,667
30	0,571	0,858
40	0,500	1,000
50	0,444	1,112

Faça um gráfico das concentrações de A e B contra o tempo (concentrações ao longo do eixo vertical e tempo ao longo do eixo horizontal). Estime a velocidade de desaparecimento de A e a velocidade de formação de B, quando $t = 25$ min e $t = 40$ min. Compare as velocidades de desaparecimento de A e de formação de B. Quais seriam as velocidades de formação de C esperadas para $t = 25$ min e $t = 40$ min?

12.46 A constante de velocidade para a reação

$$2ICl + H_2 \longrightarrow I_2 + 2HCl$$

486 / QUÍMICA GERAL

é $1,63 \times 10^{-1}$ $dm^3/mol\ s$. A lei de velocidade é dada por

$$velocidade = k[ICl][H_2]$$

Qual a velocidade da reação para cada um dos conjuntos de concentrações dados a seguir?

Concentração de ICI (mol dm^{-3})	Concentração de H$_2$ (mol dm^{-3})
0,25	0,25
0,25	0,50
0,50	0,50

12.47 Para a decomposição do pentóxido de dinitrogênio

$$2N_2O_5 \longrightarrow 4NO_2 + O_2$$

foram coletados os seguintes dados:

Concentração de N$_2$O$_5$ (mol dm^{-3})	Tempo (s)
5,00	0
3,52	500
2,48	1000
1,75	1500
1,23	2000
0,87	2500
0,61	3000

(a) Faça um gráfico da concentração do N$_2$O$_5$ contra o tempo. Desenhe as tangentes à curva para 500, 1000 e 1500 s. Determine a velocidade, nestes diferentes tempos de reação.
(b) Determine o valor da constante de velocidade para 500, 1000 e 1500 s, dada a lei de velocidade

$$velocidade = k[N_2O_5].$$

12.48 Uma das reações que pode ocorrer no ar poluído é a reação do dióxido de nitrogênio, NO$_2$, com o ozônio, O$_3$.

$$NO_2\ (g) + O_3\ (g) \longrightarrow NO_3\ (g) + O_2\ (g)$$

Os seguintes dados foram coletados nessa reação, a 25°C:

Concentração Inicial de NO$_2$ (mol dm^{-3})	Concentração Inicial de O$_3$ (mol dm^{-3})	Velocidade Inicial (mol dm^{-3} s^{-1})
$5,0 \times 10^{-5}$	$1,0 \times 10^{-5}$	0,022
$5,0 \times 10^{-5}$	$2,0 \times 10^{-5}$	0,044
$2,5 \times 10^{-5}$	$2,0 \times 10^{-5}$	0,022

(a) Qual a lei de velocidade para essa reação?
(b) Qual o valor da constante de velocidade (dê também as unidades corretas)?

12.49 A 27°C, a reação $2NOCl \rightarrow 2NO + Cl_2$ exibe a seguinte dependência da velocidade com a concentração:

Concentração Inicial de NOCl (mol dm^{-3})	Velocidade Inicial (mol dm^{-3} s^{-1})
0,30	$3,60 \times 10^{-9}$
0,60	$1,44 \times 10^{-8}$
0,90	$3,24 \times 10^{-8}$

(a) Qual a lei de velocidade para a reação?
(b) Qual a constante de velocidade?
(c) De que fator deveria aumentar a velocidade, se a concentração inicial do NOCl fosse aumentada de 0,30 para 0,45 M?

12.50 A reação do NO com o Cl$_2$ segue a equação

$$2NO + Cl_2 \longrightarrow 2NOCl$$

Foram coletados os seguintes dados:

Concentração Inicial de NO (mol dm^{-3})	Concentração Inicial de Cl$_2$ (mol dm^{-3})	Velocidade Inicial (mol dm^{-3} s^{-1})
0,10	0,10	$2,53 \times 10^{-6}$
0,10	0,20	$5,06 \times 10^{-6}$
0,20	0,10	$10,1 \times 10^{-6}$
0,30	0,10	$22,8 \times 10^{-6}$

(a) Qual é a lei de velocidade para a reação?
(b) Qual o valor da constante de velocidade (certifique-se de usar as unidades apropriadas)?

12.51 A constante de velocidade para a decomposição de primeira ordem do N$_2$O$_5(g)$, a 100°C, é $1,46 \times \times 10^{-1}$ s^{-1}.
(a) Se a concentração inicial do N$_2$O$_5$ no reator for de $4,50 \times 10^{-3}$ mol dm^{-3}, qual será o valor de sua concentração 1,00 hora após o início da decomposição?
(b) Qual a meia-vida (em segundos) do N$_2$O$_5$, a 100°C?
(c) Se a concentração inicial do N$_2$O$_5$ for de $4,50 \times \times 10^{-3}$ M, qual será a sua concentração após três meias-vidas?

12.52 A decomposição do iodeto de hidrogênio, HI, é de segunda ordem. A 500°C, a meia-vida do HI é de 2,11 min, quando a concentração inicial de HI é de 0,10 M. Qual deverá ser a meia-vida (em minutos), quando a concentração inicial de HI for de 0,010 M?

12.53 Referente ao Probl. 12.52, qual a concentração de velocidade para a decomposição do HI, a 500°C, nas unidades dm^3 mol^{-1} s^{-1}?

CINÉTICA QUÍMICA / 487

12.54 As constantes de velocidade para a reação entre o ICl e o H_2 (Questão 12.46) a 230 e 240°C foram encontradas como sendo 0,163 e 0,348 dm^3/mol s, respectivamente. Quais são os valores de E_a (em quilocalorias por mol) e A, para esta reação?

12.55 A constante de velocidade para a reação

$$CH_3I\ (g) + HI\ (g) \longrightarrow CH_4\ (g) + I_2\ (g)$$

a 200°C, é $1,32 \times 10^{-2}\ dm^3\ mol^{-1}\ s^{-1}$. A 275°C, a constante de velocidade é $1,64\ dm^3\ mol^{-1}\ s^{-1}$. Qual a energia de ativação (em quilojoules por mol) e o valor de A?

12.56 A energia de ativação para a decomposição do HI

$$2HI\ (g) \longrightarrow H_2\ (g) + I_2\ (g)$$

é 182 kJ/mol. A constante de velocidade para a reação, a 700°C, é $1,57 \times 10^{-3}\ dm^3\ mol^{-1}\ s^{-1}$. Qual o valor da constante de velocidade, a 600°C?

12.57 A energia de ativação para a reação

$$HI + CH_3I \longrightarrow CH_4 + I_2$$

é 138 kJ/mol. A 200°C, a constante de velocidade tem um valor de $1,32 \times 10^{-2}\ dm^3\ mol^{-1}\ s^{-1}$. Qual a constante de velocidade, a 300°C?

*12.58 Um químico foi capaz de determinar que a velocidade de uma reação particular, a 100°C, era quatro vezes mais rápida que a 30°C. Calcule a energia de ativação aproximada para a reação, em kJ mol^{-1}.

*12.59 Para uma reação de primeira ordem, um gráfico de log [A] contra o tempo (onde A é um reagente) dá uma linha reta que tem uma inclinação igual a $- k/2,303$. Por outro lado, se a reação é de segunda ordem em relação a A, é obtida uma linha reta quando 1/[A] é traçado contra o tempo. Nesse caso, a inclinação da reta é igual a k. Desta informação, determine se a reação da Questão 12.45 é de primeira ou de segunda ordem. Calcule a constante de velocidade para a reação.

12.60 A decomposição do C_2H_5Cl é uma reação de primeira ordem, tendo $k = 3,2 \times 10^{-2}\ s^{-1}$, a 550°C, e $k = 9,3 \times 10^{-2}\ s^{-1}$, a 575°C. Qual a energia de ativação em quilojoules por mol, para esta reação?

12.61 A constante de velocidade para a reação

$$H_2\ (g) + I_2\ (g) \longrightarrow 2HI\ (g)$$

foi medida a várias temperaturas e os dados encontrados foram os seguintes:

Temperatura (°C)	k ($dm^3\ mol^{-1}\ s^{-1}$)
283	$1,2 \times 10^{-4}$
302	$3,5 \times 10^{-4}$
355	$6,8 \times 10^{-3}$
393	$3,8 \times 10^{-2}$
430	$1,7 \times 10^{-1}$

Determine graficamente o valor de E_a em kJ mol^{-1} para essa reação.

*12.62 A revelação de uma imagem fotográfica em um filme é um processo controlado pela cinética da redução do halogeneto de prata por um revelador. O tempo exigido para a revelação a uma temperatura particular é inversamente proporcional à constante de velocidade do processo. A seguir, são encontrados os dados sobre o tempo de revelação dos filmes Kodak Tri-K, usando o revelador Kodak D-76. A partir desses dados, estime a energia de ativação para o processo de revelação, em quilojoules por mol.

Temperatura (°C)	Tempo de Revelação (min)
18	10
20	9
21	8
22	7
24	6

Estime o tempo de revelação a 15°C.

*12.63 Ao cozinharmos um ovo provocamos a desnaturação de uma proteína chamada albumina e o tempo necessário para alcançarmos um grau particular de desnaturação é inversamente proporcional à constante de velocidade para o processo. Esta reação possui uma energia de ativação alta, $E_a = 418\ kJ\ mol^{-1}$. Calcule o tempo necessário para cozinhar um tradicional "ovo de três minutos" no topo do Monte McKinley no Alaska, num dia em que a pressão atmosférica estiver a 47,3 kPa.

13
EQUILÍBRIO QUÍMICO

O amoníaco e seus sais são fertilizantes valiosos. Vemos aqui o amoníaco gasoso sendo bombeado diretamente para o solo. A fabricação do amoníaco pela combinação direta do N_2 com o H_2 constitui um dos equilíbrios químicos mais importantes para a civilização. Neste capítulo estudaremos os fatores que afetam um equilíbrio químico e como lidar com um equilíbrio quantitativamente.

Quando uma reação química ocorre espontaneamente, as concentrações dos reagentes e produtos variam enquanto a energia livre do sistema diminui. Eventualmente, a energia livre atinge um mínimo e, como aprendemos no Cap. 11, o sistema caminha para um estado de equilíbrio. Se acompanharmos as concentrações enquanto isto ocorre, observaremos que elas se aproximam de valores estacionários, conforme mostrado na Fig. 13.1. Veremos que a velocidade na qual os reagentes produzem os produtos aproxima-se da velocidade na qual os produtos formam os reagentes. Quando o equilíbrio é finalmente atingido, ambas as reações estão ocorrendo a velocidades iguais e as concentrações não mais variam. Você se lembra que é a continuação das reações em ambos os sentidos, sem que ocorra variação das concentrações, que identifica isto como um *equilíbrio dinâmico*.

Todos os sistemas químicos tendem para o equilíbrio. Neste capítulo, examinaremos as relações quantitativas que podem ser usadas para descrever o estado de equilíbrio e veremos como os princípios de cinética e de termodinâmica podem ser aplicados para descrever um equilíbrio.

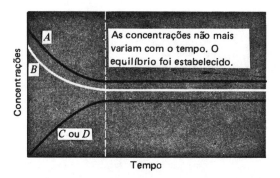

Figura 13.1
Caminho em direção ao equilíbrio para a reação $A + B \rightarrow C + D$.

13.1 LEI DA AÇÃO DAS MASSAS

a, b, e e f são os coeficientes das substâncias A, B, E e F.

Foi descoberto, experimentalmente, há alguns anos, que uma relação muito simples governa as proporções relativas de reagentes e produtos em um sistema em equilíbrio. Para uma reação geral.

$$aA + bB \rightleftharpoons eE + fF$$

observa-se que, a temperatura constante, a condição que é satisfeita no equilíbrio é

$$\frac{[E]^e[F]^f}{[A]^a[B]^b} = K_c \qquad [13.1]$$

em que as quantidades escritas dentro de colchetes indicam as *concentrações molares no equilíbrio*. A quantidade, K_c, é uma constante chamada **constante de equilíbrio** e esta relação, descoberta em 1866 pelos químicos noruegueses Guldberg e Waage, é conhecida como a **lei da ação das massas**.

A fração que aparece à esquerda do sinal de igual na Eq. 13.1 é chamada **expressão da ação das massas** e é obtida usando-se os coeficientes da equação química balanceada como expoentes das concentrações apropriadas. Por exemplo, consideremos a reação do nitrogênio com o hidrogênio para formar amônia (reação de fixação do nitrogênio usada industrialmente na produção de amônia e fertilizantes nitrogenados)

A expressão da ação das massa é algumas vezes chamada de quociente reacional.

$$N_2\ (g) + 3H_2\ (g) \rightleftharpoons 2NH_3\ (g)$$

A expressão da ação das massas para esta reação escreve-se como

$$\frac{[NH_3]^2}{[N_2][H_2]^3}$$

Esta fração, naturalmente, terá sempre algum valor numérico para este sistema químico. Por exemplo, se N_2 e H_2 são introduzidos em um recipiente e colocados para reagir, não teríamos, inicialmente, nenhum NH_3 e o valor da expressão da ação das massas seria zero. À medida que NH_3 vai sendo produzido, a fração aumenta, até que quando o equilíbrio é alcançado a fração não varia mais. Ela torna-se igual a um valor a que chamamos constante de equilíbrio, K_c.

$$\frac{[NH_3]^2}{[N_2][H_2]^3} = K_c \quad \text{(no equilíbrio)} \tag{13.2}$$

O ponto mais importante a respeito da lei da ação das massas é que, a uma dada temperatura, *qualquer* sistema contendo N_2, H_2 e NH_3 no equilíbrio terá sua expressão de ação das massas igual ao mesmo valor numérico. *Não há restrições sobre as concentrações individuais de quaisquer reagentes e produtos*. A única exigência para o equilíbrio é que, quando essas concentrações são substituídas na expressão da ação das massas, a fração seja numericamente igual a K_c. De fato, a Eq. 13.2 é uma condição que deve ser satisfeita por N_2, H_2 e NH_3, para estarem em equilíbrio uns com os outros, e a Eq. 13.2 é dita ser a condição de equilíbrio ou a **lei de equilíbrio** para a reação. Os dados da Tab. 13.1 ilustram isto.

Concentração molar =
$$= \frac{mol}{dm^3} = \frac{n}{V} \, .$$

Para um gás ideal, $\dfrac{n}{V} =$
$$= \frac{P}{RT} \, .$$

Para reações envolvendo gases, as pressões parciais de reagentes e produtos são proporcionais às suas concentrações molares. A expressão da constante de equilíbrio para estas reações pode, portanto, ser escrita usando-se as pressões parciais, em vez das concentrações. Por exemplo, a condição de equilíbrio para a reação entre N_2 (g) e H_2 (g) pode também ser expressa como

$$\frac{p_{NH_3}^2}{p_{N_2}\, p_{H_2}^3} = K_P$$

Usaremos o símbolo K_P para indicar as constantes de equilíbrio derivadas das pressões parciais e K_c para indicar as constantes de equilíbrio que têm concentrações molares na expressão da ação das massas. Em geral, K_c e K_P não são numericamente iguais. Descutiremos isto posteriormente, na Seç. 13.4.

Tabela 13.1
Concentrações de equilíbrio (em mol dm^{-3})
a 500°C e a expressão da ação das massas para
a reação: 3H$_2$ (g) + N$_2$ (g) $\rightleftharpoons$ 2NH$_3$ (g)

$[H_2]$	$[N_2]$	$[NH_3]$	$\dfrac{[NH_3]^2}{[N_2][H_2]^3} = K_c$
0,150	0,750	$1,23 \times 10^{-2}$	$5,98 \times 10^{-2}$
0,500	1,00	$8,66 \times 10^{-2}$	$6,00 \times 10^{-2}$
1,35	1,15	$4,12 \times 10^{-1}$	$6,00 \times 10^{-2}$
2,43	1,85	1,27	$6,08 \times 10^{-2}$
1,47	0,750	$3,76 \times 10^{-1}$	$5,93 \times 10^{-2}$
		Média	$6,00 \times 10^{-2}$

492 / QUÍMICA GERAL

Escreveremos a expressão da ação das massas com as concentrações (ou pressões parciais) dos produtos no numerador e as dos reagentes, no denominador. Como esta fração é igual à constante de equilíbrio, o seu inverso também deve ser uma constante. Assim,

$$\frac{[NH_3]^2}{[N_2][H_2]^3} = K_C \qquad \frac{p_{NH_3}^2}{p_{N_2}p_{H_2}^3} = K_P$$

e

$$\frac{[N_2][H_2]^3}{[NH_3]^2} = \frac{1}{K_c} = K_c' \qquad \frac{p_{N_2}p_{H_2}^3}{p_{NH_3}^2} = \frac{1}{K_P} = K_P'$$

Qualquer uma das formas é uma descrição válida do estado de equilíbrio. Contudo, os químicos escolheram, de certo modo arbitrariamente, escrever sempre a expressão de equilíbrio com as concentrações ou pressões parciais dos produtos aparecendo no numerador. Isto nos permite, então, fazer uma tabela das constantes de equilíbrio, sem necessidade de ter sempre que fixar, explicitamente, a forma da expressão da ação das massas. É apenas necessário especificar a equação química e se estamos tratando com K_c ou com K_P.

13.2 A CONSTANTE DE EQUILÍBRIO

A constante de equilíbrio é uma quantidade que deve ser calculada a partir de dados experimentais. Um método envolvendo o uso da energia livre padrão de formação para determinar a *constante de equilíbrio termodinâmico* está esboçado na Seç. 13.3. Outro método envolve a medida direta das concentrações de equilíbrio que podem, então, ser substituídas na expressão da ação das massas para obter um valor numérico para K. Veremos um exemplo de cálculo deste tipo na Seç. 13.6.

O conhecimento do valor de uma constante de equilíbrio é útil porque nos permite realizar cálculos que relacionam as concentrações de reagentes e produtos num sistema em equilíbrio. Mas mesmo *sem* realizar cálculos, a grandeza de K nos dá informações qualitativas acerca da extensão com que a reação prossegue na direção de se completar. Por exemplo, consideremos a reação simples.

$$A \rightleftharpoons B$$

para a qual escrevemos

$$\frac{[B]}{[A]} = K_c$$

Suponha que $K_c = 10$. Isto significa que

$$\frac{[B]}{[A]} = 10 = \frac{10}{1}$$

Isto nos diz que, no equilíbrio, a concentração de B será dez vezes maior que a concentração de A. Em outras palavras, a posição do equilíbrio favorece o produto B. Por outro lado, se $K_c = 0,1$, então,

$$\frac{[B]}{[A]} = 0,1 = \frac{1}{10}$$

EQUILÍBRIO QUÍMICO / 493

As mesmas generalizações se aplicam tanto para K_c como para K_p.

Nesse caso, a concentração de A no equilíbrio será dez vezes maior que a concentração de B no equilíbrio e a posição do equilíbrio favorecerá o reagente A. Isto é uma regra geral que, quando K é grande, a posição do equilíbrio desloca-se para a direita. Inversamente, quando K é pequeno, apenas quantidades relativamente pequenas dos produtos estão presentes no sistema em equilíbrio.

Vejamos dois exemplos de reações químicas reais: primeiro, a reação de hidrogênio com cloro:

$$H_2 \ (g) + Cl_2 \ (g) \rightleftharpoons 2HCl \ (g)$$

$K_c = \dfrac{[HCl]^2}{[H_2][Cl_2]} =$
$= 4,4 \times 10^{32}.$

para a qual $K_c = 4,4 \times 10^{32}$, a $25°C$. Este valor muito grande de K indica-nos que, no equilíbrio, a reação terá se processado quase que completamente. Se 1 mol de H_2 e Cl_2 se combinam, muito pouco H_2 e Cl_2 permanecerão sem reagir, no equilíbrio. Ao contrário, concluímos que a decomposição do vapor-d'água, à temperatura ambiente $(25°C)$,

$K_c = \dfrac{[H_2]^2[O_2]}{[H_2O]^2} =$
$= 1,1 \times 10^{-81}.$

$$2H_2O \ (g) \rightleftharpoons 2H_2 \ (g) + O_2 \ (g)$$

tem $K_c = 1,1 \times 10^{-81}$.

Examinando-se este valor de K_c, podemos concluir que a decomposição ocorre num grau somente muito pequeno porque, a fim de se ter um valor muito pequeno de K_c, as concentrações dos produtos (que aparecem no numerador da expressão da ação das massas) devem ser muito pequenas.

13.3 TERMODINÂMICA E EQUILÍBRIO QUÍMICO

Na Seç. 11.12, vimos que, qualitativamente, há uma relação entre ΔG^0 para uma reação e a posição de equilíbrio. Além disso, a direção na qual uma reação caminha para o equilíbrio é determinada pela posição do sistema com relação ao mínimo de energia livre. A reação se realiza espontaneamente apenas na direção que dá origem a um decréscimo da energia livre, isto é, quando ΔG é negativo.

Tudo isto é resumido, quantitativamente, pela equação (a qual não demonstraremos)

$$\Delta G = \Delta G^0 + RT \ln Q \qquad [13.3]$$

ou, em termos do logaritmo decimal,

$$\Delta G = \Delta G^0 + 2{,}303 RT \log Q$$

O símbolo Q representa a expressão da ação das massas para a reação. Para gases, Q é escrito com as pressões parciais; para reações em solução, são usadas as concentrações molares.[1]

---

[1] Realmente, para que a Eq. 13.3 seja exata, devem ser usadas em Q as "pressões efetivas" ou as "concentrações efetivas". Estas são chamadas de *atividades*. A baixas pressões nas reações gasosas e em soluções diluídas, o uso de pressões e concentrações reais conduz, felizmente, apenas a pequenos erros.

494 / QUÍMICA GERAL

A Eq. 13.3 indica-nos como ΔG varia com a temperatura e com as proporções relativas de reagentes e produtos. Por exemplo, para a reação

$$2NO_2\ (g) \rightleftharpoons N_2O_4\ (g)$$

a Eq. 13.3 tomaria a forma

$$\Delta G = \Delta G^0 + RT \ln \left(\frac{p_{N_2O_4}}{p_{NO_2}^2} \right) \qquad [13.4]$$

No equilíbrio, os produtos e os reagentes têm a mesma energia livre total e $\Delta G = 0$ (Seç. 11.12). A Eq. 13.4 torna-se, então,

$$0 = \Delta G^0 + RT \ln \left(\frac{p_{N_2O_4}}{p_{NO_2}^2} \right)$$

ou

$$\Delta G^0 = -RT \ln \left(\frac{p_{N_2O_4}}{p_{NO_2}^2} \right)$$

No equilíbrio, para esta reação,

$$\frac{p_{N_2O_4}}{p_{NO_2}^2} = K_P$$

Portanto,

$$\Delta G^0 = -RT \ln K_P \qquad [13.5]$$

ou

$$\Delta G^0 = -2{,}303\ RT \log K_P$$

A Eq. 13.5, derivada aqui para este exemplo específico, aplica-se a todas as reações envolvendo gases. Para reações em solução,

$$\Delta G^0 = -RT \ln K_c \qquad [13.6]$$

ou

$$\Delta G^0 = -2{,}303\,RT \log K_c$$

Temos, agora, uma relação quantitativa entre ΔG^0 e a constante de equilíbrio. A constante K, calculada pelas Eqs. 13.5 ou 13.6, é, algumas vezes, chamada *constante de equilíbrio termodinâmico.*

EXEMPLO 13.1

Qual a constante de equilíbrio termodinâmico para a reação

$$2SO_2\,(g) + O_2\,(g) \rightleftharpoons 2SO_3\,(g)$$

a $25°C$?

EQUILÍBRIO QUÍMICO / 495

SOLUÇÃO Dos dados da Tab. 11.5, podemos obter as energias livres padrões de formação do SO_3 e do SO_2:

$$\Delta G_f^0 \, SO_3 = -370 \, \frac{kJ}{mol}$$

$$\Delta G_f^0 \, SO_2 = -300 \, \frac{kJ}{mol}$$

Por definição, $\Delta G_f^0 \, O_2 = 0{,}0 \, kJ \, mol^{-1}$

Usando estes dados, podemos calcular ΔG^0 para a reação:

$$\Delta G^0 = 2 \, \text{mol} \times \left(-370 \, \frac{kJ}{mol} \right) - 2 \, \text{mol} \times \left(-300 \, \frac{kJ}{mol} \right) = -140 \, kJ$$

Resolvendo a Eq. 13.5 para $\ln K_P$ (trata-se de uma reação gasosa),

$$\ln K_P = \frac{-\Delta G^0}{RT}$$

Devemos expressar ΔG^0 em joules ($\Delta G^0 = -140\,000$ J), T em Kelvins (298 K) e usar $R = 8{,}314 \, J \, mol^{-1} \, K^{-1}$. Substituindo os valores numéricos,

$$\ln K_P = \frac{-(-140.000)}{(8{,}314)\,(298)}$$

$$= 56{,}5$$

Tomando-se o antilogaritmo temos

$K_p = e^{56,5} = 3 \times 10^{24}.$
$$K_P = 3 \times 10^{24}$$

A grandeza de K para esta reação indica-nos que a posição de equilíbrio do sistema deverá se situar na direção do SO_3 e que, à temperatura ambiente, o SO_2 reagirá quase que completamente com o oxigênio, para formar o SO_3. Esta reação é extremamente lenta à temperatura ambiente, porém, com um catalisador, ela torna-se uma etapa importante na preparação industrial do H_2SO_4. Conforme mencionado no último capítulo, a mesma reação ocorre no escape de um automóvel equipado com um conversor catalítico; porém, nesse caso, o H_2SO_4 produzido representa um problema para a saúde.

Os dados termodinâmicos podem ser usados, também, para calcular as constantes de equilíbrio em outras temperaturas diferentes de 25°C. Isto é mostrado no Ex. 13.2.

EXEMPLO 13.2 Para a reação $2NO_2 \, (g) \rightleftharpoons N_2O_4 \, (g)$, $\Delta H^0_{298 \, K} = -56{,}9 \, kJ$ e $\Delta S^0_{298 \, K} = -175 \, J \, K^{-1}$. Calcule K_P, a 100°C.

SOLUÇÃO Para calcularmos K_P a partir da Eq. 13.5 devemos ter um valor numérico para o equivalente de ΔG^0, mas a 100°C em vez de 25°C. Chamaremos esta quantidade de $\Delta G'$. No Cap. 11 aprendemos que

$$\Delta G^0 = \Delta H^0 - (298 \, K) \, \Delta S^0$$

E para temperaturas diferentes de 298 K podemos escrever

$$\Delta G' = \Delta H' - T \, \Delta S'$$

496 / QUÍMICA GERAL

Acontece que ΔH e ΔS variam muito pouco com a temperatura, de forma que, na maioria dos casos, podemos assumir durante os cálculos que os dois são independentes da temperatura e, dessa forma, escrever que $\Delta H^0 = \Delta H'$ e $\Delta S^0 = \Delta S'$. Assim,

$$\Delta G' = \Delta H^0 - T \Delta S.$$

Portanto, a $100°C$ (373 K),

$$\Delta G'_{373} = -56\ 900\ \text{J} - (373\ \text{K})\ (-175\ \text{J K}^{-1})$$
$$= +8380\ \text{J (arredondando para três algarismos significativos)}$$

Resolvendo-se a Eq. 13.5 para $\ln K_P$ temos

$$\ln K_P = \frac{-\Delta G'}{RT}$$

Novamente usamos $R = 8,314\ \text{J mol}^{-1}\ \text{K}^{-1}$. Substituindo-se os valores numéricos e usando-se $T = 373\ \text{K}$, teremos

$$\ln K_P = \frac{+8380}{(8,314)\ (373)}$$
$$= -2,70$$

Tomando-se o antilogaritmo teremos

$\mathbf{K}_p = \mathbf{e}^{-2,70} = \mathbf{6,7 \times 10^{-2}}.$ $\hspace{3cm} K_P = 6,7 \times 10^{-2}$

A medida das constantes de equilíbrio também fornece um método muito conveniente de obtenção de dados termodinâmicos. Isto é ilustrado no exemplo seguinte.

EXEMPLO 13.3 A $25°C$, foi encontrado que $K_P = 7,13$ para a reação

$$2NO_2\ (g) \rightleftharpoons N_2O_4\ (g)$$

Qual o ΔG^0 desta reação, em quilojoules?

SOLUÇÃO Podemos calcular ΔG^0 substituindo os valores apropriados na Eq. 13.5,

$$\Delta G^0 = -RT \ln K_P$$

Como desejamos ΔG^0 em quilojoules, devemos usar $R = 8,314\ \text{J/mol K}$. Como usual, T é a temperatura absoluta ($T = 298$, neste exemplo). Substituindo os valores numéricos,

$$\Delta G^0 = -(8,314)\ (298) \ln (7,13) = -4\ 870\ \text{J (com três algarismos significativos)}$$

O valor de ΔG^0 está expresso em joules porque R está em joules. Para converter para quilojoules simplesmente, dividimos por 1 000:

$$\Delta G^0 = -4,87\ \text{kJ}$$

EQUILÍBRIO QUÍMICO / 497

**13.4
RELAÇÃO
ENTRE K_P E K_c**

Conforme foi declarado anteriormente, para reações envolvendo gases, K_P e K_c não são, necessariamente, iguais. Para a equação geral

$$aA + bB \rightleftharpoons eE + fF$$

$$K_P = \frac{p_E{}^e p_F{}^f}{p_A{}^a p_B{}^b}$$

e

$$K_c = \frac{[E]^e[F]^f}{[A]^a[B]^b}$$

As concentrações, é preciso lembrar, têm as unidades $mol\ dm^{-3}$ ou n/V. Supondo o comportamento de um gás ideal, podemos usar a lei dos gases ideais,

$$PV = nRT$$

para obter a concentração de um gás, X, numa mistura como

$$[X] = \frac{n_X}{V} = \frac{p_X}{RT}$$

em que p_X é sua pressão parcial. Disto segue que

$$p_X = [X]RT$$

Substituindo esta relação na expressão de K_P, temos

$$K_P = \frac{p_E{}^e p_F{}^f}{p_A{}^a p_B{}^b} = \frac{[E]^e(RT)^e[F]^f(RT)^f}{[A]^a(RT)^a[B]^b(RT)^b}$$

Isto pode ser rearranjado para dar

$$K_P = \frac{[E]^e[F]^f}{[A]^a[B]^b}\,(RT)^{(e+f)-(a+b)}$$

ou

Quando $\Delta n_g = 0$, $K_p = K_c$

$$K_P = K_c(RT)^{\Delta n_g} \qquad [13.7]$$

em que Δn_g *é a variação do número de moles do* **gás**, *indo-se dos reagentes para os produtos.*

Δn_g = (número de moles de produtos gasosos) − (número de moles de reagentes gasosos)

Assim, K_P e K_c estão relacionados de uma maneira muito simples para reações entre gases ideais, uma relação que também funciona razoavelmente para muitos gases reais.

EXEMPLO 13.4

No Ex. 13.1, determinou-se o valor de K_P para a reação do SO_2 com o O_2 para produzir SO_3. Qual é o K_c para este equilíbrio, a 25°C?

498 / QUÍMICA GERAL

SOLUÇÃO

Resolvendo-se a Eq. 13.7 para K_c, obtemos

$$K_c = \frac{K_P}{(RT)^{\Delta n_g}} = K_P (RT)^{-\Delta n_g}$$

A equação química com que estamos lidando é

$$2SO_2 (g) + O_2 (g) \rightleftharpoons 2SO_3 (g)$$

Para calcularmos Δn_g interpretamos os coeficientes como moles. Há dois moles de produtos gasosos e três moles de reagentes gasosos. Portanto,

$$\Delta n_g = (2 - 3) = -1$$

No Ex. 13.1, achamos $K_P = 3 \times 10^{24}$. A partir da expressão do equilíbrio

$$\frac{p^2_{SO_3}}{p^2_{SO_2} p_{O_2}} = K_p$$

Normalmente, não incluímos as unidades do K, mas neste caso elas nos ajudam a escolher o valor correto de R.

A unidade de K_p baseada em atm^{-1} é apropriada, uma vez que o valor de ΔG^0, a partir do qual foi calculada no Ex. 12.1, assume que todos os gases estão nos seus estados padrões ($p = 1$ atm). Uma vez que as unidades de R (8,314 dm^3 kPa mol^{-1} K^{-1}) exigem que a unidade de pressão seja quilopascal:

$$K_P = (3,4 \times 10^{24} \, atm^{-1}) \times \left(\frac{1 \, atm}{101,325 \, kPa} \right) = 3,4 \times 10^{22} \, kPa^{-1}$$

Agora, o valor de K_c pode ser calculado diretamente

$$K_c = (3,4 \times 10^{22} \, kPa^{-1}) \, [(8,314 \, dm^3 \, kPa \, mol^{-1} \, K^{-1}) \, (298 \, K)]^{-(-1)}$$

Portanto,

$$K_c = 8,4 \times 10^{25} \, dm^3 \, mol^{-1}$$

13.5 EQUILÍBRIO HETEROGÊNEO

Já aprendemos que é esta reação que permite o $NaHCO_3$ ser um bom extintor de fogo.

Até agora, nossa discussão focalizou reações homogêneas; reações nas quais todos os reagentes e produtos estão na mesma fase. As reações heterogêneas, das quais há muitos exemplos, também, eventualmente, alcançam um estado de equilíbrio. Uma reação típica que podemos considerar é a da decomposição do $NaHCO_3$ sólido para produzir Na_2CO_3 sólido, CO_2 gasoso e H_2O gasoso.[2]

$$2NaHCO_3 \, (s) \rightleftharpoons Na_2CO_3 \, (s) + CO_2 \, (g) + H_2O \, (g)$$

Aplicando a lei da ação das massas, podemos escrever a expressão de equilíbrio como

$$\frac{[Na_2CO_3 \, (s)][CO_2 \, (g)][H_2O \, (g)]}{[NaHCO_3 \, (s)]^2} = K_c' \qquad [13.8]$$

Por motivos que serão óbvios brevemente, indicamos temporariamente a constante de equilíbrio como K_c'.

---

[2] O Na_2CO_3 é produzido comercialmente por esta reação. É um dos reagentes químicos mais importantes para a indústria, figurando em décimo lugar na produção total (são produzidos, anualmente, cerca de 8×10^9 kg nos Estados Unidos), sendo usado na fabricação de vidro e muitos outros produtos importantes.

EQUILÍBRIO QUÍMICO / 499

Nesta reação, temos um equilíbrio entre os gases CO_2 e H_2O e as duas fases sólidas puras, $NaHCO_3$ e Na_2CO_3. Sabemos que uma substância sólida pura, como $NaHCO_3$, é caracterizada por uma densidade que é a mesma em todas as amostras de $NaHCO_3$, qualquer que seja o tamanho da amostra. Além disso, esta densidade não é afetada pela natureza da reação química que a substância está sofrendo. Isto significa que, mesmo durante uma reação química, a quantidade de $NaHCO_3$ em um dado volume do sólido puro é sempre a mesma. Em outras palavras, a concentração de $NaHCO_3$, no sólido puro $NaHCO_3$, é uma constante. Não podemos alterar o número de moles por dm^3 de $NaHCO_3$ no sólido puro, nem podemos variar a concentração de Na_2CO_3 no sólido puro Na_2CO_3. Conseqüentemente, as concentrações destas duas substâncias na expressão de equilíbrio tomam valores constantes e podem ser incorporadas à constante de equilíbrio. Rearranjando a Eq. 13.8 para se colocar todas as constantes do mesmo lado teremos

$$[CO_2\ (g)][H_2O\ (g)] = \underbrace{K_c' \frac{[NaHCO_3\ (s)]^2}{[Na_2CO_3\ (s)]}}_{K_c}$$

ou

$$[CO_2\ (g)][H_2O\ (g)] = K_c \qquad [13.9]$$

Assim, verificamos que, para reações heterogêneas, *a expressão da constante de equilíbrio não inclui as concentrações dos sólidos puros*. Do mesmo modo, em reações nas quais um reagente ou produto ocorre como uma fase líquida pura, a concentração daquela substância como líquido puro é, também, constante. Como resultado, *as concentrações de fases líquidas puras também não aparecem na expressão da constante de equilíbrio.*[3] Estas simplificações aplicam-se *apenas* quando estamos tratando com fases condensadas *puras*. Quando as substâncias ocorrem em soluções líquidas ou sólidas, suas concentrações são variáveis e seus termos de concentração na expressão da ação das massas não podem, portanto, ser incorporados ao K.

Se desejarmos trabalhar com K_P, em vez de K_c, uma vez mais necessitamos levar em conta apenas as substâncias presentes em fase gasosa. Para a decomposição do $NaHCO_3$, portanto, temos

$$K_P = p_{CO_2(g)}\, p_{H_2O(g)}$$

Como foi assinalado na seção anterior, se conhecemos K_c, podemos determinar K_P como

$$K_P = K_c (RT)^{\Delta n_g} \qquad [13.10]$$

em que, para esta reação, $\Delta n_g = +2$.

---

[3] A termodinâmica trata esta questão de uma maneira um pouco mais elegante, definindo a atividade de um líquido ou sólido puro como numericamente igual a um. Isto faz com que, simplesmente, os termos envolvendo sólidos ou líquidos puros desapareçam da expressão da ação das massas. Por exemplo, substituindo os valores de 1 para $[NaHCO_3\ (s)]$ e $[Na_2CO_3\ (s)]$ na Eq. 13.8 obtemos a Eq. 13.9, diretamente.

500 / QUÍMICA GERAL

EXEMPLO 13.5   Quais são os valores de K_P e K_C para a "reação"

$$H_2O\ (l) \rightleftharpoons H_2O\ (g)$$

a 25°C, considerando que a pressão de vapor-d'água, a 25°C, é igual a 3,17 kPa?

SOLUÇÃO   Como a água líquida é uma fase líquida pura, podemos escrever

$$K_P = p_{H_2O\ (g)}$$

e

$$K_C = [H_2O\ (g)]$$

(a) A partir das relações acima teremos,

$$K_P = p_{H_2O} = 3,17\ kPa$$

Note que esta expressão de equilíbrio estabelece que a pressão parcial da água deve ser uma constante quando o líquido e o vapor estão em equilíbrio.

(b) Podemos avaliar K_C como

$$K_C = K_p\ (RT)^{-\Delta n}$$

Para esta "reação", $\Delta n_g = 1$; portanto,

$$K_C = K_p\ (RT)^{-1} = \frac{K_p}{RT}$$

$$= \frac{3,17\ kPa}{(8,314\ dm^3\ kPa\ mol^{-1}\ K^{-1})\ (298\ K)}$$

ou

$$K_C = 1,28 \times 10^{-3}\ mol\ dm^{-3}$$

**13.6
O PRINCÍPIO DE
LE CHÂTELIER
E O EQUILÍBRIO
QUÍMICO**

A expressão de equilíbrio, na forma de K_P ou K_C, pode ser usada para realizar cálculos numéricos de vários tipos, tratando-se de sistemas em equilíbrio. Isto será discutido na seção seguinte. Freqüentemente, contudo, é desejável, simplesmente, sermos capazes de prever como algumas perturbações impostas a um sistema pelo ambiente exterior influenciarão a posição de equilíbrio. Por exemplo, podemos desejar prever, de modo qualitativo, as condições que favorecem à maior formação de produtos. Deveremos realizar nossas reações a altas ou baixas temperaturas? A pressão do sistema deverá ser alta ou baixa? Há perguntas a que gostaríamos de responder rapidamente, sem ter que realizar cálculos enfadonhos. Já vimos como o princípio de Le Châtelier pode ser aplicado a um equilíbrio dinâmico envolvendo fenômenos como a pressão de vapor de um líquido e a solubilidade. Variações na posição de equilíbrio de sistemas químicos podem, também, ser entendidos pela aplicação dos mesmos conceitos.

Variações na concentração de um reagente ou produto

Em um sistema como

$$H_2\ (g) + I_2\ (g) \rightleftharpoons 2HI\ (g)$$

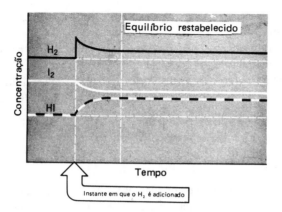

Figura 13.2
A adição de H_2 ao equilíbrio $H_2 + I_2 \rightleftharpoons 2\,HI$ aumenta a quantidade de HI e diminui a quantidade de I_2.

qualquer variação na concentração de um reagente ou produto provocará um desequilíbrio no sistema. Como resultado, ocorrerá uma reação química que fará o sistema retornar ao equilíbrio. Do princípio de Le Châtelier, sabemos que, se o equilíbrio de um sistema for perturbado, ele tentará se modificar, a fim de diminuir o efeito da perturbação. Por exemplo, a adição de H_2 à mistura em equilíbrio de H_2, I_2 e HI perturba o equilíbrio e o sistema responde, usando parte do H_2 adicionado por uma reação com I_2, para produzir mais HI. Quando o equilíbrio for, finalmente, restabelecido, haverá maior concentração de HI que anteriormente e dizemos que, para esta reação, a posição de equilíbrio foi deslocada para a direita. Isto será ilustrado na Fig. 13.2. Note que, depois que o equilíbrio for restabelecido, continuará havendo mais H_2 que na mistura reacional original. O sistema nunca é capaz de vencer completamente o efeito de uma variação de concentração. A posição final de equilíbrio difere da original.

Podemos chegar a esta mesma conclusão, considerando o efeito do H_2 adicionado no valor da expressão da ação das massas. Para esta reação, no equilíbrio, temos

$$\frac{[HI]^2}{[H_2][I_2]} = K_c$$

Se o H_2 fosse adicionado repentinamente ao sistema, o valor do denominador da expressão da ação das massas tornar-se-ia muito grande e a fração toda tornar-se-ia, portanto, menor que a constante de equilíbrio. A reação que ocorre a fim de que o sistema retorne ao equilíbrio deve aumentar o valor da expressão da ação das massas até que uma vez mais se iguale ao K_c. Para que isto ocorra, o numerador deve tornar-se maior e o denominador, menor. Em outras palavras, mais HI terá formado a expensas de H_2 e I_2 e, uma vez mais, concluímos que a adição de H_2 desloca a posição de equilíbrio, nesta reação, para a direita.

Pela aplicação do princípio de Le Châtelier, podemos, também, prever o efeito que a remoção de um reagente ou produto terá sobre um sistema em equilíbrio. Por exemplo, se o H_2 é, de algum modo, removido do reator, o sistema se ajustará pela decomposição de parte do HI, num esforço de suprir a perda do reagente. Assim, a posição de equilíbrio é deslocada para a esquerda, quando o H_2 é removido.

Agora, podemos usar o princípio de Le Châtelier para prever o que deve ser feito para dirigir uma reação de forma a ser completa. Podemos adicionar um grande excesso de um dos reagentes ou remover os produtos à medida que são formados. Lembre-se que a remoção dos produtos serve como força motriz para as reações iônicas (Cap. 6), nas quais um produto é um precipitado, um gás ou um eletrólito fraco.

Numa equação química, a posição de equilíbrio desloca-se para longe de uma substância que foi adicionada ou em direção à substância que foi removida.

502 / QUÍMICA GERAL

A criação de um destes produtos remove íons da solução e, portanto, força a reação a se completar.

Cotidianamente podemos ver uma aplicação do princípio de Le Châtelier na compreensão da origem da queda dos dentes. O esmalte dos dentes consiste de uma substância insolúvel chamada hidroxiapatita, $Ca_5(PO_4)_3OH$. A dissolução desta substância dos dentes é chamada desmineralização e a sua formação é chamada mineralização. Na boca há um equilíbrio

$$Ca_5(PO_4)_3OH\ (s) \xrightleftharpoons[\text{mineralização}]{\text{desmineralização}} 5Ca^{2+}\ (aq) + 3PO_4{}^{3-}\ (aq) + OH^-\ (aq)$$

que se estabelece mesmo com dentes saudáveis. Entretanto, quando o açúcar é absorvido no dente e fermenta, produz-se H^+ que desloca o equilíbrio pela combinação com OH^-, para formar água, e com o $PO_4{}^{3-}$, para formar $HPO_4{}^{2-}$. A remoção do OH^- e do $PO_4{}^{3-}$ faz com que mais $Ca_5(PO_4)_3OH$ se dissolva, resultando na queda do dente. O flúor ajuda a prevenir a queda dos dentes substituindo o OH^- na hidroxiapatita. O $Ca_5(PO_4)_3F$ é muito resistente ao ataque de ácidos.

Efeito da temperatura sobre o equilíbrio

Até agora, temos tido o cuidado de afirmar que a constante de equilíbrio para uma reação tem um valor numérico fixo apenas enquanto a temperatura permanece constante. Isto acontece porque a temperatura, bem como as concentrações dos reagentes e produtos, afeta a posição do equilíbrio. Contudo, a temperatura, de forma diferente das concentrações dos reagentes e produtos, afeta, ela própria, o valor da constante de equilíbrio.

A reação entre H_2 e N_2 para formar NH_3 é exotérmica e a equação de formação da amônia é

$$3H_2\ (g) + N_2\ (g) \rightleftharpoons 2NH_3\ (g) + 92,0\ kJ$$

em que o calor da reação é indicado como um produto. Se temos um sistema em equilíbrio desses gases e desejamos aumentar sua temperatura, adicionamos calor do ambiente para o sistema. O princípio de Le Châtelier diz que, quando adicionamos calor, o sistema sofrerá uma variação que tende a usar parte desse calor. Como a produção de NH_3 é exotérmica, sua decomposição é endotérmica. Conseqüentemente, elevando a temperatura deste sistema, o equilíbrio se deslocará para a esquerda; ele dirige a reação para uma nova posição de equilíbrio, na qual há mais N_2 e H_2 e menos NH_3. *Em geral, um aumento na temperatura de uma reação exotérmica desloca a posição de equilíbrio para a esquerda, enquanto que, para uma reação endotérmica, esse equilíbrio é deslocado para a direita.*

De certa forma, pensamos no calor como um reagente ou produto na equação.

Acabamos de ver que um aumento na temperatura provoca uma diminuição na concentração de NH_3 e um aumento nas concentrações de H_2 e N_2. Isto significa que, *no equilíbrio*, a temperaturas mais elevadas, o valor da expressão da ação das massas,

$$\frac{[NH_3]^2}{[H_2]^3[N_2]}$$

diminuirá. Assim, verificamos que, para esta reação exotérmica, K diminui com o aumento da temperatura. Do mesmo modo, para uma reação endotérmica, K aumenta com o aumento da temperatura.

EQUILÍBRIO QUÍMICO / 503

Efeito das variações de pressão e volume sobre o equilíbrio

A temperatura constante, uma variação no volume de um sistema também causará uma variação na pressão. Esperamos, logicamente, que um aumento na pressão externa de um sistema também favorecerá qualquer variação que conduza a um volume menor (lembremo-nos da lei de Boyle). Não devemos esperar que variações na pressão tenham qualquer efeito marcante sobre a posição de equilíbrio de reações em que todos os reagentes e produtos sejam sólidos ou líquidos, porque estas fases são, virtualmente, incompressíveis. Contudo, variações de pressão podem ter um efeito muito acentuado sobre o equilíbrio que envolve reações nas quais sejam produzidos ou consumidos gases.

Quando se aumenta a pressão externa sobre um sistema, faz-se com que o volume do sistema diminua.

Escolhemos, uma vez mais, como exemplo, a reação de formação do NH_3. Se tivermos este sistema em equilíbrio e, bruscamente, diminuirmos o volume do recipiente, sabemos que a pressão subirá. Pela aplicação do princípio de Le Châtelier, esperamos que ocorra uma variação no sistema, de modo que a pressão se reduza. Como isto pode ser realizado?

Sabemos que a pressão de um gás é provocada pelas colisões das moléculas com as paredes do recipiente e, a uma dada temperatura, quanto maior o número de moléculas por centímetro cúbico maior a pressão. No equilíbrio,

$$N_2 \ (g) + 3H_2 \ (g) \rightleftharpoons 2NH_3 \ (g)$$

o número de moléculas do gás diminui quando a reação prossegue da esquerda para a direita (quatro moléculas de reagentes produzem duas moléculas de produto). Isto significa que a pressão exercida pelos gases no sistema pode ser diminuída se a posição do equilíbrio se deslocar para a direita.[4] Assim, *a diminuição do volume de uma mistura de gases, que estão em equilíbrio químico, desloca o equilíbrio na direção do menor número de moléculas de gás.*

Variando-se a pressão externa sobre um sistema químico, contendo apenas líquidos e sólidos, praticamente não se afeta a posição do equilíbrio.

Finalmente, note que quando há o mesmo número de moléculas de reagentes e produtos gasosos em ambos os lados da equação, como na reação entre H_2 e I_2,

$$H_2 \ (g) + I_2 \ (g) \rightleftharpoons 2HI \ (g)$$

variações de pressão provocadas por variações de volume não influenciarão as quantidades das várias substâncias presentes na mistura reacional, em equilíbrio. A razão disto é porque não há nenhuma forma de o sistema contra-atacar as variações de pressão realizadas sobre ele.

Adição de um gás inerte

Se um gás inerte (gás que não reage) for introduzido num reator contendo outros gases em equilíbrio, ele causará um aumento na pressão total dentro do recipiente. Esta espécie de aumento de pressão, contudo, não afetará a posição de equilíbrio, porque não alterará as pressões parciais ou as concentrações de quaisquer das substâncias já presentes.

---

[4] Pela aplicação do princípio de Le Châtelier, sabemos que a formação de amônia a partir de H_2 e N_2 é favorecida por altas pressões e baixas temperaturas. A baixas temperaturas, contudo, a reação é muito lenta; portanto, na preparação industrial de NH_3, são empregadas pressões de 10 e 100 MPa e temperaturas de 400 a 550°C. Embora menos NH_3 seja produzido no equilíbrio, a estas temperaturas elevadas, a velocidade da reação é aumentada até um ponto em que a produção de NH_3 seja economicamente viável.

504 / QUÍMICA GERAL

Efeito de um catalisador sobre a posição de equilíbrio

No Cap. 12, vimos que um catalisador afeta uma reação química pela redução da barreira de energia de ativação que deve ser vencida, a fim de que a reação se processe. Um catalisador afeta a velocidade de uma transformação química. Não afeta, contudo, o calor da reação e é o calor da reação, ΔH^0, juntamente com a variação de entropia, ΔS^0, que determina ΔG^0, o qual, por fim, fixa a posição de equilíbrio a qualquer temperatura. Um catalisador meramente acelera a aproximação da posição de equilíbrio, a qual é determinada por ΔG^0.

13.7 CÁLCULOS DE EQUILÍBRIO

Esta seção é apresentada para ilustrar os tipos de cálculos que podemos realizar para determinar uma constante de equilíbrio, a partir das concentrações determinadas, ou para usar a constante de equilíbrio para calcular as concentrações de reagentes e produtos em uma mistura particular, em equilíbrio. Vejamos, primeiro, como podemos calcular K em uma experiência típica.

EXEMPLO 13.6

O gás castanho NO_2, um poluente do ar, e o gás incolor N_2O_4 encontram-se em equilíbrio, como indicado pela equação

$$2NO_2 \rightleftharpoons N_2O_4$$

Em uma experiência, 0,625 mol de N_2O_4 foram introduzidos em um reator de 5,00 dm³ e deixou-se decompor até atingir o equilíbrio com o NO_2. A concentração de equilíbrio do N_2O_4 fo 0,0750 M. Qual o K_C para esta reação?

SOLUÇÃO

A expressão da constante de equilíbrio para esta reação é

$$\frac{[N_2O_4]}{[NO_2]^2} = K_C$$

Lembre-se, a condição de equilíbrio só é satisfeita pelas concentrações de equilíbrio.

A fim de calcular K_C, devemos saber as concentrações de equilíbrio do N_2O_4 e NO_2. No cálculo de problemas de equilíbrio, geralmente é útil construir uma tabela, como a que segue, a fim de estabelecer as quantidades que correspondem às concentrações no equilíbrio. Os dados da tabela são obtidos interpretando-se os dados do problema. Lembre-se de que, trabalhando com K_C, devem ser usadas as concentrações molares (isto é, em mol dm⁻³). Neste exemplo, a concentração do N_2O_4 era, inicialmente, de 0,625 mol/5,00 dm³ = 0,125 M; a concentração inicial do NO_2 era zero. Estes são os valores da primeira coluna da tabela de concentrações.

Pelo enunciado do problema, sabemos que a concentração no equilíbrio do N_2O_4 é 0,0750 M. A diferença entre a concentração inicial (0,125 M) e a concentração no equilíbrio (0,0750 M) é o número de moles por dm³ de N_2O_4 que se decompuseram.

$$0,125 M - 0,0750 M = 0,050 M$$

Este valor é colocado na coluna "variação" da tabela, com um sinal menos para indicar que a concentração do N_2O_4 diminuiu.

As variações nas concentrações de N_2O_4 e NO_2 (os valores na coluna "variação" da tabela) estão relacionadas pela estequiometria da reação. Para cada mol de N_2O_4 que se decompõe formam-se dois moles de NO_2. Portanto, quando a concentração do N_2O_4 diminui de 0,050 M a concentração de NO_2 aumenta de 2 × 0,050 M = 0,10 M. Para indicar o aumento, o valor é escrito com um sinal de mais.

Quando construímos a tabela de concentração para um problema de equilíbrio desta forma (usando um sinal de menos para indicar uma diminuição de concentração e um sinal de mais para indicar um aumento), a concentração no equilíbrio é obtida adicionando-se o valor na coluna de variação com a concentração inicial.

EQUILÍBRIO QUÍMICO / 505

Para N_2O_4 $0,125\,M - 0,050\,M = 0,075\,M$

NO_2 $0,00\,M + 0,10\,M = 0,10\,M$

	Concentrações Iniciais	Variação	Concentrações no Equilíbrio
N_2O_4	$0,125\,M$	$-0,050\,M$	$0,075\,M$
NO_2	$0,00\,M$	$+0,10\,M$	$0,10\,M$

Agora, substituímos as concentrações de equilíbrio na expressão da ação das massas para calcularmos K_c.

$$\frac{(0,075)}{(0,10)^2} = K_c$$

e, finalmente,

$$K_c = 7,5$$

O conhecimento da constante de equilíbrio para uma reação permite-nos calcular as concentrações ou pressões parciais das substâncias presentes em uma mistura reacional no equilíbrio. A facilidade de realizar estes cálculos depende da complexidade da expressão da ação das massas, das concentrações das várias espécies na mistura reacional e da grandeza da constante de equilíbrio. Veremos, apenas, alguns dos exemplos mais simples de problemas deste tipo. Os exemplos seguintes de problemas, contudo, ilustram os tipos de raciocínio que são empregados nestes cálculos, bem como alguns conceitos que foram apresentados até agora.

EXEMPLO 13.7   A 25°C, $K_P = 7,04 \times 10^{-2}$ kPa^{-1} para a reação

$$2NO_2\,(g) \rightleftharpoons N_2O_4\,(g)$$

No equilíbrio, a pressão parcial do NO_2 num recipiente é de 15 kPa. Qual a pressão parcial do N_2O_4, na mistura?

SOLUÇÃO   A primeira etapa da solução de qualquer problema de equilíbrio é escrever a expressão de equilíbrio. Para K_P, temos

$$K_P = \frac{p_{N_2O_4}}{p^2_{NO_2}} = 7,04 \times 10^{-2}\ \text{kPa}^{-1}$$

O problema dá a pressão parcial de equilíbrio do NO_2 ($p_{NO_2} = 15$ kPa). Há apenas uma quantidade desconhecida, $p_{N_2O_4}$. Substituindo,

$$\frac{p_{N_2O_4}}{(15\ \text{kPa})^2} = 7,04 \times 10^{-2}\ \text{kPa}^{-1}$$

$$p_{N_2O_4} = 7,04 \times 10^{-2}\ \text{kPa}^{-1}\ (15\ \text{kPa})^2$$
$$= 16\ \text{kPa}$$

A pressão parcial do N_2O_4 no equilíbrio é de 16 kPa.

506 / QUÍMICA GERAL

EXEMPLO 13.8

À temperatura de 500°C, a constante de equilíbrio, K_C, para a reação de fixação do nitrogênio para a produção de amônia,

$$3H_2(g) + N_2(g) \rightleftharpoons 2NH_3(g)$$

tem um valor de $6,0 \times 10^{-2}$. Se, em um reator particular a esta temperatura, há $0,250$ mol dm^{-3} de H_2 e $0,0500$ mol dm^{-3} de NH_3 presentes no equilíbrio, qual é a concentração de N_2?

SOLUÇÃO

Devemos, primeiro, escrever a expressão da constante de equilíbrio. Para esta reação,

$$K_C = \frac{[NH_3]^2}{[H_2]^3[N_2]} = 6,0 \times 10^{-2}$$

Neste problema não necessitamos da tabela de concentrações, porque temos K_C e todas as concentrações, menos uma, no equilíbrio.

Queremos calcular a concentração de N_2. Isto pode ser realizado se conhecermos os valores das concentrações no equilíbrio de NH_3 e H_2, e que neste problema nos são dadas.

$$\left.\begin{array}{l} [NH_3] = 0,0500\ M \\ [H_2] = 0,250\ M \end{array}\right\} \text{ no equilíbrio}$$

Substituindo estes valores numéricos na expressão da ação das massas, teremos

$$\frac{(0,0500)^2}{(0,250)^3[N_2]} = 6,0 \times 10^{-2}$$

Se resolvermos para $[N_2]$,

$$[N_2] = \frac{(0,0500)^2}{(0,250)^3(6,0 \times 10^{-2})} = 2,7\ M$$

A concentração de equilíbrio do N_2 é, assim, $2,7$ mol dm^{-3}.

EXEMPLO 13.9

A 440°C, a constante de equilíbrio para a reação

$$H_2(g) + I_2(g) \rightleftharpoons 2HI(g)$$

é $49,5$. Se $0,200$ mol de H_2 e $0,200$ mol de I_2 são colocados em um reator de $10,0$ dm^3 e postos para reagir a esta temperatura, qual será a concentração de cada substância, no equilíbrio?

SOLUÇÃO

A expressão de equilíbrio é

$$\frac{[HI]^2}{[H_2][I_2]} = 49,5$$

Neste exemplo, são dadas as concentrações *iniciais* dos reagentes e produtos. Há

$$[H_2] = \frac{0,200\ mol}{10,0\ dm^3} = 0,0200\ M$$

$$[I_2] = \frac{0,200\ mol}{10,0\ dm^3} = 0,0200\ M$$

$$[HI] = 0,0\ M$$

Como nenhum HI está presente inicialmente, sabemos que ele será formado a partir da mistura de cor violeta de H_2 e I_2 (a cor sendo devida ao I_2). Resolvemos o problema admitindo que x seja igual ao número de moles por dm^3 de H_2 que reagem. Pela estequiometria da reação, verificamos que estes x mol dm^{-3} de H_2 reagirão com x mol dm^{-3} de I_2 para produzir $2x$ mol dm^{-3}

EQUILÍBRIO QUÍMICO / 507

de HI. Assim, as concentrações de H_2 e I_2 decrescem de x e a concentração de HI aumenta de $2x$. As concentrações no equilíbrio são obtidas pela aplicação dessas variações às concentrações iniciais.

Os coeficientes dos termos em x *devem ser os mesmos coeficientes da equação química balanceada.*

	Concentrações Iniciais	Variação	Concentrações no Equilíbrio
H_2	$0,0200\,M$	$-x$	$(0,0200 - x)\,M$
I_2	$0,0200\,M$	$-x$	$(0,0200 - x)\,M$
HI	$0,0\,M$	$+2x$	$0,0 + 2x = 2x\,M$

Substituindo as quantidades no equilíbrio na expressão da ação das massas, teremos

$$\frac{(2x)^2}{(0,0200 - x)\,(0,0200 - x)} = 49,5$$

ou

$$\frac{(2x)^2}{(0,0200 - x)^2} = 49,5$$

Nesse caso, podemos extrair a raiz quadrada de ambos os membros da equação, para obter

$$\frac{2x}{0,0200 - x} = 7,04$$

Resolvendo para x,

$$2x = 7,04\,(0,0200 - x) = 0,141 - 7,04x$$

$$2x + 7,04x = 0,141$$

$$9,04x = 0,141$$

$$x = 0,0156$$

Finalmente, as concentrações no equilíbrio são:

$$[H_2] = 0,0200 - 0,0156 = 0,0044\,M$$

$$[I_2] = 0,0200 - 0,0156 = 0,0044\,M$$

$$[HI] = 2\,(0,0156) = 0,0312\,M$$

Neste último problema, empregamos cálculos algébricos relativamente simples para ajudar-nos a chegar à solução. Vejamos um outro exemplo deste tipo de problema.

EXEMPLO 13.10   Um reator de $10,0\ dm^3$ está cheio com 0,40 mol de HI a 440°C. Qual será a concentração de H_2, I_2 e HI, no equilíbrio?

SOLUÇÃO   Neste exemplo, estamos tratando com o mesmo equilíbrio do problema anterior. Inicialmente, não temos H_2 nem I_2 e a mistura reacional é incolor. A fim de alcançar o equilíbrio, algum H_2 e I_2 deve ser formado pela decomposição do HI. Considere x o número de moles por dm^3 de HI que se decompõe. A estequiometria da reação nos diz que cada 1 mol de H_2 e I_2 é produzido a partir de cada 2 mol de HI que se decompõem, de forma que, se a concentração de HI diminui de x, as concentrações de H_2 e I_2 aumentam de $\frac{1}{2}x$. Podemos, agora, usar a nossa tabela para

508 / QUÍMICA GERAL

escrever as concentrações no equilíbrio. A concentração inicial de HI é 0,40 mol/10,0 dm³ = = 0,040 M.

	Concentrações Iniciais	Variação	Concentrações no Equilíbrio
H_2	$0,0\ M$	$+\frac{1}{2}x$	$0,0 + \frac{1}{2}x = \frac{1}{2}x\ M$
I_2	$0,0\ M$	$+\frac{1}{2}x$	$0,0 + \frac{1}{2}x = \frac{1}{2}x\ M$
HI	$0,040\ M$	$-x$	$(0,040 - x)\ M$

Substituindo as quantidades em equilíbrio na expressão da ação das massas, teremos

$$\frac{(0,040 - x)^2}{(\frac{1}{2}x)(\frac{1}{2}x)} = 49,5$$

ou

$$\frac{(0,040 - x)^2}{(\frac{1}{2}x)^2} = 49,5$$

Extraindo a raiz quadrada de ambos os membros da equação, encontraremos

$$\frac{0,040 - x}{\frac{1}{2}x} = 7,04.$$

Resolvendo para x, obteremos

$$0,040 - x = (\frac{1}{2}x)(7,04)$$
$$x = 0,00885$$

Calculamos, agora, as concentrações no equilíbrio:

$$[H_2] = \frac{1}{2}x = 0,0044\ M$$
$$[I_2] = \frac{1}{2}x = 0,0044\ M$$
$$[HI] = 0,040 - x = 0,031\ M$$

Observe que foram obtidas, essencialmente, as mesmas respostas dos Exs. 13.9 e 13.10. Se todo H_2 e todo I_2 do Ex. 13.9 tivessem reagido completamente, teriam sido produzidos 0,40 mol de HI, a mesma quantidade de HI com a qual começamos no Ex. 13.10. Verificamos, portanto, que a mesma posição de equilíbrio pode ser alcançada, partindo-se de qualquer ponto. Nos últimos dois exemplos, a solução algébrica foi simples, porque nos foi possível extrair a raiz quadrada de ambos os membros da equação. Não podemos esperar que o trabalho algébrico seja sempre tão fácil e, em alguns casos, ele pode tornar-se mesmo um desafio. Felizmente, quando a constante de equilíbrio é extremamente grande ou extremamente pequena, freqüentemente, é possível reduzir-se enormemente a dificuldade de expressões algébricas bastante complexas fazendo-se algumas aproximações simples. O Ex. 13.11 ilustra este tipo de aproximação simplificadora que será útil no Cap. 15.

EXEMPLO 13.11 A constante de equilíbrio, K_c, para a decomposição da água a 500°C é $6,0 \times 10^{-28}$. Se 2,0 mol de H_2O são colocados num reator de 5,0 dm³, quais serão as concentrações, no equilíbrio dos três gases, H_2, O_2 e H_2O, a 500°C?

EQUILÍBRIO QUÍMICO / 509

SOLUÇÃO A equação para a reação é

$$2H_2O\ (g)\ \rightleftharpoons\ 2H_2\ (g) + O_2\ (g)$$

Portanto, podemos escrever

$$\frac{[H_2]^2\ [O_2]}{[H_2O]^2} = 6,0 \times 10^{-28}$$

A concentração inicial da H_2O é 2,0 mol/5,0 dm^3 = 0,40 M. Se tornarmos x igual ao número de moles por dm^3 de H_2O que se decompõem, obteremos x mol de H_2 e 0,5x mol de O_2. Construindo a tabela:

	Concentrações Iniciais	Variação	Concentrações no Equilíbrio
H_2O	0,40 M	$-x$	$(0,40 - x)\ M$
H_2	0,0 M	$+x$	$x\ M$
O_2	0,0 M	$+0,5x$	$0,5x\ M$

Substituindo as quantidades, no equilíbrio, na expressão da ação das massas, teremos

$$\frac{(x)^2\ (0,50x)}{(0,40 - x)^2} = 6,0 \times 10^{-28}$$

Se não pudermos, de algum modo, simplificar esta equação, estaremos diante de uma situação confusa. Felizmente, neste caso, o problema é fácil de resolver. Como K é muito pequeno, a reação não apresenta tendência para se completar. Isto significa que é formado muito pouco de H_2 e O_2, de forma que x e 0,5x devem ser números muito pequenos. Para simplificar a parte algébrica, suporemos que x será *muito* menor que 0,40, de modo que, quando x for subtraído de 0,40, a diferença estará muito próxima de 0,40. Se desprezarmos x ao calcular a concentração de H_2O, os valores, no equilíbrio, tornam-se

só podemos desprezar um pequeno se ele é adicionado ou subtraído de um outro valor muito maior.

$$[H_2O] = 0,40 - x \approx 0,40$$
$$[H_2] = x$$
$$[O_2] = 0,50$$

Substituindo estes valores na expressão da ação das massas, teremos

$$\frac{(x)^2\ (0,50x)}{(0,40)^2} = 6,0 \times 10^{-28}$$

da qual obteremos

$$\frac{0,50x^3}{0,16} = 6,0 \times 10^{-28}$$

Agora é simples de resolver. Primeiramente, resolveremos para x^3

$$x^3 = \frac{0,16}{0,50}\ (6,0 \times 10^{-28}) = 1,9 \times 10^{-28}$$

Nesse caso, x pode ser obtido extraindo-se a raiz cúbica. Muitas calculadoras de bolso podem realizar esta operação, elevando $1,9 \times 10^{-28}$ à potência 1/3.[5]

$$\sqrt[3]{1,9 \times 10^{-28}} = (1,9 \times 10^{-28})^{1/3} = 5,7 \times 10^{-10}$$

---

[5] Se você é um dos raros que ainda usa uma régua de cálculo, não se esqueça de primeiramente tornar o expoente divisível por 3.

$$x^3 = 190 \times 10^{-30}$$
$$x = 5,7 \times 10^{-10}$$

510 / QUÍMICA GERAL

Vemos que x é, de fato, muito menor que 0,40, justificando, assim, a suposição inicial. As concentrações finais no equilíbrio são:

0,40 − 0,000 000 000 57 =
= 0,399 999 999 43
Arredondando-se teremos
0,40.

$$[H_2] = x = 5,7 \times 10^{-10} M$$
$$[O_2] = 0,50 \ x = 2,8 \times 10^{-10} M$$
$$[H_2O] = 0,40 - (5,7 \times 10^{-10}) = 0,40 M$$

Na resolução de um problema deste tipo, examinamos qualquer hipótese que torne a parte algébrica mais fácil de operar. Se a hipótese não for válida, descobriremos quando testarmos a hipótese após a obtenção do valor de x. Algumas vezes nenhuma das hipóteses feitas anteriormente será válida e algum outro método para resolver a equação em x terá que ser procurado.

ÍNDICE DE QUESTÕES E PROBLEMAS (Os números dos problemas estão em negrito)

Geral 1 e 6

Lei da ação das massas 2, 3, 4, 5, 24, 25 e 26

Significado de K 7 e 8

Termodinâmica e equilíbrio 9, 10, 11, 30, 31, 32, 33, 34, 35, 36, 37, 38 e 39

K_P e K_c 12, 27, 28, 29 e 37

Equilíbrio heterogêneo 13, 14 e 15

Princípio de Le Châtelier 16, 17, 18, 19, 20, 21, 22 e 23

Cálculos de equilíbrio 25, 40, 41, 42, 43, 44, 45, 46, 47 48, 49, 50, 51, 52, 53 e 54

QUESTÕES DE REVISÃO

13.1 Que se entende por *equilíbrio dinâmico*?

13.2 Escreva a expressão de ação das massas, em termos das concentrações molares, para cada uma das seguintes reações:

(a) $N_2 (g) + O_2 (g) \rightleftharpoons 2NO (g)$
(b) $2NO (g) + O_2 (g) \rightleftharpoons 2NO_2 (g)$
(c) $2H_2 (g) + S_2 (g) \rightleftharpoons 2H_2S (g)$
(d) $2N_2O_5 (g) \rightleftharpoons 4NO_2 (g) + O_2 (g)$
(e) $P_4O_{10} (g) + 6PCl_5 (g) \rightleftharpoons 10POCl_3 (g)$

13.3 Dê a expressão de ação das massas para as reações da Questão 13.2, em termos das pressões parciais.

13.4 Escreva as expressões das constantes de equilíbrio K_P e K_c para cada uma das seguintes reações:

(a) $CO (g) + 2H_2 (g) \rightleftharpoons CH_3OH (g)$
(b) $CO (g) + H_2O (g) \rightleftharpoons CO_2 (g) + H_2 (g)$
(c) $PCl_3 (g) + Cl_2 (g) \rightleftharpoons PCl_5 (g)$
(d) $2NO_2 (g) + 4H_2 (g) \rightleftharpoons N_2 (g) + 4H_2O (g)$
(e) $2H_2S (g) + 3O_2 (g) \rightleftharpoons 2H_2O (g) + 2SO_2 (g)$

13.5 Escreva as expressões da constante de equilíbrio das reações abaixo:

(a) $H_2 (g) + Cl_2 (g) \rightleftharpoons 2HCl (g)$
(b) $\frac{1}{2}H_2 (g) + \frac{1}{2}Cl_2 (g) \rightleftharpoons HCl (g)$

Qual a ordem de grandeza de K para a reação (a) Compare com a da reação (b)

13.6 Por que escrevemos sempre as concentrações (ou pressões parciais) dos produtos no numerador e a dos reagentes no denominador da expressão de ação das massas?

13.7 Que informação geral pode ser obtida pela observação da ordem de grandeza da constante de equilíbrio?

13.8 Coloque as seguintes reações em ordem crescente da tendência a se completarem:

(a) $4NH_3 (g) + 3O_2 (g) \rightleftharpoons 2N_2 (g) + 6H_2O (g)$
$\qquad\qquad\qquad\qquad\qquad\qquad K = 1 \times 10^?$
(b) $N_2 (g) + O_2 (g) \rightleftharpoons 2NO (g) \qquad K = 5 \times 10^-$
(c) $2HF (g) \rightleftharpoons H_2 (g) + F_2 (g) \qquad K = 1 \times 10^-$
(d) $2NOCl (g) \rightleftharpoons 2NO (g) + Cl_2 (g) \ K = 4,7 \times 10$

13.9 Que valor teria ΔG^0 para uma reação, se $K = 1$?

13.10 Para reações entre gases, que espécie de constante de equilíbrio é calculada a partir de ΔG^0?

13.11 Usando as Eqs. 11.11 (pág. 439) e 13.5, mostre que deverá ser obtida uma linha reta se o log K_P for traçado contra $1/T$ (isto é, log K_P ao longo do eixo vertical e $1/T$ ao longo do eixo horizontal). Que inclinação

EQUILÍBRIO QUÍMICO / 511

ção terá essa linha? Qual o valor de log K_P, quando $1/T = 0$ (a interseção da linha com y)?

13.12 Para que reações das Questões 13.2 e 13.4 teríamos $K_P = K_c$?

13.13 Com base no equilíbrio H_2O (l) $\rightleftharpoons$ H_2O (g), explique por que a pressão de vapor da água depende somente da temperatura e não da quantidade de água líquida em equilíbrio com seu vapor.

13.14 Por que não é necessário incluir as concentrações das fases puras líquida ou sólida na expressão da constante de equilíbrio?

13.15 Escreva as expressões de equilíbrio para cada uma das seguintes reações:

(a) $CaCO_3$ (s) $\rightleftharpoons$ CaO (s) + CO_2 (g)
(b) Ni (s) + $4CO$ (g) $\rightleftharpoons$ $Ni(CO)_4$ (g)
(c) $5CO$ (g) + I_2O_5 (s) $\rightleftharpoons$ I_2 (g) + $5CO_2$ (g)
(d) $Ca(HCO_3)_2$ (aq) $\rightleftharpoons$ $CaCO_3$ (s) + H_2O (l) + CO_2 (g)
(e) $AgCl$ (s) $\rightleftharpoons$ Ag^+ (aq) + Cl^- (aq)

13.16 Considere o equilíbrio

$$PCl_3 \ (g) + Cl_2 \ (g) \rightleftharpoons PCl_5 \ (g)$$

Como seria afetada a posição de equilíbrio:
(a) pela adição de PCI_3?
(b) pela remoção de CI_2?
(c) pela remoção de PCI_5?
(d) pela diminuição do volume do recipiente?
(e) pela adição de He, sem variação de volume?

13.17 Quais das variações da Questão 13.16 modificarão o valor da constante de equilíbrio da reação (se é que alguma afeta)?

13.18 Indique como cada uma das seguintes variações afeta a concentração de H_2 no sistema abaixo, para o qual $\Delta H_{reação} = + 41$ kJ.

$$H_2 \ (g) + CO_2 \ (g) \rightleftharpoons H_2O \ (g) + CO \ (g)$$

(a) adição de CO_2;
(b) adição de H_2O;
(c) adição de um catalisador;
(d) aumento da temperatura;
(e) redução do volume do recipiente.

13.19 Como cada uma das variações da Questão 13.18 afetará a constante de equilíbrio?

13.20 Considere o equilíbrio $2N_2O$ (g) + O_2 (g) $\rightleftharpoons$ $4NO$ (g). Como a quantidade de NO, no equilíbrio, será afetada pela:

(a) adição de N_2O?
(b) remoção de O_2?
(c) aumento do volume do recipiente?
(d) adição de um catalisador?

13.21 Para a reação $4NH_3$ (g) + $3O_2$ (g) $\rightleftharpoons$ $2N_2$ (g) + $6H_2O$ (l), como a quantidade de NH_3, no equilíbrio, será afetada pela:

(a) adição de O_2 ao sistema?
(b) adição de N_2 ao sistema?
(c) remoção de água do sistema?
(d) diminuição do volume do recipiente?

13.22 Esboce um gráfico, para mostrar como as concentrações de H_2, N_2 e NH_3 variariam com o tempo, depois que N_2 fosse adicionado a uma mistura desses gases inicialmente em equilíbrio.

13.23 No equilíbrio $CaCO_3$ (s) + calor $\rightleftharpoons$ CaO (s) + CO_2 (g), como variará a quantidade de $CaCO_3$ (s) se:
(a) CaO (s) for adicionado?
(b) CO_2 (g) for adicionado?
(c) o volume do recipiente for aumentado?
(d) a temperatura for diminuída?

PROBLEMAS DE REVISÃO (Os problemas mais difíceis estão marcados por um asterisco)

13.24 Mostre que os seguintes dados, obtidos para a reação

$$PCl_5 \ (g) \rightleftharpoons PCl_3 \ (g) + Cl_2 \ (g)$$

demonstram a lei da ação das massas. Qual o valor de K_c para esta reação?

Experiência	[PCl_5]	[PCl_3]	[Cl_2]
1	0,0023	0,23	0,055
2	0,010	0,15	0,37
3	0,085	0,99	0,47
4	1,00	3,66	1,50

13.25 Referente ao Probl. 13.24, calcule K_c para a reação

$$PCl_3 \ (g) + Cl_2 \ (g) \rightleftharpoons PCl_5 \ (g)$$

13.26 Qual o valor de K_P para a reação

$$PCl_5 \ (g) \rightleftharpoons PCl_3 \ (g) + Cl_2 \ (g)$$

Utilize os dados do Probl. 13.24. ($T = 298$ K)

13.27 A reação

$$CO \ (g) + H_2O \ (g) \rightleftharpoons CO_2 \ (g) + H_2 \ (g)$$

é usada industrialmente como fonte de hidrogênio. O valor de K_c para essa reação é, a 500°C, 4,05. Qual o valor de K_P nessa temperatura?

512 / QUÍMICA GERAL

13.28 A reação

$$CH_4\ (g) + H_2O\ (g) \rightleftharpoons CO\ (g) + 3H_2\ (g)$$

também representa uma fonte de hidrogênio. A 1500°C, o valor de K_c é 5,67. Qual o valor de K_P a essa temperatura?

13.29 A 100°C, $K_P = 6,5 \times 10^{-2}$ atm^{-1} para a reação

$$2NO_2\ (g) \rightleftharpoons N_2O_4\ (g)$$

Qual o valor de K_c a essa temperatura?

13.30 A 700 K, $\Delta G'_{700\ K} = -13,5$ kJ para a reação CO (g) + 2H$_2$ (g) $\rightleftharpoons$ CH$_3$OH (g). Calcule o valor de K_P para a reação a 700 K.

13.31 A constante de equilíbrio, K_P, para a reação COCl$_2$(g) $\rightleftharpoons$ CO (g) + Cl$_2$(g), tem um valor de 4,62 kPa, a 395°C. Qual o valor de $\Delta G'_{668\ K}$ (em quilojoules) para esta reação?

13.32 A 527°C, a reação

$$CO\ (g) + H_2O\ (g) \rightleftharpoons CO_2\ (g) + H_2\ (g)$$

tem $K_P = 5,10$. Qual o $\Delta G'_{800\ K}$ para esta reação, expresso em quilojoules?

13.13 Use os dados das Tabs. 11.1 e 11.4 para calcular $\Delta G'_{773\ K}$ (em quilojoules) e K_P, a 500°C, para a reação

$$2HCl\ (g) \rightleftharpoons H_2\ (g) + Cl_2\ (g)$$

Suponha que ΔH^0 e ΔS^0 independem da temperatura.

13.34 Use os dados da Tab. 11.5 para calcular K_P, a 25°C, para a reação

$$2HCl\ (g) + F_2\ (g) \rightleftharpoons 2HF\ (g) + Cl_2\ (g).$$

13.35 Use os dados das Tabs. 11.1 e 11.4 para calcular a temperatura para a qual $K_P = 1$ atm^{-1} para a reação

$$C_2H_4\ (g) + H_2\ (g) \rightleftharpoons C_2H_6\ (g)$$

Suponha que ΔH^0 e ΔS^0 independem da temperatura.

13.36 O álcool metílico, CH$_3$OH, é um combustível em potencial que pode ser obtido a partir de monóxido de carbono (produzido através da queima de carvão) e vapor. O equilíbrio é

$$CO(g) + 2H_2\ (g) \rightleftharpoons CH_3OH\ (g)$$

A 427°C (700 K), foi preparada uma mistura de CO, H$_2$ e CH$_3$OH com as seguintes pressões parciais: $p_{CO} = 2 \times 10^{-3}$ atm, $p_{H_2} = 1 \times 10^{-2}$ atm e $P_{CH_3OH} = 3 \times 10^{-6}$ atm. Para essa reação, $\Delta G'_{700\ K} = -13,5$ kJ. Use a Eq. 13.4 para determinar se esse sistema está em equilíbrio. Se não estiver, diga se a reação se processará espontaneamente, da esquerda para a direita.

13.37 A 25°C, em uma mistura de N$_2$O$_4$ e NO$_2$ em equilíbrio, a uma pressão total de 85,5 kPa, a pressão parcial do N$_2$O$_4$ é 57,0 kPa. Calcule para a reação

$$N_2O_4\ (g) \rightleftharpoons 2NO_2\ (g)$$

(a) K_P, (b) K_c, (c) $\Delta G^0_{298\ K}$, em kJ

13.38 Um poluente do ar, produzido pela queima de combustíveis com alto teor de enxofre, é o dióxido de enxofre. Nas fumaças, que contêm apreciáveis quantidades de NO$_2$, o dióxido de enxofre pode ser oxidado a trióxido de enxofre, que forma H$_2$SO$_4$ quando reage com a umidade. A reação é

$$SO_2\ (g) + NO_2\ (g) \rightleftharpoons NO\ (g) + SO_3\ (g)$$

Use os dados da Tab. 11.5 para calcular K_c para essa reação, a 25°C.

13.39 Os seguintes dados termodinâmicos aplicam-se a 25°C:

Substância	ΔG_f^0 (kJ mol^{-1})
NiSO$_4 \cdot$ 6H$_2$O (s)	-2222
NiSO$_4$ (s)	-774
H$_2$O (g)	-228

(a)   Qual o ΔG^0 para a reação

$$NiSO_4 \cdot 6H_2O\ (s) \rightleftharpoons NiSO_4\ (s) + 6H_2O\ (g)$$

(b)   Qual o K_P para esta reação?
(c)   Qual a pressão de vapor, no equilíbrio, do H$_2$O sobre o NiSO$_4 \cdot$ 6H$_2$O sólido?

13.40 Para a reação PCl$_5$(g) $\rightleftharpoons$ PCl$_3$ (g) + Cl$_2$(g), $K_c = 33,3$, a 760°C. Em um recipiente em equilíbrio, há $1,29 \times 10^{-3}$ mol dm^{-3} de PCl$_5$ e $1,87 \times 10^{-1}$ mol dm^{-3} de Cl$_2$. Calcule a concentração, no equilíbrio, de PCl$_3$ no recipiente.

13.41 A uma certa temperatura, foram encontradas as seguintes concentrações, no equilíbrio, para reagentes e produtos, na reação:

$$2HI\ (g) \rightleftharpoons H_2\ (g) + I_2\ (g)$$

$$[H_2] = 1,0 \times 10^{-3} \text{ mol dm}^{-3}$$

$$[I_2] = 2,5 \times 10^{-2} \text{ mol dm}^{-3}$$

$$[HI] = 2,2 \times 10^{-2} \text{ mol dm}^{-3}$$

Qual o valor de K_c para esta reação?

13.42 Em uma experiência particular, foram determinadas as seguintes pressões parciais para a reação

$$2NO\ (g) + Cl_2\ (g) \rightleftharpoons 2NOCl\ (g)$$

$$p_{NO} = 66 \text{ KPa} \quad ; \quad p_{Cl_2} = 18 \text{ KPa} \quad ; \quad p_{NOCl} = 15 \text{ KPa}$$

Qual o K_P para esta reação, na temperatura em que a experiência foi realizada?

EQUILÍBRIO QUÍMICO / 513

13.43 A 25°C, 0,0560 mol de O_2 e 0,020 mol de N_2O foram colocados em um recipiente de 1,00 dm³ e levados a reagir de acordo com a equação

$$2N_2O \ (g) + 3O_2 \ (g) \rightleftharpoons 4NO_2 \ (g)$$

Quando o sistema atingiu o equilíbrio, a concentração de NO_2 encontrada foi de 0,020 mol dm⁻³.
(a) Quais as concentrações do N_2O e O_2, no equilíbrio?
(b) Qual o valor de K_C para essa reação, a 25°C?

13.44 A 460°C, a reação

$$SO_2 \ (g) + NO_2 \ (g) \rightleftharpoons NO \ (g) + SO_3 \ (g)$$

possui $K_C = 85,0$. Quais serão as concentrações de equilíbrio para os quatro gases, se uma mistura de SO_2 e NO_2 for preparada de forma que cada um deles tenha uma concentração inicial de 0,0500 mol dm⁻³?

13.45 Para a reação $H_2 (g) + CO_2 (g) \rightleftharpoons CO (g) + H_2O (g)$, $K_C = 0,771$, a 750°C. Se 1,00 mol de H_2 e 1,00 mol de CO_2 são colocados em um recipiente de 5,00 dm³ e deixados reagir, quais serão as concentrações, no equilíbrio, de todas as espécies gasosas?

13.46 Suponha que uma mistura de SO_2, NO_2, NO e SO_3 foi preparada, a 460°C, possuindo as seguintes concentrações: $[SO_2] = 0,0100 \ M$, $[NO_2] = 0,0200 \ M$, $[NO] = 0,0100 \ M$ e $[SO_3] = 0,0150 \ M$. A essa temperatura, a reação

$$SO_2 \ (g) + NO_2 \ (g) \rightleftharpoons NO \ (g) + SO_3 \ (g)$$

possui $K_C = 85,0$. Quais serão as concentrações no equilíbrio para os quatro gases?

13.47 A reação $2CO_2 \rightleftharpoons 2CO + O_2$ tem $K_C = 6,4 \times 10^{-7}$, a 2000°C. Se for colocado 1×10^{-3} mol de CO_2 em um recipiente de 1,0 dm³, a esta temperatura:
(a) Quais serão as concentrações, no equilíbrio, de CO e O_2?
(b) Que fração de CO_2 terá se decomposto?

*13.48 A 100°C, a constante de equilíbrio, K_C, para a reação $CO (g) + CI_2 (g) \rightleftharpoons COCI_2 (g)$ tem um valor de $4,6 \times 10^9$. Se 0,20 mol de $COCI_2$ é colocado em um frasco de 10,0 dm³, a 100°C, quais serão as concentrações de todas as espécies, no equilíbrio?

13.49 O bicarbonato de sódio tem muitas propriedades úteis. Entre elas, está a habilidade para servir como extintor de incêndio, porque sua decomposição térmica CO_2, que abafa o fogo

$$2NaHCO_3 \ (s) \rightleftharpoons Na_2CO_3 \ (s) + CO_2 \ (g) + H_2O \ (g)$$

A 125°C, o valor de K_P para esta reação é $2,6 \times 10^3$ kPa². Quais são as pressões parciais do $CO_2 (g)$ e $H_2O \ (g)$, neste sistema em equilíbrio? Você pode explicar por que o $NaHCO_3$ é usado em fermentos?

*13.50 Em 10,0 dm³ de uma mistura de H_2, I_2 e HI em equilíbrio, a 425°C, há 0,100 mol de H_2, 0,100 mol de I_2 e 0,740 mol de HI. Se 0,50 mol de HI for adicionado a este sistema, quais serão as concentrações de H_2, I_2 e HI, depois que o equilíbrio for restabelecido?

*13.51 Na Questão 13.48 foi dito que, a 100°C, o valor de K_C para a reação

$$CO \ (g) + Cl_2 \ (g) \rightleftharpoons COCl_2 \ (g),$$

é $4,6 \times 10^9$. Suponha que 0,15 mol de CO e 0,30 mol de CI_2 fossem colocados em um frasco de 1,0 dm³ e deixados reagir. Quais seriam as concentrações de cada um dos gases, no sistema em equilíbrio? (Sugestão: primeiro, suponha a reação 100%; então, realize um retrocesso para o equilíbrio.)

*13.52 A produção de NO pela reação de N_2 e O_2, em um motor de automóvel, é uma fonte importante de poluição, pelo óxido de nitrogênio. A 1000°C, a reação $N_2 (g) + O_2 (g) \rightleftharpoons 2NO (g)$ tem $K_P = 4,8 \times 10^{-7}$. Suponha que as pressões parciais do N_2 e do O_2, em um cilindro de um motor, depois que o vapor de gasolina foi queimado, são $p_{N_2} = 3,40$ MPa e $p_{O_2} = 0,41$ MPa. Suponha que a temperatura da mistura seja de 1000°C. Calcule a pressão parcial do NO na mistura, se o sistema tiver tempo de atingir o equilíbrio.

*13.53 Supondo que os reagentes e produtos do problema precedente são incapazes de qualquer reação posterior, quando os gases de exaustão são bruscamente resfriados ao saírem do motor, calcule a pressão parcial de NO, quando a pressão parcial de N_2 cair para 81 kPa e a temperatura, para 150°C.

*13.54 A uma certa temperatura, $K_C = 7,5$ para a reação

$$2NO_2 \rightleftharpoons N_2O_4$$

Se 2,0 mol de NO_2 forem colocados em um recipiente de 2,0 dm³ e deixados reagir, quais serão as concentrações de NO_2 e N_2O_4, no equilíbrio? Quais serão as concentrações se o tamanho do recipiente for dobrado? Isto está de acordo com o que você esperaria encontrar a partir do princípio de Le Châtelier?

14
ÁCIDOS E BASES

A reação do cloreto de hidrogênio gasoso com a amônia gasosa, ambos provenientes das suas soluções aquosas concentradas, produz uma nuvem branca de cloreto de amônio. Embora a maioria das reações ácido-base que encontramos ocorram em solução, a presença de um solvente nem sempre é necessária, conforme aprenderemos neste capítulo.

516 / QUÍMICA GERAL

A esta altura você provavelmente já percebeu quão importante é o conceito de ácido e base. No Cap. 6 introduzimos os ácidos e as bases e discutimos algumas das suas propriedades e como elas se aplicam às reações em solução aquosa. Então, no Cap. 9, vimos como o conceito ácido-base foi útil na ordenação das propriedades na tabela periódica. Há tendências definitivas na acidez dos óxidos dos elementos, assim como nas tendências da acidez dos compostos binários de hidrogênio dos não-metais (substâncias como HCl e H_2S).

Em toda essa discussão restringimo-nos às considerações da química ácido-base em soluções aquosas. Uma vez que a água é um solvente muito comum e também por estar presente em todos os sistemas vivos, a química ácido-base aquosa é extremamente importante. De fato, todo o Cap. 15 trata do equilíbrio ácido-base em solução aquosa. Entretanto, antes de prosseguirmos para este assunto, veremos o quão amplo é o conceito de ácidos e bases. Ele pode ser facilmente expandido para além do meio aquoso e mesmo para substâncias que não contêm hidrogênio. Ao fazermos isto, organizamos e tornamos compreensíveis um vasto número de fatos químicos.

Neste capítulo veremos que se uma substância particular comporta-se como um ácido ou como uma base isso depende da forma como os ácidos e bases são definidos. Existe uma variedade de maneiras de abordar este problema, com algumas definições mais restritivas que outras. Não obstante, algumas propriedades são características gerais de ácidos e bases. Estas incluem:

1. *Neutralização*. Ácidos e bases reagem um com o outro para cancelar ou neutralizar suas características ácida e básica.
2. *Reações com indicadores*. Certos corantes orgânicos, chamados indicadores, possuem cores diferentes, dependendo do meio onde estejam, se ácido ou básico.
3. *Catálise*. Muitas reações químicas são catalisadas pela presença de ácidos ou bases.

14.1 A DEFINIÇÃO DE ARRHENIUS DE ÁCIDOS E BASES

Em sua versão moderna, o *conceito de Arrhenius* (algumas vezes chamado de conceito aquoso) de ácidos e bases define *um ácido como qualquer substância que pode aumentar a concentração do íon hidrônio, H_3O^+, em solução aquosa*. Por outro lado, *uma base é uma substância que aumenta a concentração do íon hidróxido em água*. Assim, estes são os conceitos de ácidos e bases primeiramente apresentados na Seç. 6.5. Vamos rever, brevemente, algumas das idéias que foram desenvolvidas. Recordemos, por exemplo, que HCl é um ácido, porque reage com água de acordo com a equação,

$$HCl + H_2O \longrightarrow H_3O^+ + Cl^-$$

Do mesmo modo, CO_2 é um ácido, porque reage com a água para formar ácido carbônico, H_2CO_3,

$$CO_2 + H_2O \rightleftharpoons H_2CO_3$$

que sofre posterior reação para produzir H_3O^+ e HCO_3^-.

$$H_2CO_3 + H_2O \rightleftharpoons H_3O^+ + HCO_3^-$$

Em geral, óxidos de não-metais reagem com água, dando soluções ácidas, e são chamados *anidridos ácidos* (do grego *anydros*, que quer dizer sem água).

ÁCIDOS E BASES / 517

Um exemplo de uma base de Arrhenius é o NaOH, um composto iônico contendo íons Na^+ e OH^-. Em água, ela sofre dissociação:

$$NaOH\ (s) \xrightarrow{H_2O} Na^+\ (aq)\ +\ OH^-\ (aq)$$

Outros exemplos de base incluem substâncias como NH_3 e N_2H_4, que reagem com água para produzir OH^-.

$$NH_3\ +\ H_2O \rightleftharpoons NH_4^+\ +\ OH^-$$

$$N_2H_4\ +\ H_2O \rightleftharpoons N_2H_5^+\ +\ OH^-$$

(Hidrazina)   **(Íon hidrazínio)**

Devemos nos recordar também de que óxidos metálicos (*anidridos básicos*) sofrem reação com água, para dar os hidróxidos correspondentes.

$$Na_2O\ +\ H_2O \longrightarrow 2NaOH$$

$$BaO\ +\ H_2O \longrightarrow Ba(OH)_2$$

Finalmente, em soluções aquosas, a neutralização de um ácido por uma base toma a forma da reação iônica,

$$H_3O^+\ +\ OH^- \longrightarrow 2H_2O$$

14.2 DEFINIÇÃO DE ÁCIDOS E BASES DE BRØNSTED-LOWRY

A definição de ácidos e bases, em termos dos íons hidrônio e hidróxido em água, é muito restrita, porque limita a discussão do fenômeno ácido-base apenas a soluções aquosas. Uma abordagem mais geral foi proposta, independentemente, em 1923, pelo químico dinamarquês J..N. Brønsted e pelo químico britânico T. M. Lowry. Eles definiram *ácido como uma substância capaz de doar um próton* (isto é, um íon hidrogênio, H^+) *a uma outra substância. Base*, então, é definida como *uma substância capaz de aceitar um próton de um ácido.* De maneira mais simples, ácido é um doador de próton e base é um receptor de próton.

Um exemplo típico de uma reação ácido-base de Brønsted-Lowry ocorre quando HCl é adicionado à água.

$$HCl\ +\ H_2O \longrightarrow H_3O^+\ +\ Cl^-$$

Nesta reação, o HCl está atuando como ácido, porque está doando um próton à molécula de água. A água, por outro lado, está se comportando como base, por aceitar um próton do ácido.

Se tivermos uma solução de HCl concentrado e a aquecermos, expulsaremos o HCl gasoso. Em outras palavras, podemos inverter esta reação de tal forma que H_3O^+ e Cl^- reajam entre si, para produzir HCl e H_2O. Esta reação inversa é, também, uma reação de Brønsted-Lowry, com o íon hidrônio servindo como ácido, por doar seu próton, e com o íon cloreto funcionando como base, por aceitá-lo. Assim, podemos olhar a reação do HCl com a água como um equilíbrio, onde temos dois ácidos e duas bases, um de cada, em ambos os lados da seta.

$$HCl\ +\ H_2O \rightleftharpoons H_3O^+\ +\ Cl^-$$

Ácido   **Base**   **Ácido**   **Base**

518 / QUÍMICA GERAL

Quando o ácido HCl reage, forma a base Cl$^-$. Estas duas substâncias estão relacionadas entre si pela perda ou pela aquisição de um simples próton e constituem um *par ácido-base conjugado*. Dizemos que o Cl$^-$ é a *base conjugada* do ácido HCl e, do mesmo modo, HCl é o *ácido conjugado* da base Cl$^-$. Nesta reação, também constatamos que H_2O e H_3O^+ formam um par conjugado. A água é a base conjugada do H_3O^+ e o H_3O^+ é o ácido conjugado do H_2O.

Outro exemplo de uma reação ácido-base de Brønsted-Lowry ocorre em soluções aquosas de amônia

$$NH_3 + H_2O \rightleftharpoons NH_4^+ + OH^-$$

Nesse caso, a água atua como ácido, por doar um próton a uma molécula de NH_3, que, por sua vez, atua como base. Na reação inversa, por outro lado, NH_4^+ é o ácido e OH^- é a base. Novamente, temos dois pares ácido-base conjugado: NH_3 e NH_4^+ mais H_2O e OH^-.

Em geral, podemos representar qualquer reação ácido-base de Brønsted-Lowry como

$$\text{ácido } (X) + \text{base } (Y) \rightleftharpoons \text{base } (X) + \text{ácido } (Y)$$

em que ácido (X) e base (X) representam um par conjugado e ácido (Y) e base (Y), o outro par. Devemos observar que os membros de um par conjugado diferem *apenas em um próton*. Eles são, em tudo o mais, os mesmos. Além disso, dentro de um par conjugado, o ácido tem um hidrogênio a mais que a base.

Nos dois exemplos que examinamos anteriormente, a água, num caso, funcionou como base e, no outro, como ácido. Tal substância, que pode atuar de ambas as formas, dependendo das condições, é chamada **anfiprótica** ou **anfótera**. A água não é a única substância a se comportar dessa forma. Por exemplo, a água, o ácido acético e a amônia líquida sofrem **reações de auto-ionização** nas quais a transferência de um próton, entre duas moléculas semelhantes, produz um par de íons.[1] Estas reações podem ser representadas pelas equações

Já vimos o conceito de anfótero no Cap. 9.

$$H_2O + H_2O \rightleftharpoons H_3O^+ + OH^-$$

$$HC_2H_3O_2 + HC_2H_3O_2 \rightleftharpoons H_2C_2H_3O_2^+ + C_2H_3O_2^-$$

$$NH_3 \ (l) + NH_3 \ (l) \rightleftharpoons NH_4^+ + NH_2^-$$

$$(\text{ácido}) + (\text{base}) \rightleftharpoons (\text{ácido}) + (\text{base})$$

Estas reações também podem ser ilustradas usando-se as seguintes estruturas de Lewis:

---

[1] Em geral, uma reação de auto-ionização envolve a criação de um par cátion-ânion a partir de duas moléculas neutras da mesma substância. Isto ocorre pala transferência de um átomo e de alguma carga de uma partícula para outra, mas o átomo que é transferido não precisa ser um próton. Como exemplo, temos a seguinte reação de auto-ionização

$$2PCl_5 \longrightarrow [PCl_4^+][PCl_6^-]$$

ÁCIDOS E BASES / 519

Em cada caso, a substância está desempenhando o papel tanto de ácido como de base.

Um exemplo interessante de uma reação ácido-base de Brønsted-Lowry ocorre nas soluções aquosas que contêm íons metálicos em estados de oxidação altamente positivos. Por exemplo, as soluções do sal $AlCl_3$ são ácidas, assim como as soluções que contêm Cr^{3+} e Fe^{3+}. Nestas soluções, os íons metálicos estão rodeados de moléculas de água que têm as extremidades negativas dos seus dipolos apontadas em direção ao metal. Quanto maior a carga do íon metálico, maior a força de atração por estas moléculas de água e o íon metálico cercado pela camada de moléculas de água torna-se uma única entidade. Por exemplo, nas soluções contendo Al^{3+} o íon alumínio parece ter seis moléculas de água ao seu redor e arranjadas nos vértices de um octaedro, como vimos no Cap. 10 (p. 354). De fato, quando sais de Al^{3+} são cristalizados a partir de soluções aquosas, os seus cristais, geralmente, contêm o íon octaédrico $Al(H_2O)_6^{3+}$.

A acidez das soluções destes íons metálicos é explicada da seguinte maneira: a alta carga no íon metálico atrai a densidade eletrônica dos átomos de oxigênio das moléculas de água que o estão circundando. Por sua vez, estes átomos de oxigênio atraem a densidade eletrônica das ligações $O-H$ (Fig. 14.1). Isto torna as ligações $O-H$ mais polares do que nas moléculas de água ordinárias. Em outras palavras, os átomos de hidrogênio das moléculas de água que circundam o íon metálico possuem uma carga parcial positiva maior do que os átomos de hidrogênio numa molécula de água ordinária. Como resultado, o hidrogênio é removido como um íon H^+ do $Al(H_2O)_6^{3+}$ com maior facilidade e o íon é ácido. Esta reação com a água pode ser vista como uma reação ácido-base de Brønsted-Lowry.

$$Al(H_2O)_6^{3+} + H_2O \rightleftharpoons Al(H_2O)_5OH^{2+} + H_3O^+$$
$$\text{ácido} \qquad \text{base} \qquad \qquad \text{base} \qquad \quad \text{ácido}$$

O conceito de Brønsted-Lowry é mais geral do que o conceito de Arrhenius, porque não nos restringe a soluções aquosas. Na verdade, podemos encontrar reações ácido-base que ocorrem até na ausência de um solvente. Por exemplo, quando

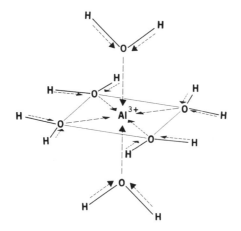

Figura 14.1
As linhas pontilhadas indicam como a densidade eletrônica é atraída pelo íon carregado positivamente Al^{3+} e retirada das ligações O–H. Com isso, a polaridade das ligações O–H aumenta e torna-se mais fácil remover os hidrogênios como H$^+$.

misturamos HCl e NH$_3$ gasosos eles reagem imediatamente para formar um sólido iônico branco, NH$_4$Cl.

$$NH_3\ (g)\ +\ HCl\ (g) \longrightarrow NH_4Cl\ (s)$$

Esta é a reação mostrada na fotografia no início do capítulo. Usando-se estruturas de Lewis ela pode ser diagramada como

$$H:\!\ddot{\underset{H}{\overset{H}{N}}}\!: + \textcircled{H}:\ddot{\underset{..}{\overset{..}{Cl}}}: \longrightarrow \left[H:\!\ddot{\underset{H}{\overset{H}{N}}}\!:H\right]^+ + \left[:\ddot{\underset{..}{\overset{..}{Cl}}}:\right]^-$$

Uma vez que um próton é transferido do HCl para o NH$_3$, esta é, nitidamente, uma reação ácido-base de Brønsted-Lowry. Todavia, como nem o íon hidrônio nem o íon hidróxido estão envolvidos, a concepção de ácidos e bases de Arrhenius ignora completamente esta reação.

14.3 FORÇAS DE ÁCIDOS E BASES

Qualquer reação ácido-base de Brønsted-Lowry pode ser vista como duas reações opostas ou competitivas entre ácidos e bases. Neste sentido, podemos considerar que as duas bases estão competindo por um próton. Quando HCl reage com água, por exemplo, constatamos, por medidas de condutividade e abaixamento do ponto de congelamento, que, essencialmente, todo o HCl reagiu com a água. Isto significa que a posição de equilíbrio na reação

$$HCl\ +\ H_2O \rightleftharpoons H_3O^+ +\ Cl^-$$

encontra-se muito deslocada para a direita. De outra forma, isto nos diz que o H$_2$O tem maior afinidade com o próton do que com o íon cloreto, porque a água é capaz de captar, essencialmente, todos os H$^+$ disponíveis. Expressamos esta habilidade relativa em captar um próton dizendo que a água é uma base mais forte que o íon cloreto.

Também podemos falar das forças relativas dos dois ácidos HCl e H$_3$O$^+$ nesta reação. Aqui, vê-se que o HCl é melhor doador de próton que o H$_3$O$^+$, porque todos os HCl perderam seus prótons para formar o H$_3$O$^+$.

Uma maneira melhor de julgar as forças relativas de ácidos e bases é pela comparação das posições de equilíbrio em várias reações ácido-base. Por exemplo, sabemos que em água o HCl está, essencialmente, 100% ionizado, mas numa solução 1 M de HF somente cerca de 3% do HF está presente como H_3O^+ e F^-.

$$HCl + H_2O \longrightarrow H_3O^+ + Cl^- \quad (100\%)$$

$$HF + H_2O \rightleftharpoons H_3O^+ + F^- \quad \text{(cerca de 3\% em HF 1 } M\text{)}$$

Estes resultados nos dizem que, em água, o HCl é um ácido muito mais forte do que o HF. Eles também nos dizem que o F^- é uma base muito mais forte do que o Cl^-, porque nas soluções com o mesmo ácido de referência, H_3O^+, a maior parte do F^- está protonado e existe como HF, enquanto que nenhum Cl^- está protonado. Uma generalização útil de se lembrar é que, *à medida que um ácido se torna mais forte, a sua base conjugada torna-se mais fraca.* Acabamos de ver que o HCl é um ácido mais forte que o HF e que o Cl^- é uma base mais fraca do que o F^-.

Comparações semelhantes também podem ser feitas para as bases. Uma outra maneira de escrevermos a nossa generalização é dizer que *as bases tornam-se mais fortes à medida que os seus ácidos conjugados tornam-se mais fracos.* Por exemplo, o íon amideto, NH_2^-, é uma base muito forte e reage completamente com a água para formar o seu ácido conjugado, NH_3.

$$NH_2^- + H_2O \longrightarrow NH_3 + OH^- \quad (100\%)$$

A amônia é um ácido mais fraco do que a água, de forma que sempre pensamos nela como uma base.

A amônia, por sua vez, é uma base fraca em água e, numa solução de NH_3 1 M, somente cerca de 0,4% do NH_3 reage para formar NH_4^+ e OH^-.

$$NH_3 + H_2O \rightleftharpoons NH_4^+ + OH^- \quad \text{(cerca de 0,4\% em } NH_3 \text{ 1 } M\text{)}$$

O NH_4^+ é o ácido conjugado do NH_3 e o NH_3 é o ácido conjugado do NH_2^-.

Comparando-se as reações do NH_2^- e do NH_3 com a água, vemos que o NH_2^- é uma base muito mais forte do que o NH_3. Percebemos também que o NH_4^+ é um ácido mais forte do que o NH_3, porque o NH_4^+ cede um próton ao OH^- mais facilmente do que o NH_3. As relações entre as forças relativas dos vários pares de ácidos e bases conjugadas encontram-se na Fig. 14.2.

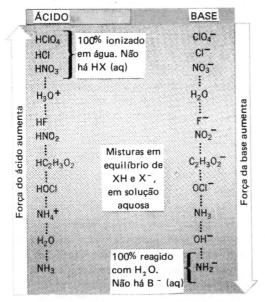

Figura 14.2
Forças relativas dos pares ácido-base.

522 / QUÍMICA GERAL

Em geral, quando ocorre uma reação ácido-base de Brønsted-Lowry, a posição de equilíbrio situa-se na direção dos ácido e base *mais fracos*. Em outras palavras, quanto mais fortes, ácido e base reagem para produzir as correspondentes base e ácido conjugados, respectivamente.

$$\text{ácido forte } (HA) + \text{base forte } (B) \rightarrow \text{base fraca } (A^-) + \text{ácido fraco } (HB^+)$$

Na reação entre HCl e água, por exemplo, vimos que o ácido forte HCl reagiu 100% com a base mais forte H_2O, formando o ácido mais fraco H_3O^+ e a base mais fraca Cl^-. Portanto, se a posição relativa dos dois pares conjugados ácido-base na Fig. 14.2 for conhecida, podemos fazer previsões acerca da posição de equilíbrio numa reação ácido-base. Por exemplo, se um ácido forte, como HNO_3, é adicionado a uma base forte, como NH_3 líquido, a reação prosseguirá até praticamente se completar.

$$HNO_3 + NH_3 \longrightarrow NH_4^+ + NO_3^-$$

$$\text{(virtualmente, 100\% completa)}$$

Por outro lado, se um ácido fraco, como $HC_2H_3O_2$, reagir com uma base fraca, como Cl^- (do NaCl, por exemplo), praticamente nenhuma reação será observada.

$$HC_2H_3O_2 + Cl^- \longrightarrow \text{não reagem}$$

Entre estes extremos, podemos estabelecer um equilíbrio com variadas quantidades dos reagentes e produtos. Vimos, por exemplo, que, em uma solução 1 M, cerca de 3% do HF reagem para dar F^-.

Já discutimos os fatores que afetam a força dos ácidos no Cap. 9.

Se desejamos comparar as forças de ácidos como HCl e HF, é melhor usarmos uma mesma base como referência. Por exemplo, conclui-se que o HCl é um ácido mais forte que HF porque o HCl é capaz de protonar a base H_2O, mais do que o HF. Todavia, com apenas uma dada base, não é possível comparar as forças de *todos* os ácidos. Por exemplo, HCl, HNO_3 e $HClO_4$ parecem ser todos 100% ionizados, em água. Com a água como base de referência, todos estes ácidos parecem ser de igual força. Suas diferenças são removidas ou niveladas e tratamos este fenômeno de *efeito nivelador*.

Se o ácido acético (substância que dá ao vinagre seu gosto azedo) é usado como solvente, em lugar de água, constatamos que existe uma diferença apreciável entre a extensão das reações

A forma como o ácido acético recebe um próton é mostrada na pág. 518.

$$HCl + HC_2H_3O_2 \rightleftharpoons H_2C_2H_3O_2^+ + Cl^-$$

$$HNO_3 + HC_2H_3O_2 \rightleftharpoons H_2C_2H_3O_2^+ + NO_3^-$$

$$HClO_4 + HC_2H_3O_2 \rightleftharpoons H_2C_2H_3O_2^+ + ClO_4^-$$

(isto é, a diferença nas posições de equilíbrio). Nestas circunstâncias, o ácido acético é uma base muito mais fraca que a água e não é tão facilmente protonado. Conseqüentemente, pelo uso do ácido acético como solvente, é possível distinguir entre as forças destes três ácidos e, de fato, constatamos que sua acidez aumenta na ordem $HNO_3 < HCl < HClO_4$. Para estas substâncias, a água é um *solvente nivelador*, enquanto o ácido acético serve como um *solvente diferenciador*.

O efeito nivelador não é restrito somente a ácidos. Bases fortes, como o íon óxido, O^{2-}, o íon amideto, NH_2^-, e o íon hidreto, H^-, reagem completamente com a água, dando íon hidróxido:

ÁCIDOS E BASES / 523

$$O^{2-} + H_2\overset{..}{O} \longrightarrow OH^- + OH^-$$

$$NH_2^- + H_2O \longrightarrow NH_3 + OH^-$$

$$H^- + H_2O \longrightarrow H_2 + OH^-$$

Estas três bases são tão fortes que elas são completamente protonadas por um ácido tão fraco como a água. Portanto, com a água como solvente, é impossível diferençar as forças das bases.

Em geral, um solvente básico tende a exercer um efeito nivelador nos ácidos, enquanto que um solvente ácido tende a nivelar as forças das bases. Em água, por exemplo, HF e HCl são nitidamente de forças diferentes, quando medidas por sua capacidade em protonar moléculas de água. Em amônia líquida (solvente básico), todavia, as reações

A reação do H^- com H_2O também pode ser vista como uma reação de oxirredução.

$$HF + NH_3 \longrightarrow NH_4^+ + F^-$$

$$HCl + NH_3 \longrightarrow NH_4^+ + Cl^-$$

prosseguem até, praticamente, as completar. Em amônia, HF e HCl parecem ter forças iguais e ambos comportam-se como ácidos fortes.

Um fenômeno similar é observado com a amônia, nos solventes H_2O e $HC_2H_3O_2$. Amônia é apenas ligeiramente protonada em água, ao passo que se torna completamente protonada quando é adicionada ao ácido acético puro. Neste último solvente, NH_3 comporta-se como uma base forte, enquanto que, em água, é fraca.

14.4 ÁCIDOS E BASES DE LEWIS

Este é o mesmo G. N. Lewis dos símbolos e estruturas de Lewis de que falamos no Cap. 4.

A definição de Brønsted-Lowry de ácidos e bases é mais geral que a definição de Arrhenius, porque remove a restrição de só se referir a reações em solução aquosa. Entretanto, mesmo o conceito de Brønsted-Lowry ainda é restrito em sua finalidade, pois limita a discussão do fenômeno ácido-base a reações de transferência de próton. Existem muitas reações que têm todas as características de reações ácido-base, mas que não se ajustam aos moldes de Brønsted-Lowry. A abordagem feita pelo químico americano Gilbert N. Lewis estende ainda mais o conceito ácido-base, cobrindo estes casos.

Na definição de Lewis de ácidos e bases, a atenção principal é focalizada na base. *Uma* **base** *é definida como uma substância que pode doar um* **par** *de elétrons para a formação de uma ligação covalente. Um* **ácido***, então, é uma substância que pode aceitar um par de elétrons para formar uma ligação.*

Base de Lewis — doador de um par de elétrons.
Ácido de Lewis — receptor de um par de elétrons.

Um exemplo simples de uma reação ácido-base é a reação de um próton com o íon hidróxido.

O íon hidróxido é uma base de Lewis, porque fornece o par de elétrons que se torna compartilhado com o hidrogênio. O íon hidrogênio, por outro lado, é um ácido de Lewis, porque aceita um compartilhamento do par de elétrons, quando a ligação O—H é formada.

Um outro exemplo é a reação entre BF_3 e amônia,

524 / QUÍMICA GERAL

Lembre-se de que o NH_3BF_3 é um exemplo de um composto de adição.

Neste caso, o NH_3 funciona como base e o BF_3 como ácido. Compostos contendo elementos com camadas de valência incompletas, como BF_3 ou $AlCl_3$, tendem a ser ácidos de Lewis, enquanto que compostos ou íons que tenham pares de elétrons não compartilhados podem comportar-se como bases de Lewis. Quando a reação ácido-base ocorre, é formada uma ligação covalente coordenada.

Ainda outros exemplos de reações ácido-base de Lewis são fornecidos pela reação de óxidos metálicos com óxidos de não-metais. Devemos lembrar que óxidos metálicos, em água, produzem hidróxidos. Por exemplo,

$$Na_2O + H_2O \longrightarrow 2NaOH$$

Óxidos de não-metais reagem para formar ácidos, como o ilustrado pela reação

$$SO_3 + H_2O \longrightarrow H_2SO_4$$

Quando estas duas soluções são misturadas, ocorre uma neutralização, com a formação do solvente e um sal,

$$2NaOH + H_2SO_4 \longrightarrow 2H_2O + Na_2SO_4$$

A formação de Na_2SO_4, a partir de Na_2O e SO_3, pode ocorrer diretamente, sem a introdução de qualquer quantidade de água, como é mostrado pela equação

$$Na_2O \; (s) + SO_3 \; (g) \longrightarrow Na_2SO_4 \; (s)$$

De acordo com a definição de Lewis, esta também é uma reação de neutralização entre uma base de Lewis (íon óxido) e um ácido de Lewis (trióxido de enxofre):

Um par de elétrons da dupla ligação move-se para o oxigênio de cima, permitindo ao enxofre aceitar o compartilhamento de um par de elétrons do íon óxido.

base   ácido   íon sulfato

Nesse caso, constatamos que algum novo rearranjo eletrônico deve ocorrer, pois o oxigênio se torna ligado ao enxofre. Contudo, a transformação total pode ser vista como uma reação de neutralização.

Reações deste tipo, entre um óxido como CaO e SO_2 ou SO_3, são importantes na remoção de óxidos de enxofre dos gases produzidos pela combustão de combustíveis com alto teor de enxofre. Por exemplo,

$$CaO \; (s) + SO_2 \; (g) \longrightarrow CaSO_3 \; (s)$$

Uma reação análoga à descrita tem sido usada nas espaçonaves, para remover o dióxido de carbono do ar respirado pelos astronautas. Nesse caso, o dióxido de carbono reage com LiOH:

$$CO_2 \; (g) + LiOH \; (s) \longrightarrow LiHCO_3 \; (s)$$

(bicarbonato de lítio)

(Usa-se o hidróxido de lítio por causa do peso atômico bastante baixo do Li. Isto resulta em muitos moles de LiOH por grama.) Esta reação também pode ser vista como uma reação ácido-base de Lewis:

íon bicarbonato

A reação entre Na_2O e SO_3 ilustra as limitações do conceito de Brønsted-Lowry. Uma vez que nenhum próton está envolvido na reação, ela nunca seria classificada como uma reação ácido-base, pela definição de Brønsted-Lowry.

Até agora, consideramos apenas simples reações de neutralização ácido-base. As reações ácido-base discutidas nas Seçs. 14.2 e 14.3 também podem ser tratadas do ponto de vista de Lewis. Na teoria de Brønsted-Lowry, estas reações foram interpretadas como competições nas quais o ácido mais forte triunfa, perdendo seu próton. Pela definição de Lewis, estas reações são interpretadas como constituindo o deslocamento de uma base (a mais fraca) por outra. Com referência à reação de HCl com H_2O, por exemplo,

$$HCl + H_2O \longrightarrow H_3O^+ + Cl^-$$

a teoria de Lewis interpreta a transformação como o resultado do deslocamento do íon Cl^- no HCl pela base mais forte, H_2O.

Em outras palavras, a base mais forte, H_2O, expulsa a mais fraca, Cl^-. Aqui consideramos o ácido como sendo o íon H^+, em vez da molécula inteira HCl, e, na reação, o H^+ está trocando de companhia, quando se move da base mais fraca para a mais forte.

Por sua definição, uma base de Lewis é uma substância que, em suas reações, procura um núcleo com o qual possa compartilhar um par de elétrons; por isso, é chamada *nucleófilo* (amante de núcleo). Uma reação na qual uma base de Lewis desloca outra é chamada de um **deslocamento nucleofílico**. Deste ponto de vista, um número muito grande de reações químicas, incluindo *todas* as reações de transferência de próton do tipo Brønsted-Lowry, também pode ser considerado, simplesmente, como reações ácido-base, nas quais uma base de Lewis mais forte desloca uma base mais fraca.

Existem também reações ácido-base nas quais um ácido de Lewis desloca outro. Por exemplo, consideremos a reação

$$AlCl_3 + COCl_2 \longrightarrow COCl^+ + AlCl_4^-$$

526 / QUÍMICA GERAL

Usando estruturas de Lewis, podemos analisar assim esta reação:

$$AlCl_3 + COCl_2 \longrightarrow [Cl_3Al \cdots Cl^- \cdots COCl^+] \longrightarrow AlCl_4^- + COCl^+$$

Vemos esta reação ocorrer pelo deslocamento do ácido $COCl^+$ pelo ácido mais forte, $AlCl_3$. Em outras palavras, imaginamos a molécula $COCl_2$ como sendo o "produto da neutralização" entre o ácido de Lewis $COCl^+$ e a base de Lewis Cl^- e é a base que troca de companheiro, quando a reação de deslocamento ocorre:

$$AlCl_3 + COCl_2 \longrightarrow [Cl_3Al \cdots Cl^- \cdots COCl^+] \longrightarrow AlCl_4^- + COCl^+$$

Os ácidos de Lewis são eletrófilos.

Uma vez que os ácidos de Lewis procuram substâncias que tenham pares de elétrons com os quais possam se ligar, os ácidos de Lewis são chamados *eletrófilos* (amantes de elétrons) e uma reação de deslocamento de ácido é chamada de *deslocamento eletrofílico*. Embora sejamos capazes de classificar a maioria das reações ácido-base em água como deslocamentos nucleofílicos, as reações de deslocamento eletrofílico também são importantes. Você encontrará muitas delas num curso de química orgânica.

As forças dos ácidos e bases de Lewis podem ser comparadas, examinando-se a tendência que têm de formar uma ligação covalente coordenada. Quando a ligação está formada, a densidade eletrônica na base é atraída para o átomo do ácido pobre em elétrons. Uma base forte, portanto, contém um átomo cuja nuvem de elétrons é facilmente deformada ou polarizada. Na Seç. 8.3, vimos que átomos grandes são mais facilmente polarizados que átomos pequenos. Assim, esperamos que $(CH_3)_2S$ seja uma base mais forte que $(CH_3)_2O$, porque o S é maior e mais facilmente polarizado que o O. Por outro lado, $(CF_3)_2S$ será uma base mais fraca que $(CH_3)_2S$, porque os átomos de flúor, muito eletronegativos, tornarão mais difícil atrair a densidade eletrônica do S no $(CF_3)_2S$ do que do S no $(CH_3)_2S$.

A força de um ácido de Lewis é determinada pelo poder de atração de elétrons pelo átomo pobre em elétrons do ácido. Em geral, os átomos pequenos atraem melhor os elétrons que os átomos grandes. A camada de valência de um átomo pequeno está mais próxima de seu núcleo, e outros elétrons, aproximando-se desta camada de valência, serão fortemente atraídos. Esperamos, portanto, que BCl_3 seja um ácido mais forte que $AlCl_3$. Também os íons com elevada carga positiva são ácidos de Lewis melhores que os íons positivos de carga menor. Assim, Fe^{3+} será um ácido de Lewis mais forte do que o Fe^{2+}.

14.5 ÁCIDOS E BASES ABORDADOS COMO SISTEMAS SOLVENTES

Em conseqüência de a água ser tão abundante e tão bom solvente para tantas substâncias, muitas das soluções químicas de laboratório usam água como solvente. O Cap. 6 tratou dos vários tipos de reações encontrados em soluções aquosas e das definições de ácido e base, apresentadas em termos dos íons H_3O^+ e OH^-. Como mencionamos anteriormente, a água sofre um limitado grau de auto-ionização, que pode ser descrito pela equação

$$H_2O + H_2O \rightleftharpoons H_3O^+ + OH^-$$

Note que, quando a água é o solvente, um ácido é definido como uma substância que produz o cátion H_3O^+ característico da reação de auto-ionização. Da mesma forma,

ÁCIDOS E BASES / 527

uma base no solvente água produz o mesmo ânion OH^- que é formado na reação de auto-ionização. Estas duas observações formam a base da abordagem do **sistema solvente**, que trata das reações ácido-base de forma mais geral. Esta abordagem reconhece que a água não é na verdade única nas suas propriedades solventes e que muitas reações em outros solventes podem ser vistas como reações análogas às que ocorrem em solução aquosa. A abordagem do sistema solvente consegue isto definindo uma substância como ácido ou como base, de acordo com os íons que são (ou poderiam ser) formados quando a substância é dissolvida num solvente. Em qualquer solvente, *um ácido é uma substância que produz o cátion formado pela auto-ionização do solvente e uma base é uma substância que produz o ânion formado na auto-ionização.* Embora vários sistemas solventes diferentes já tenham sido estudados em termos destas definições, examinaremos apenas um deles: o amoníaco líquido.

Amoníaco líquido como um solvente

Provavelmente, o solvente que mais largamente tem sido estudado, além da água é o amoníaco líquido. À pressão atmosférica, o amoníaco existe como um gás, à temperatura ambiente; portanto, é necessário resfriar a substância até seu ponto de ebulição, $-33°C$, ou abaixo dele, para trabalhar com o líquido, o que conduz a algumas dificuldades experimentais.

O amoníaco líquido, como solvente, tem muitas propriedades que são similares às da água. Como a água, ela também sofre um pequeno grau de auto-ionização. Quando ela assim se comporta, produz o íon amônio e o íon amideto NH_2^-.

$$NH_3 + NH_3 \rightleftharpoons NH_4^+ + NH_2^-$$
$$\text{íon amideto}$$

Por analogia com a água, prevemos que um ácido em NH_3 líquido é qualquer substância capaz de formar íon amônio. Assim, qualquer sal de amônio, como NH_4Cl ou $(NH_4)_2SO_4$, por exemplo, exibirá propriedades ácidas. De fato, NH_4Cl em amoníaco líquido é exatamente análogo ao produto da reação de HCl em H_2O em solução aquosa, que é $(H_3O)Cl$.

Seguindo a definição de sistema solvente, uma base em amoníaco líquido é qualquer substância capaz de formar o íon amideto – como, por exemplo, KNH_2, amideto de potássio.

Em água, a neutralização de um ácido e uma base ocorre pela reação

$$H_3O^+ + OH^- \longrightarrow 2H_2O$$

Assim, o cátion e o ânion do solvente combinam-se na neutralização, para produzir o solvente. De fato, em *qualquer* solvente, a reação de neutralização é simplesmente o inverso da reação de auto-ionização. No amoníaco líquido isto corresponde à reação

$$NH_4^+ + NH_2^- \longrightarrow 2NH_3$$

Quando soluções de NH_4Cl e KNH_2, em amoníaco líquido, são misturadas, temos a reação global

$$NH_4Cl + KNH_2 \longrightarrow KCl + 2NH_3$$

Isto é análogo à reação em água entre HCl e KOH

$$HCl + KOH \longrightarrow KCl + H_2O$$

528 / QUÍMICA GERAL

ou

$$(H_3O)Cl + KOH \longrightarrow KCl + 2H_2O$$

Outra semelhança entre o fenômeno ácido-base em água e em amoníaco líquido é revelada pelo comportamento de certas moléculas de corantes orgânicos, chamados indicadores. Por exemplo, em água, o indicador fenolftaleína é cor-de-rosa em soluções básicas e incolor em soluções ácidas. Este fato é empregado em titulações ácido-base, onde ocorre uma rápida mudança de cor, quando é atingida a neutralização. Este mesmo indicador pode, também, ser usado para realizar titulações com amoníaco líquido como solvente. Em soluções básicas contendo um excesso de íon NH_2^-, a fenolftaleína é cor-de-rosa, enquanto que, em soluções ácidas, é incolor.

As titulações em que se usa amoníaco líquido como solvente necessitam de equipamento especial.

Outra semelhança entre o comportamento ácido-base nestes dois solventes é o comportamento anfótero de certos metais. Por exemplo, se uma solução aquosa de ZnI_2 é tratada com KOH, forma-se um precipitado de $Zn(OH)_2$, que se dissolve, por posterior adição de base, para produzir $K_2[Zn(OH)_4]$, como é indicado a seguir.

$$ZnI_2 + 2KOH \longrightarrow Zn(OH)_2 \, (s) + 2KI$$
$$Zn(OH)_2 + 2KOH \longrightarrow K_2[Zn(OH)_4]$$

Em amoníaco líquido, encontramos precisamente o mesmo comportamento:

$$ZnI_2 + 2KNH_2 \longrightarrow Zn(NH_2)_2 \, (s) + 2KI$$
$$Zn(NH_2)_2 + 2KNH_2 \longrightarrow K_2[Zn(NH_2)_4]$$

Em cada um destes casos, a adição de ácido (H_3O^+ em água ou NH_4^+ em amoníaco) causa nova precipitação de hidróxido ou amideto de zinco; a posterior adição de ácido causará dissolução destes precipitados, regenerando, dessa forma, o íon zinco solvatado.

As similaridades entre as reações de neutralização em água e em amoníaco também têm sugerido outras semelhanças químicas. Por analogia, estabelecemos que H_3O^+ e NH_4^+ ocupam posições correspondentes nos sistemas água (aquoso) e amoníaco (amoniacal). Do mesmo modo, OH^- e NH_2^- são opostos um ao outro. Isto nos conduz a postular que o íon óxido, O^{2-}, no sistema aquoso, seria equivalente ao *íon imideto*, NH^{2-}, ou ao *íon nitreto*, NH^{3-}, no sistema amoniacal. De fato, a extensão deste raciocínio nos conduz a uma série completa de compostos que são análogos, reciprocamente, nos dois sistemas solventes. Alguns exemplos são dados na Tab. 14.1.

Além da neutralização ácido-base, existem muitas outras analogias nas reações que ocorrem em água e amoníaco líquido. Por exemplo, sabemos que, em água, os óxidos metálicos reagem com o solvente, para produzir hidróxidos,

$$Li_2O + H_2O \longrightarrow 2LiOH$$

Em amoníaco líquido, encontramos a reação similar

$$Li_3N + 2NH_3 \longrightarrow 3LiNH_2$$

Outro exemplo é a reação de um hidreto metálico com o solvente

$$NaH + H_2O \longrightarrow H_2 + Na^+ + OH^- \quad \text{(Sistema aquoso)}$$
$$NaH + NH_3 \longrightarrow H_2 + Na^+ + NH_2^- \quad \text{(Sistema amoniacal)}$$

Tab. 14.1
Compostos análogos nos sistemas aquoso e amoniacal

Composto em Água	Composto em Amoníaco
H_2O	NH_3
$(H_3O)Cl$ ou HCl	NH_4Cl
KOH	KNH_2
Li_2O	Li_3N
P_2O_5 (na realidade, P_4O_{10})	P_3N_5
$PO(OH)_3$ ou H_3PO_4	$[PN(NH_2)_2]_3$
	$P(NH)(NH_2)_3$
CH_3OH	CH_3NH_2
C_2H_5OH	$C_2H_5NH_2$
$(CH_3)_2O$	$(CH_3)_3N$, $(CH_3)_2NH$
H_2O_2	N_2H_4
$HONO_2$ ou HNO_3	HNN_2
$HOCl$	H_2NCl
$CO(OH)_2$ ou H_2CO_3	$C(NH)(NH_2)_2$
$CH_3COOC_2H_5$	$CH_3C(NH)(NHC_2H_5)$
CH_3COOH	$CH_3C(NH)(NH_2)$
$Cu(H_2O)_4{}^{2+}$	$Cu(NH_3)_4{}^{2+}$
$Si(OH)_4$	$Si(NH_2)_4$
$B(OH)_3$	$B(NH_2)_3$

Outra similaridade é ainda a reação de um metal ativo com um ácido, formando hidrogênio e um sal

$$Ca + 2(H_3O)Cl \longrightarrow CaCl_2 + H_2 + 2H_2O \quad \text{(Sistema aquoso)}$$

$$Ca + 2NH_4Cl \longrightarrow CaCl_2 + H_2 + 2NH_3 \quad \text{(Sistema amoniacal)}$$

No Cap. 6, vimos que reações de metátese fornecem um caminho para a síntese de certos compostos. Em solventes não-aquosos, também podemos ter estas espécies de trocas químicas. Devido a diferentes relações de solubilidade nos meios aquosos e não-aquosos, todavia, é possível, algumas vezes, preparar compostos por metátese em um solvente como o amoníaco, que não podem ser feitos da mesma maneira em água. Por exemplo, em amoníaco líquido, $Ba(NO_3)_2$ e $AgCl$ são, ambos, solúveis. Quando suas soluções são misturadas, é produzido um precipitado branco de $BaCl_2$.

$$Ba(NO_3)_2 + 2AgCl \xrightarrow{NH_3\,(l)} BaCl_2 \ (s) + 2AgNO_3$$

Isto é exatamente o inverso da reação que ocorre em solução aquosa, onde $BaCl_2$ e $AgNO_3$ são solúveis e formam um precipitado de $AgCl$, quando suas soluções são misturadas.

530 / QUÍMICA GERAL

14.6
RESUMO

Os exemplos da seção anterior demonstraram que a abordagem do sistema solvente para ácidos e bases tem alguns aspectos úteis e atraentes. Um destes aumenta nossa compreensão para reações em outros solventes diferentes da água. Todavia, esta visão de ácidos e bases sofre algumas das limitações da teoria de Arrhenius. Por exemplo, não nos é permitido considerar, como as interações ácido-base, reações que ocorrem na ausência de um solvente.

O tratamento dado por Brønsted-Lowry livra-nos da restrição de ter que haver um solvente presente, entretanto, nos limita a tratar com sistemas nos quais exista transferência de próton. Obviamente, consideramos a teoria de Lewis como sendo o tratamento mais geral. Todas as reações ácido-base, que examinamos sob vários títulos neste capítulo, podem ser interpretadas do ponto de vista de Lewis.

A escolha da definição de ácidos e bases que se deseja usar em uma situação particular depende grandemente das condições químicas em que eles são estudados. Por exemplo, na prática, a definição de Arrhenius é perfeitamente satisfatória para interpretar as reações em solução aquosa que encontraremos no laboratório. Mas, quando estudarmos química orgânica, veremos que o conceito de Lewis é bastante útil em várias circunstâncias.

ÍNDICE DE QUESTÕES

Geral 1 e 38

Ácidos e bases de Arrhenius 2, 3, 4 e 5

Ácidos e bases de Brønsted-Lowry 5, 6, 7, 8, 9, 20 e 39

Força de ácidos e bases 10, 11, 12, 13, 14, 15, 16 e 17

Efeito nivelador 18, 19, 21 e 22

Ácidos e bases de Lewis 23, 24, 25, 26, 27, 28, 29, 30, 31, 32 e 33

Abordagem pelo sistema solvente 34, 35, 36 e 37

QUESTÕES DE REVISÃO

14.1 Dê três propriedades que sejam características gerais de ácidos e bases.

14.2 Qual a definição de Arrhenius de ácido e de base?

14.3 Identifique cada um dos seguintes como ácidos ou bases de Arrhenius. Para cada um, escreva uma equação química para mostrar sua reação com a água. Se necessário, consulte a Tab. 6.3:

(a) P_4O_{10} (d) HBr   (f) N_2O_5
(b) CaO   (e) H_2O (g) $Ba(OH)_2$
(c) NH_3OH^+

14.4 Escreva a equação iônica resultante da neutralização de um ácido e uma base em solução aquosa.

14.5 Defina anidrido ácido e anidrido básico. Qual a definição de Brønsted-Lowry de ácido e de base? Por que ela é menos restrita do que o conceito de Arrhenius?

14.6 Identifique os dois pares ácido-base conjugados, em cada uma das seguintes reações:

(a) $C_2H_3O_2^- + H_2O \rightleftharpoons OH^- + HC_2H_3O_2$
(b) $HF + NH_3 \rightleftharpoons NH_4^+ + F^-$
(c) $Zn(OH)_2 + 2OH^- \rightleftharpoons ZnO_2^{2-} + 2H_2O$

(d) $Al(H_2O)_6^{3+} + OH^- \rightleftharpoons Al(H_2O)_5OH^{2+} + H_2O$
(e) $N_2H_4 + H_2O \rightleftharpoons N_2H_5^+ + OH^-$
(f) $NH_2OH + HCl \rightleftharpoons NH_3OH^+ + Cl^-$
(g) $O^{2-} + H_2O \rightleftharpoons 2OH^-$
(h) $H^- + H_2O \rightleftharpoons H_2 + OH^-$
(i) $NH_2^- + N_2H_4 \rightleftharpoons NH_3 + N_2H_3^-$
(j) $HNO_3 + H_2SO_4 \rightleftharpoons H_3SO_4^+ + NO_3^-$

14.7 Identifique os pares ácido-base conjugados em cada uma das seguintes reações:

(a) $HClO_4 + N_2H_4 \rightleftharpoons N_2H_5^+ + ClO_4^-$
(b) $HSO_3^- + H_3PO_3 \rightleftharpoons H_2SO_3 + H_2PO_3^-$
(c) $C_5H_5NH^+ + (CH_3)_3N \rightleftharpoons C_5H_5N + (CH_3)_3NH^+$
(d) $CO_3^{2-} + H_2O \rightleftharpoons HCO_3^- + OH^-$
(e) $HCHO_2 + C_7H_5O_2^- \rightleftharpoons C_7H_5O_2H + CHO_2^-$
(f) $H_2C_2O_4 + CH_3NH_2 \rightleftharpoons HC_2O_4^- + CH_3NH_3^+$
(g) $H_2CO_3 + H_2O \rightleftharpoons HCO_3^- + H_3O^+$
(h) $C_2H_5OH + NH_2^- \rightarrow C_2H_5O^- + NH_3$
(i) $NO_2^- + N_2H_5^+ \rightleftharpoons HNO_2 + N_2H_4$
(j) $HCN + H_2SO_4 \rightleftharpoons H_2CN^+ + HSO_4^-$

14.8 Escreva as reações de auto-ionização para:

(a) H_2O (l)   (b) NH_3 (l)   (c) HCN (l)

ÁCIDOS E BASES / 531

14.9 Qual seria a fórmula do ácido conjugado da dimetilamina, $(CH_3)_2NH$? Qual seria a fórmula de sua base conjugada?

14.10 Pela Fig. 14.2, coloque as seguintes reações na ordem crescente da tendência a se completarem:

(a) $H_2O + NH_3 \rightleftharpoons NH_4^+ + OH^-$
(b) $HClO_4 + NH_2^- \rightleftharpoons ClO_4^- + NH_3$
(c) $H_2O + NO_2^- \rightleftharpoons HNO_2 + OH^-$
(d) $NH_3 + Cl^- \rightleftharpoons NH_2^- + HCl$

14.11 Use a Fig. 14.2 para colocar as seguintes reações em ordem crescente da tendência a se completarem:

(a) $OCl^- + HCl \rightleftharpoons HOCl + Cl^-$
(b) $HF + C_2H_3O_2^- \rightleftharpoons HC_2H_3O_2 + F^-$
(c) $NH_4^+ + ClO_4^- \rightleftharpoons NH_3 + HClO_4$
(d) $HNO_2 + F^- \rightleftharpoons HF + NO_2^-$

14.12 O sulfeto de hidrogênio é um ácido mais forte que a fosfina, PH_3. Que pode você concluir sobre as forças de suas bases conjugadas, HS^- e PH_2^-?

14.13 O cianeto de hidrogênio, HCN, é, em água, um ácido mais fraco do que o ácido nitroso, HNO_2. Que podemos dizer sobre as forças relativas do CN^- e NO_2^- como bases?

14.14 A amônia é, em água, uma base mais forte do que a hidrazina, N_2H_4. Se nós formos usar essas duas substâncias como solventes de um ácido muito fraco, em qual delas o ácido será mais completamente ionizado?

14.15 Dados os seguintes equilíbrios e constantes de equilíbrio, coloque os ácidos em ordem crescente de força:

(a) $HOCl + H_2O \rightleftharpoons H_3O^+ + OCl^-$

$$K = 3,2 \times 10^{-8}$$

(b) $NH_4^+ + H_2O \rightleftharpoons H_3O^+ + NH_3$

$$K = 5,6 \times 10^{-10}$$

(c) $HC_2H_3O_2 + H_2O \rightleftharpoons H_3O^+ + C_2H_3O_2^-$

$$K = 1,8 \times 10^{-5}$$

(d) $H_2CO_3 + H_2O \rightleftharpoons H_3O^+ + HCO_3^-$

$$K = 4,2 \times 10^{-7}$$

(e) $HSO_4^- + H_2O \rightleftharpoons H_3O^+ + SO_4^{2-}$

$$K = 1,3 \times 10^{-2}$$

14.16 Baseando-se nos dados da Questão 14.15, qual seria a posição de equilíbrio esperada na reação

$$HOCl + NH_3 \rightleftharpoons NH_4^+ + OCl^- \ ?$$

14.17 Coloque as bases conjugadas da Questão 14.15 na ordem crescente da força da base.

14.18 Que é efeito nivelador? Como isto se aplica aos ácidos fortes HCl e HBr? Sugira uma substância que possa servir como um solvente diferenciador para estes dois ácidos.

14.19 A reação $H_2S + H_2O \rightleftharpoons HS^- + H_3O^+$ tem uma constante de equilíbrio igual a $1,1 \times 10^{-7}$. Você poderia sugerir um solvente em que uma reação similar tivesse um K menor? Você poderia sugerir um solvente em que uma reação similar tivesse um K maior?

14.20 Usando estruturas de Lewis, faça um diagrama da reação entre HCN e NH_3, gasosos.

14.21 Pode-se dizer que o ácido de Brønsted mais forte que pode existir na presença de água é o H_3O^+. Explique esta afirmação.

14.22 Qual a base mais forte que pode existir na presença de água?

14.23 Qual a definição de Lewis de ácido e de base?

14.24 O tricloreto de boro, BCl_3, reage com o éter etílico, $(C_2H_5)_2O$, para formar um *composto de adição*, que pode ser assim escrito: $Cl_2B \leftarrow O(C_2H_5)_2$. Use estruturas de Lewis para interpretar esta reação como uma neutralização ácido-base de Lewis.

14.25 Indique se é possível esperar que as seguintes espécies atuem tanto como um ácido de Lewis como uma base de Lewis:

(a) $AlCl_3$ (e) NO^+ (i) $(CH_3)_2S$
(b) OH^- (f) CO_2 (j) SbF_5
(c) Br^- (g) NH_3
(d) H_2O (h) Fe^{3+}

14.26 Qual dessas bases de Lewis você acha que é mais forte: NH_3 ou NF_3? Explique sua resposta.

14.27 Qual dessas bases de Lewis você esperaria ser a mais forte, $(CH_3)_3N$ ou $(CH_3)_3P$? Explique sua resposta.

14.28 Qual desses ácidos de Lewis você esperaria ser o mais forte:

(a) BCl_3 ou BBr_3?   (b) Cr^{2+} ou Cr^{3+}?

14.29 O cloreto de fósforo (V) existe como moléculas de PCl_5, no estado gasoso, e como $[PCl_4^+][PCl_6^-]$, no estado sólido.

$$2PCl_5 \longrightarrow [PCl_4^+][PCl_6^-]$$

(a) Que espécies estão sendo transferidas de uma molécula de PCl_5 para a outra, durante essa reação?
(b) Use as estruturas de Lewis para fazer um diagrama da reação.
(c) A espécie que está sendo transferida é um ácido ou uma base de Lewis?
(d) A reação consiste num deslocamento nucleofílico ou eletrofílico?

14.30 O ácido bórico, $B(OH)_3$, que há muito é usado para fins medicinais, é um ácido fraco. Todavia, ele não doa prótons pelo rompimento de uma ligação $O-H$ na molécula $B(OH)_3$. Ao contrário, ele atua como um ácido de Lewis, reagindo com uma molécula de água:

$$B(OH)_3 + H_2O \rightleftharpoons B(OH)_3(H_2O)$$

532 / QUÍMICA GERAL

$$B(OH)_3(H_2O) + H_2O \rightleftharpoons B(OH)_4^- + H_3O^+$$

Use estruturas de Lewis para representar esta reação. Por que o $B(OH)_3 H_2O$ é um ácido?

14.31 Explique por que a reação do CO_2 com o H_2O para produzir H_2CO_3, que também podemos escrever como $CO(OH)_2$, pode ser vista como uma neutralização ácido-base de Lewis.

14.32 Defina nucleófilo e eletrófilo.

14.33 O íon prata reage com o amoníaco para formar um íon complexo de fórmula $Ag(NH_3)_2^+$, no qual duas moléculas de amoníaco são ligadas ao íon Ag^+. Explique como esse fato pode ser visto como uma reação ácido-base de Lewis.

14.34 Como são definidos um ácido e uma base na abordagem pelo sistema solvente?

14.35 O ácido sulfúrico concentrado sofre reação de auto-ionização:

$$2H_2SO_4 \rightleftharpoons H_3SO_4^+ + HSO_4^-$$

Neste solvente, o ácido acético comporta-se como uma base e o ácido perclórico comporta-se como um ácido. Escreva equações químicas que mostrem o seguinte:
(a) A reação do $HC_2H_4O_2$ com o solvente H_2SO_4;
(b) A reação do $HClO_4$ com o solvente;
(c) A reação de neutralização que ocorre quando soluções de $HC_2H_3O_2$ e $HClO_4$ são misturadas em H_2SO_4.

14.36 A partir dos dados da Tab. 14.1, escreva equações para reações em amoníaco líquido que sejam análogas às seguintes reações que ocorrem em solução aquosa:

(a) $P_4O_{10} + 6H_2O \rightarrow 4H_3PO_4$
(b) $Cl_2 + H_2O \rightarrow HCl + HOCl$

(c) $CH_3COOC_2H_5 + H_2O \xrightarrow{H_3O^+}$
$$CH_3COOH + C_2H_5OH$$
(d) $Zn + 2HCl \rightarrow ZnCl_2 + H_2$
(e) $H_2CO_3 + 2OH^- \rightarrow CO_3^{2-} + 2H_2O$
(f) $SiCl_4 + 4H_2O \rightarrow Si(OH)_4 + 4HCl$
(g) $Zn + 2OH^- + 2H_2O \rightarrow Zn(OH)_4^{2-} + H_2$
(h) $Cu^{2+} + 4H_2O \rightarrow Cu(H_2O)_4^{2+}$
(i) $BCl_3 + 3H_2O \rightarrow 3HCl + B(OH)_3$

14.37 Pode-se imaginar que o cianeto de hidrogênio líquido sofra a auto-ionização

$$2HCN \rightleftharpoons H_2CN^+ + CN^-$$

(a) KCN será considerado um ácido ou uma base, neste solvente?
(b) H_2SO_4 é um ácido em HCN (l). Escreva a equação para a ionização do H_2SO_4 neste solvente.
(c) $(CH_3)_3N$ é uma base em HCN (l). Escreva uma equação para reação do $(CH_3)_3N$ com o solvente. Usando estruturas de Lewis, mostre como esta reação ocorre.
(d) Qual a equação iônica para a neutralização do H_2SO_4 por $(CH_3)_3N$, em HCN líquido?
(e) Qual a equação iônica global para a reação de neutralização neste solvente?

14.38 Como os conceitos de Arrhenius, Brønsted-Lowry, Lewis e de sistema solvente de ácidos e bases diferem, em termos da aplicabilidade geral?

14.39 Soluções contendo o íon $Cr(H_2O)_6^{3+}$ são ácidas.

(a) Explique por quê.
(b) Escreva uma equação química que mostre como o $Cr(H_2O)_6^{3+}$ funciona como um ácido de Brønsted-Lowry.
(c) Por que as soluções contendo Cr^{3+} devem ser mais ácidas do que as soluções contendo Cr^{2+}?

15
EQUILÍBRIO ÁCIDO-BASE EM SOLUÇÃO AQUOSA

O controle da acidez de uma piscina com bicarbonato de sódio é justamente uma das aplicações práticas dos princípios do equilíbrio ácido-base discutido neste capítulo.

534 / QUÍMICA GERAL

No Cap. 6 vimos que muitas das reações que nos interessam ocorrem em solução aquosa. Também compreendemos que as modificações químicas, em geral, não chegam a se completar totalmente; em vez disso, se aproximam de um estado de equilíbrio dinâmico. Neste capítulo e no 16, examinaremos, com mais detalhes e em bases quantitativas, muitos equilíbrios iônicos que podem ocorrer em solução aquosa. Começaremos, neste capítulo, com o equilíbrio e as reações de ácidos e bases. Isto é muito importante, por causa da natureza anfiprótica da água e porque muitos compostos de interesse biológico, que ocorrem no ambiente aquoso dos sistemas vivos, mostram propriedades ácido-base.

15.1 IONIZAÇÃO DA ÁGUA, pH

No capítulo anterior, vimos que alguns solventes podem ser considerados como sofrendo auto-ionização. Lembremo-nos, por exemplo, de que a auto-ionização da água pura é assim escrita:

$$H_2O + H_2O \rightleftharpoons H_3O^+ + OH^-$$

Como isto é um equilíbrio, podemos escrever uma expressão de equilíbrio. Seguindo os conceitos desenvolvidos no Cap. 13, isto pode ser representado como:

$$K = \frac{[H_3O^+][OH^-]}{[H_2O][H_2O]}$$

A concentração molar da água, que aparece no denominador desta expressão, é quase constante ($\approx 55,6\ M$) na água pura e em solução aquosa diluída. Portanto, $[H_2O]^2$ pode ser incluída na constante de equilíbrio, K, do lado esquerdo da equação anterior. Escreveríamos, então,

$$K \cdot [H_2O]^2 = [H_3O^+][OH^-]$$

O membro esquerdo desta expressão é o produto de duas constantes que, naturalmente, também é igual a uma constante. E na constante combinada é escrita como

$$K_{H_2O} = K[H_2O]^2$$

Nossa condição de equilíbrio torna-se, portanto,

$$K_{H_2O} = [H_3O^+][OH^-]$$

Visto que $[H_3O^+][OH^-]$ é um produto de concentrações iônicas, K_{H_2O} é chamado a constante do produto iônico da água ou, simplesmente, constante de ionização ou ainda **constante de dissociação** da água. A 25°C, $K_{H_2O} = 1,0 \times 10^{-14}$ e essa é uma constante de equilíbrio que você deve memorizar.

K_{H_2O} varia com a temperatura. A 37°C (temperatura do nosso corpo), $K_{H_2O} = 2,42 \times 10^{-14}$.

A equação para a auto-ionização da água é, muitas vezes, simplificada, omitindo-se a molécula de água que capta o H^+. A reação de dissociação para a água torna-se, então,

$$H_2O \rightleftharpoons H^+ + OH^-$$

e a expressão simplificada para a constante de dissociação da água é escrita, simplesmente, como

$$K_{H_2O} = [H^+][OH^-]$$

A dissociação de H_2O em equilíbrio, representada pela Eq. 15.1, está presente em qualquer solução aquosa e a Eq. 15.2 deve sempre ser satisfeita, mesmo que outro equilíbrio possa, também, estar ocorrendo na solução.

A Eq. 15.2 pode ser usada para calcular as concentrações molares dos íons H^+ e OH^-, na água pura. Da estequiometria da dissociação, vemos que, toda vez que 1 mol de H^+ é formado, é também produzido 1 mol de OH^-. Isto significa que, no equilíbrio, $[H^+] = [OH^-]$. Se tornamos a concentração do íon hidrogênio igual a x, então,

$$x = [H^+] = [OH^-]$$

Substituindo na Eq. 15.2, teremos

$$K_{H_2O} = x \cdot x = x^2$$

ou, como $K_{H_2O} = 1,0 \times 10^{-14}$,

$$x^2 = 1,0 \times 10^{-14}$$

Extraindo a raiz quadrada, teremos

$$x = 1,0 \times 10^{-7}$$

o que significa que as concentrações dos íons hidrogênio e hidróxido, na água pura, são

$$[H^+] = [OH^-] = 1,0 \times 10^{-7} \, M$$

Sempre que a concentração do íon hidrogênio se iguala à concentração do íon hidróxido, como na água pura, dizemos que a solução é *neutra*. Um ácido é uma substância que torna a concentração do H^+ maior que a concentração do OH^-; reciprocamente, uma base torna a concentração do OH^- maior que a concentração do H^+. Contudo, é preciso lembrar que há sempre *algum* OH^- presente em uma solução ácida, do mesmo modo que existe *algum* H^+, mesmo que a solução seja básica. A Eq. 15.2 é sempre obedecida, se a solução estiver em equilíbrio.

Em uma solução aquosa de um ácido, muitas vezes, desejamos saber qual é a concentração do H^+. Neste caso, é quase sempre correto supor que, essencialmente, todo o H^+ da solução vem do ácido dissolvido. Em outras palavras, de modo geral, é correto supor que a dissociação da água contribui com uma porção desprezível de H^+ para a solução. Isto acontece porque a presença do H^+ do ácido (por exemplo, HCl) altera o equilíbrio

$$H_2O \rightleftharpoons H^+ + OH^-$$

para a esquerda. Portanto, a quantidade de água dissociada na solução de um ácido é ainda menor que na água pura, o que significa que o H^+ vindo da dissociação da água é menor do que $10^{-7} \, M$. Do mesmo modo, a concentração do OH^- em uma

536 / QUÍMICA GERAL

solução de uma base pode ser calculada a partir da concentração do soluto. A contribuição do OH^- pela dissociação da água é desprezível. O Ex. 15.1 ilustra o que acabamos de dizer.

EXEMPLO 15.1

(a) Qual a concentração de OH^- em uma solução de HCl 0,0010 M?

(b) Qual a concentração de H^+ derivada da dissociação do solvente?

SOLUÇÃO

(a) No equilíbrio, deve-se ter

$$[H^+][OH^-] = 1,0 \times 10^{-14}$$

O HCl é um ácido forte e está, essencialmente, 100% dissociado

$$HCl \rightarrow H^+ + Cl^-$$

Portanto, 0,0010 mol de HCl por dm^3 dá 0,0010 mol de H^+ por dm^3. A concentração total do íon hidrogênio é, então, 0,0010 M *mais* a quantidade oriunda da dissociação da água. Assumimos, no momento, que essa contribuição é desprezível e, como sugerido abaixo, pode ser ignorada. Assim,

$$[H^+] = 0,0010\ M + (\text{contribuição do } H_2O) \approx 0,0010\ M$$

Resolvendo-se para a concentração do íon hidróxido,

$$[OH^-] = \frac{1,0 \times 10^{-14}}{[H^+]}$$

$$[OH^-] = \frac{1,0 \times 10^{-14}}{1,0 \times 10^{-3}} = 1,0 \times 10^{-11}\ M$$

(b) O íon hidróxido da parte (a) vem inteiramente da dissociação da água. A quantidade de H^+ derivada do H_2O deve, portanto, ser *também* de $1,0 \times 10^{-11}\ M$, como pode ser visto pela estequiometria da Eq. 15.1. Note que este valor ($1,0 \times 10^{-11}\ M$) é, na verdade, desprezível, se comparado com a concentração do H^+ produzido pelo HCl ($1,0 \times 10^{-3}\ M$), o que torna válido o que foi assumido na parte (a).

O conceito de pH

O íon hidrogênio e o íon hidróxido entram em muitos equilíbrios, além da dissociação da água; portanto, freqüentemente, é necessário especificar suas concentrações em solução aquosa. Essas concentrações podem variar desde valores relativamente altos até valores muito pequenos (por exemplo, $10\ M$ até $10^{-14}\ M$); por isso, foi instituída uma notação logarítmica[1] para simplificar a expressão dessas quantidades. Em geral, para uma quantidade X,

$$pX = \log \frac{1}{X} = -\log X$$

Por exemplo, se desejamos indicar a concentração do íon hidrogênio em uma solução, falamos de **pH**, definido como

Observe que aqui se usa logaritmo de base 10 e não o logaritmo natural.

$$pH = \log \frac{1}{[H^+]} = -\log [H^+]$$

---

[1] Uma discussão sobre o uso de logaritmos pode ser encontrada no Apêndice A.

Numa solução em que a concentração do íon hidrogênio é 10^{-3} M, temos, portanto,

$$pH = -\log(10^{-3}) = -(-3)$$

ou

$$pH = 3$$

Do mesmo modo, se a concentração do íon hidrogênio é 10^{-8} M, o pH da solução é 8.

Seguindo o mesmo raciocínio para a concentração de íon hidróxido, podemos definir o **pOH** de uma solução como

$$pOH = -\log[OH^-]$$

Como as concentrações dos íons H^+ e OH^- numa solução estão relacionadas entre si, o pH e o pOH também o estão. Pela expressão de equilíbrio para a dissociação da água,

$$\log K_{H_2O} = \log[H^+] + \log[OH^-]$$

Multiplicando tudo por -1, teremos

$$(-\log K_{H_2O}) = (-\log[H^+]) + (-\log[OH^-])$$

ou, simplificando,

$$pK_{H_2O} = pH + pOH$$

$pK_{H_2O} = -\log K_{H_2O}$
    $= -\log(1,0 \times 10^{-14})$
    $= -[\log(1,0) + \log(10^{-14})]$
    $= -[0,00 + (-14)]$
    $= 14,00$

Como $K = 1,0 \times 10^{-14}$ e $pK = 14,00$, encontramos a expressão

$$pH + pOH = 14,00$$

O pH de uma solução é convenientemente medido eletronicamente usando-se um peagômetro. Mergulham-se os eletrodos do aparelho na solução a ser testada e lê-se o pH na escala do painel frontal.

Figura 15.1
pH de algumas substâncias comuns.

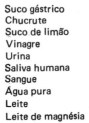
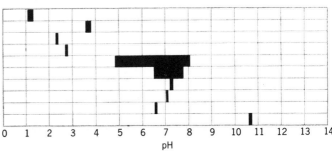

Em uma solução neutra, $[H^+] = [OH^-] = 10^{-7}\ M$ e pH = pOH = 7,0, de modo que, em uma solução neutra, dizemos que o pH = 7,0. Em uma solução ácida, a concentração do íon hidrogênio é maior que $10^{-7}\ M$ (por exemplo, $10^{-3}\ M$) e o pH é menor que 7,0. Do mesmo modo, em soluções básicas, $[H^+]$ é menor que $10^{-7}\ M$ (por exemplo, $10^{-10}\ M$) e o pH é maior que 7,0.

Em resumo:

	$[H^+]$	$[OH^-]$	pH	pOH
Solução ácida	$>10^{-7}$	$<10^{-7}$	<7	>7
Solução neutra	10^{-7}	10^{-7}	7	7
Solução básica	$<10^{-7}$	$>10^{-7}$	>7	<7

Muitos materiais comuns são, também, ácidos ou básicos e seus graus de acidez ou basicidade são convenientemente expressos em termos de pH (Fig. 15.1). Note que os materiais possuindo um pH menor do que 7, isto é, os que são ácidos, têm sabor caracteristicamente azedo. O suco de limão, por exemplo, contém ácido cítrico e o vinagre contém ácido acético. Por outro lado, substâncias básicas, tais como o leite de magnésia (uma suspensão de $Mg(OH)_2$ em água), têm sabor amargo.

Embora o sabor azedo ou amargo seja uma característica sensitiva de se julgar a acidez dos alimentos, nunca prove substâncias químicas no laboratório, pois muitas delas são venenosas e podem estragar sua vida!

Vejamos, agora, alguns exemplos de problemas que implicam cálculos típicos envolvendo pH.

EXEMPLO 15.2 Qual o pH de uma solução de HCl 0,0020 M?

SOLUÇÃO Como o HCl é um ácido forte, podemos escrever

$$[H^+] = 0,0020\ M = 2,0 \times 10^{-3}\ M$$

Sabemos que pH = $-\log[H^+]$; para este problema,

O expoente pode ser considerado um número exato. 10^{-3} significa $10^{-3,000}$.

$$\begin{aligned}
\text{pH} &= -\log(2,0 \times 10^{-3}) = \\
&= -(\log 2,0 + \log 10^{-3}) = \\
&= -[0,30 + (-3)] = \\
&= -(-2,70) = 2,70
\end{aligned}$$

EQUILÍBRIO ÁCIDO-BASE EM SOLUÇÃO AQUOSA / 539

EXEMPLO 15.3 Qual o pH de uma solução de NaOH $5{,}0 \times 10^{-4}$ M?

SOLUÇÃO Os hidróxidos metálicos são bases fortes e, por isso, estão completamente dissociados. Isso significa que a concentração do íon hidróxido na solução é de $5{,}0 \times 10^{-4}$ M. Para calcular o pH podemos proceder de duas formas: (1) Conhecendo K_{H_2O} para a água e o [OH$^-$] para esta solução, podemos calcular [H$^+$] usando a Eq. 15.2 e proceder, então, como foi feito no Ex. 15.2; (2) podemos calcular o pOH da concentração do OH$^-$ e subtrair esse valor do pK_{H_2O}, para obter o pH.

Método 1. Sabemos que

$$K_{H_2O} = [H^+][OH^-]$$

Portanto,

$$[H^+] = \frac{1{,}0 \times 10^{-14}}{5{,}0 \times 10^{-4}} = 0{,}2 \times 10^{-10}$$

ou

$$[H^+] = 2{,}0 \times 10^{-11}\ M$$

Agora, procedendo como no Ex. 15.2,

$$pH = -\log(2{,}0 \times 10^{-11}) =$$
$$= -[0{,}30 + (-11)] =$$
$$= 10{,}70$$

Método 2. Por definição, temos

$$pOH = -\log[OH^-]$$

Para este problema,

$$pOH = -\log(5{,}0 \times 10^{-4}) =$$
$$= -[0{,}70 + (-4)] =$$
$$= 3{,}30$$

O pH será

$$pH = pK_w - pOH =$$
$$= 14{,}00 - 3{,}30 =$$
$$= 10{,}70$$

EXEMPLO 15.4 Constatou-se que uma amostra de suco de laranja possuía um pH de 3,80. Quais eram as concentrações de H$^+$ e OH$^-$, no suco?

SOLUÇÃO A fim de calcular [H$^+$] do pH, devemos inverter o procedimento seguido no Ex. 15.2. Sabemos que

$$pH = -\log[H^+] = 3{,}80$$

ou

$$\log[H^+] = 3{,}80$$

540 / QUÍMICA GERAL

Escrevendo isto como a soma de uma fração decimal mais um número inteiro negativo, temos que − 3,80 é o mesmo que 0,20 mais − 4,00:

$$\log [H^+] = 0,20 + (-4,00)$$

Tirando, agora, o antilogaritmo, visto que 0,20 é o logaritmo de 1,6 e − 4 é o logaritmo de 10^{-4}, podemos escrever

$$\log [H^+] = \log 1,6 + \log 10^{-4}$$

ou

$$\log [H^+] = \log (1,6 \times 10^{-4})$$

Assim,

$$[H^+] = 1,6 \times 10^{-4} \, M$$

Para calcular $[OH^-]$, podemos dividir K_{H_2O} por $[H^+]$:

$$[OH^-] = \frac{1,0 \times 10^{-14}}{1,6 \times 10^{-4}} = 6,3 \times 10^{-11}$$

Alternativamente, poderíamos ter calculado primeiro o pOH da solução:

$$pOH = 14,00 - 3,80 =$$
$$= 10,20$$

Do pOH, podemos obter $[OH^-]$:

$$pOH = -\log [OH^-] = 10,20$$
$$\log [OH^-] = -10,20 = 0,80 - 11,00$$
$$\log [OH^-] = \log (6,3) + \log (10^{-11})$$
$$[OH^-] = 6,3 \times 10^{-11}$$

15.2 DISSOCIAÇÃO DE ELETRÓLITOS FRACOS

Como uma classe, os eletrólitos fracos incluem os ácidos e bases fracas, assim como certos sais (como $HgCl_2$ e $CdSO_4$), que não se dissociam totalmente em solução aquosa. Nas soluções dessas substâncias, há um equilíbrio entre as espécies não dissociadas e seus íons correspondentes. Por exemplo, o ácido acético se ioniza de acordo com a equação

$$HC_2H_3O_2 + H_2O \rightleftharpoons H_3O^+ + C_2H_3O_2^-$$

A expressão de equilíbrio para esta reação será

$$K = \frac{[H_3O^+][C_2H_3O_2^-]}{[HC_2H_3O_2][H_2O]}$$

Em soluções diluídas, a concentração de H_2O não é muito diferente do que na água pura, podendo-se, assim, considerá-la uma constante, que pode ser incluída juntamente com o K, do lado esquerdo do sinal de igual. Dessa forma,

$$K \times [H_2O] = K_a = \frac{[H_3O^+][C_2H_3O_2^-]}{[HC_2H_3O_2]}$$

em que usamos K_a para representar a **constante de dissociação** ou **constante de ionização** do ácido. Esta mesma expressão de equilíbrio pode ser obtida se simplificarmos a dissociação, omitindo o solvente. Assim, para a dissociação do ácido, escreveremos

$$HC_2H_3O_2 \rightleftharpoons H^+ + C_2H_3O_2^-$$

e a expressão de equilíbrio será, então,

$$K_a = \frac{[H^+][C_2H_3O_2^-]}{[HC_2H_3O_2]}$$

Em geral, para qualquer ácido fraco, HA, a reação de dissociação simplificada será assim escrita:

$$HA \rightleftharpoons H^+ + A^-$$

e a constante de dissociação do ácido será dada por

$$K_a = \frac{[H^+][A^-]}{[HA]}$$

Este mesmo tratamento também pode ser aplicado às bases fracas. Normalmente, essas substâncias reagem com a água e capturam um íon hidrogênio. Um exemplo disto é a base fraca amônia.

$$NH_3 + H_2O \rightleftharpoons NH_4^+ + OH^-$$

Se omitimos o solvente, a **constante de ionização da base**, K_b, para esta reação é

$$K_b = \frac{[NH_4^+][OH^-]}{[NH_3]}$$

Em geral, para qualquer base fraca B o equilíbrio de ionização pode ser escrito como

$$B + H_2O \rightleftharpoons BH^+ + OH^-$$

e a expressão para K_b é

$$K_b = \frac{[BH^+][OH^-]}{[B]}$$

A extensão em que um ácido ou uma base fraca sofre ionização, bem como o valor da constante de ionização, deve ser determinada experimentalmente. Um modo de se conseguir isto é medir o pH de uma solução preparada pela dissolução de uma quantidade conhecida do ácido ou da base fraca, em um dado volume da solução, como está ilustrado nos Exs. 15.5 e 15.6. As constantes de dissociação de um número de ácidos e bases fracas estão relacionadas na Tab. 15.1. Vemos, na Tab. 15.1, que os valores de K_a e K_b de ácidos e bases fracas são bastante pequenos, variando de 10^{-2} a 10^{-10}. Lembrando que estes números pequenos podem ser simplificados pela aplicação da notação logarítmica da Eq. 15.3, podemos escrever, para qualquer K_a,

$$pK_a = -\log K_a$$

542 / QUÍMICA GERAL

Tabela 15.1
Constantes de ionização de alguns ácidos e bases fracos

Ácido Fraco	Ionização	K_a	pK_a
Ácido cloroacético	$HC_2H_2O_2Cl \rightleftharpoons H^+ + C_2H_2O_2Cl^-$	$1,4 \times 10^{-3}$	2,85
Ácido fluorídrico	$HF \rightleftharpoons H^+ + F^-$	$6,5 \times 10^{-4}$	3,19
Ácido nitroso	$HNO_2 \rightleftharpoons H^+ + NO_2^-$	$4,5 \times 10^{-4}$	3,35
Ácido fórmico	$HCHO_2 \rightleftharpoons H^+ + CHO_2^-$	$1,8 \times 10^{-4}$	3,74
Ácido lático	$HC_3H_5O_3 \rightleftharpoons H^+ + C_3H_5O_3^-$	$1,38 \times 10^{-4}$	3,86
Ácido benzóico	$HC_7H_5O_2 \rightleftharpoons H^+ + C_7H_5O_2^-$	$6,5 \times 10^{-5}$	4,19
Ácido acético	$HC_2H_3O_2 \rightleftharpoons H^+ + C_2H_3O_2^-$	$1,8 \times 10^{-5}$	4,74
Ácido butírico	$HC_4H_7O_2 \rightleftharpoons H^+ + C_4H_7O_2^-$	$1,5 \times 10^{-5}$	4,82
Ácido nicotínico	$HC_6H_4NO_2 \rightleftharpoons H^+ + C_6H_4NO_2^-$	$1,4 \times 10^{-5}$	4,85
Ácido propiônico	$HC_3H_5O_2 \rightleftharpoons H^+ + C_3H_5O_2^-$	$1,4 \times 10^{-5}$	4,85
Ácido barbitúrico	$HC_4H_3N_2O_3 \rightleftharpoons H^+ + C_4H_3N_2O_3^-$	$1,0 \times 10^{-5}$	5,00
Veronal (ácido dietilbarbitúrico)	$HC_8H_{11}N_2O_3 \rightleftharpoons H^+ + C_8H_{11}N_2O_3^-$	$3,7 \times 10^{-8}$	7,43
Ácido hipocloroso	$HOCl \rightleftharpoons H^+ + OCl^-$	$3,1 \times 10^{-8}$	7,51
Ácido cianídrico	$HCN \rightleftharpoons H^+ + CN^-$	$4,9 \times 10^{-10}$	9,31

Base Fraca	Ionização	K_b	pK_b
Dietilamina	$(C_2H_5)_2NH + H_2O \rightleftharpoons (C_2H_5)_2NH_2^+ + OH^-$	$9,6 \times 10^{-4}$	3,02
Metilamina	$CH_3NH_2 + H_2O \rightleftharpoons CH_3NH_3^+ + OH^-$	$3,7 \times 10^{-4}$	3,43
Amoníaco	$NH_3 + H_2O \rightleftharpoons NH_4^+ + OH^-$	$1,8 \times 10^{-5}$	4,74
Hidrazina	$N_2H_4 + H_2O \rightleftharpoons N_2H_5^+ + OH^-$	$1,7 \times 10^{-6}$	5,77
Hidroxilamina	$NH_2OH + H_2O \rightleftharpoons NH_3OH^+ + OH^-$	$1,1 \times 10^{-8}$	7,97
Piridina	$C_5H_5N + H_2O \rightleftharpoons C_5H_5NH^+ + OH^-$	$1,7 \times 10^{-9}$	8,77
Anilina	$C_6H_5NH_2 + H_2O \rightleftharpoons C_6H_5NH_3^+ + OH^-$	$3,8 \times 10^{-10}$	9,42

e, para qualquer K_b,

$$pK_b = -\log K_b$$

Por exemplo, o pK_a do ácido acético é

$$pK_a = -\log K_a = -\log(1,8 \times 10^{-5})$$
$$= 4,74$$

Para a piridina, um líquido de odor desagradável,

$$pK_b = -\log (1,7 \times 10^{-9})$$
$$= 8,77$$

Da nossa discussão na Seç. 13.2, sabemos que, quanto menor o valor de K_a e de K_b, menor será o grau de ionização e mais fraco será o ácido ou a base. As forças relativas dos ácidos e bases podem também ser indicadas por seus pK_a e pK_b. Nesse caso, quanto menor o valor do pK_a ou do pK_b, mais *forte* é o ácido ou a base. Com-

EQUILÍBRIO ÁCIDO-BASE EM SOLUÇÃO AQUOSA / 543

paremos, por exemplo, os pK_a dos ácidos acético, cloroacético e dicloroacético. Seus pK_a são

$$HC_2H_3O_2 \qquad pK_a = 4,74$$

$$HC_2H_2ClO_2 \qquad pK_a = 2,85$$

$$HC_2HCl_2O_2 \qquad pK_a = 1,30$$

A ordem de aumento de acidez é, portanto,

ácido acético < ácido cloroacético < ácido dicloroacético.

Uma discussão sobre a razão pela qual a acidez dessas substâncias aumenta dessa maneira pode ser encontrada nas págs. 336 e 337.

Vejamos agora alguns exemplos que mostram como estas constantes de equilíbrio podem ser calculadas.

EXEMPLO 15.5 Um estudante preparou uma solução de ácido acético $0,10\ M$, e, experimentalmente, mediu o pH desta solução, encontrando-o igual a 2,88. Calcule o K_a para o ácido acético e determine sua dissociação relativa.

SOLUÇÃO O primeiro passo é escrever a equação de equilíbrio. Assim,

$$HC_2H_3O_2 \rightleftharpoons H^+ + C_2H_3O_2^-$$

Para avaliar K_a, devemos ter as concentrações no equilíbrio, para substituir na expressão

$$K_a = \frac{[H^+]\,[C_2H_3O_2^-]}{[HC_2H_3O_2]}$$

Do pH, podemos obter a concentração de H^+ :

$$pH = -\log [H^+] = 2,88$$
$$\log [H^+] = 0,12 - 3,00$$
$$\log [H^+] = \log 1,3 + \log 10^{-3}$$
$$[H^+] = 1,3 \times 10^{-3}\ M$$

A concentração de $[H^+]$ vem da dissociação do $HC_2H_3O_2$ e, da estequiometria da equação, vemos que as concentrações de H^+ e $C_2H_3O_2^-$ têm que ser iguais, pois eles são formados numa razão de 1 para 1.

$$[H^+] = [C_2H_3O_2^-] = 1,3 \times 10^{-3}\ M$$

A concentração do $HC_2H_3O_2$ não dissociado no equilíbrio é igual à concentração original, $0,10\ M$, *menos* o número de moles por dm^3 do ácido acético que se dissociou. No equilíbrio, então, teremos

	Concentração no Equilíbrio
H^+	$1,3 \times 10^{-3}\ M$
$C_2H_3O_2^-$	$1,3 \times 10^{-3}\ M$
$HC_2H_3O_2$	$1,0 \times 10^{-1} - 0,013 \times 10^{-1} = 1,0 \times 10^{-1}\ M$

544 / QUÍMICA GERAL

Note que, quando calculamos a concentração do ácido acético com o *número apropriado de algarismos significativos*, a quantidade que se dissociou é desprezível quando comparada à quantidade inicialmente presente. Assim,

$$0,10\,M - 0,0013\,M = (0,0987\,M) = 0,10\,M$$

Este valor de K_a difere daquele dado na Tabela 15.1 devido a um erro de "arredondamento".

Substituindo as concentrações no equilíbrio na expressão para K_a, teremos

$$K_a = \frac{(1,3 \times 10^{-3})\,(1,3 \times 10^{-3})}{(1,0 \times 10^{-1})} = 1,7 \times 10^{-5}$$

A dissociação relativa do ácido acético, nesta solução, é encontrada dividindo-se o número de moles por dm^3 de $HC_2H_3O_2$ que se dissociou pela quantidade de ácido acético disponível inicialmente, multiplicando tudo por 100:

$$\text{Dissociação relativa} = \frac{(HC_2H_3O_2 \text{ dissociado em mol dm}^{-3})}{(HC_2H_3O_2 \text{ disponível em mol dm}^{-3})} \times 100$$

$$= \frac{1,3 \times 10^{-3}\,M}{1,0 \times 10^{-1}\,M} \times 100 = 1,3\%$$

EXEMPLO 15.6

Um estudante preparou uma solução de NH_3 $0,010\,M$ e, pela experiência de abaixamento do ponto de congelamento, determinou que o NH_3 sofreu ionização de 4,2%. Calcule o K_b do NH_3.

SOLUÇÃO

A amônia se ioniza em água de acordo com a reação

$$NH_3 + H_2O \rightleftharpoons NH_4^+ + OH^-$$

para a qual se escreve

$$K_b = \frac{[NH_4^+]\,[OH^-]}{[NH_3]}$$

Pela estequiometria da ionização, vemos que, no equilíbrio,

$$[NH_4^+] = [OH^-]$$

A quantidade ionizada por dm^3 é 4,2% de 0,010 $mol\,dm^{-3}$.

Como a solução $0,010\,M$ sofre ionização de 4,2%, o número de moles por dm^3 desses íons presentes no equilíbrio é

$$[NH_4^+] = [OH^-] = 0,042 \times 0,010\,M = 4,2 \times 10^{-4}\,M$$

O número de moles por dm^3 de NH_3, no equilíbrio, será

$$[NH_3] = 1,0 \times 10^{-2} - 0,042 \times 10^{-2} = 0,958 \times 10^{-2}\,M$$

Quando isto é arredondado para o número apropriado de algarismos significativos, temos $[NH_3] = 1,0 \times 10^{-2}\,M$ (uma vez mais, a quantidade de $[NH_3]$ perdida na ionização é desprezível). As concentrações no equilíbrio são, portanto,

	Concentrações no Equilíbrio
NH_4^+	$4,2 \times 10^{-4}\,M$
OH^-	$4,2 \times 10^{-4}\,M$
NH_3	$1,0 \times 10^{-2}\,M$

EQUILÍBRIO ÁCIDO-BASE EM SOLUÇÃO AQUOSA / 545

Quando essas concentrações são substituídas na equação de K_b, temos

$$K_b = \frac{(4,2 \times 10^{-4})\,(4,2 \times 10^{-4})}{(1,0 \times 10^{-2})}$$

ou

$$K_b = 1,8 \times 10^{-5}$$

Nos Exs. 15.5 e 15.6 calculamos K conhecendo as concentrações no equilíbrio. Podemos, também, usar o conhecimento de K para calcular as concentrações numa mistura em equilíbrio. Vejamos alguns exemplos.

EXEMPLO 15.7

Quais são as concentrações de todas as espécies presentes em uma solução de $HC_2H_3O_2$ 0,50 M?

SOLUÇÃO

Primeiro, devemos escrever a equação química para o equilíbrio

$$HC_2H_3O_2 \rightleftharpoons H^+ + C_2H_3O_2^-$$

Da Tab. 15.1, encontramos $K = 1,8 \times 10^{-5}$ para o $HC_2H_3O_2$. Portanto,

$$\frac{[H^+]\,[C_2H_3O_2^-]}{[HC_2H_3O_2]} = 1,8 \times 10^{-5}$$

As quantidades que devem ser substituídas nesta expressão devem representar as concentrações no equilíbrio. Ao obtê-las, podemos construir uma tabela, como foi feito no Cap. 13. Uma solução rotulada $HC_2H_3O_2$ 0,50 M foi preparada por dissolução de 0,50 mol de $HC_2H_3O_2$ em 1,00 dm^3 de solução; assim, o rótulo nos fornece a concentração de ácido acético que existe antes da dissociação. A concentração inicial de $HC_2H_3O_2$ é tida, portanto, como sendo 0,50 M. Inicialmente, a solução não contém $C_2H_3O_2^-$ e podemos desprezar o H^+ da dissociação do H_2O. Portanto, para as finalidades do problema, não há H^+, inicialmente. Sabemos que, no equilíbrio, algum ácido acético em solução terá se dissociado. Portanto, se chamarmos de x o número de moles por dm^3 de $HC_2H_3O_2$ que se dissociou no equilíbrio, teremos formado x mol dm^{-3} de H^+, x mol dm^{-3} de $C_2H_3O_2^-$ e perdido x mol dm^{-3} de $HC_2H_3O_2$. No equilíbrio, tem-se x M de H^+, x M de $C_2H_3O_2^-$ e $(0,50-x)$ M de $HC_2H_3O_2$.

	Concentração Molar Inicial	Variação	Concentração Molar no Equilíbrio
H^+	0,0	$+x$	x
$C_2H_3O_2^-$	0,0	$+x$	x
$HC_2H_3O_2$	0,50	$-x$	$0,50-x$

Substituindo esses valores na expressão do equilíbrio:

$$\frac{(x)\,(x)}{(0,50-x)} = 1,8 \times 10^{-5}$$

Sem simplificação, esta expressão conduz a uma equação do segundo grau que pode ser resolvida usando-se a fórmula correspondente. Contudo, no Ex. 13.11, vimos que é possível, algumas vezes, fazer suposições simplificadoras, que reduzem grandemente o esforço exigido para obter soluções para problemas deste tipo. Como K é pequeno, muito pouco $HC_2H_3O_2$ terá, realmente, sofrido dissociação: assim, x será pequeno. Suponha que x seja desprezível, comparando com 0,50, isto é,

$$0,50 - x \approx 0,50$$

546 / QUÍMICA GERAL

A equação torna-se, então,

$$\frac{x^2}{0,50} = 1,8 \times 10^{-5}$$

ou

$$x = 3,0 \times 10^{-3}$$

Se analisarmos novamente a suposição, veremos que x é, de fato, pequeno, se comparado a 0,50, e que, quando *arredondado para um número apropriado de algarismos significativos*,

$$0,50 - 0,0030 = 0,50$$

Portanto, as concentrações, no equilíbrio, das espécies envolvidas na dissociação do ácido são:

Espécies	Concentração do Equilíbrio (M)
H^+	$3,0 \times 10^{-3}$
$C_2H_3O_2^-$	$3,0 \times 10^{-3}$
$HC_2H_3O_2$	$0,50$

Como o problema pede *todas* as concentrações, devemos, também, calcular o $[OH^-]$ proveniente da dissociação da água. Assim, usamos K_{H_2O}.

$$[OH^-] = \frac{K_{H_2O}}{[H^+]}$$

$$= \frac{1,0 \times 10^{-14}}{3,0 \times 10^{-3}}$$

$$= 3,3 \times 10^{-12} \ M$$

No último exemplo, a única fonte de H^+ e $C_2H_3O_2^-$ era a da dissociação do ácido fraco. O Ex. 15.8 mostra como abordar um problema que envolve uma solução em que há duas fontes de um mesmo íon.

EXEMPLO 15.8

Quais são as concentrações de H^+, $C_2H_3O_2^-$ e $HC_2H_3O_2$ em uma solução preparada pela dissolução de 0,10 moles de $NaC_2H_3O_2$ e 0,20 moles de $HC_2H_3O_2$, em água suficiente para completar um volume total de $1,00 \ dm^3$?

SOLUÇÃO

Aqui há apenas um equilíbrio com o qual nos devemos preocupar:

$$HC_2H_3O_2 \rightleftharpoons H^+ + C_2H_3O_2^-$$

$$\frac{[H^+] [C_2H_3O_2^-]}{[HC_2H_3O_2]} = 1,8 \times 10^{-5}$$

É muito importante não se esquecer de que os sais são eletrólitos fortes.

Quando o $NaC_2H_3O_2$ se dissolve, se dissocia completamente. É importante lembrar que quase todos os sais estão 100% dissociados em solução. Portanto, $0,10 \ mol \ dm^{-3}$ de $NaC_2H_3O_2$ produzem $0,10 \ mol \ dm^{-3}$ de Na^+ e $0,10 \ mol \ dm^{-3}$ de $C_2H_3O_2^-$. Nós só estamos interessados no $C_2H_3O_2^-$; o Na^+ é, simplesmente, um *íon expectador*. As concentrações iniciais que nos interessam são encontradas na primeira coluna da tabela. Como nenhum H^+ está presente, algum $HC_2H_3O_2$ deve se ionizar; assim, seja x = número de moles por dm^3 de $HC_2H_3O_2$ que se dissocia para dar H^+ e $C_2H_3O_2^-$. Isto aumentará $[H^+]$ e $[C_2H_3O_2^-]$ de uma quantidade igual a x e

EQUILÍBRIO ÁCIDO-BASE EM SOLUÇÃO AQUOSA / 547

reduzirá $[HC_2H_3O_2]$ de x. As concentrações, no equilíbrio, são encontradas na última coluna da tabela.

	Concentração Molar Inicial	Variação	Concentração Molar Final
H^+	0,0	$+x$	x
$C_2H_3O_2^-$	0,10	$+x$	$0,10 + x \approx 0,10$
$HC_2H_3O_2$	0,20	$-x$	$0,20 - x \approx 0,20$

Como antes, devemos olhar para K_a e concluir que x, provavelmente, será pequeno. Imaginemos que $0,10 + x \approx 0,10$ e $0,20 - x \approx 0,20$. Substituindo na expressão de K_a, teremos

$$\frac{(x)\,(0,10)}{(0,20)} = 1,8 \times 10^{-5}$$

$$x = 3,6 \times 10^{-5}$$

Note que x é pequeno, quando comparado a 0,10 ou 0,20. Isto justifica nossa suposição. Finalmente, as concentrações, no equilíbrio, são

$$[H^+] = 3,6 \times 10^{-5}\ M$$

$$[C_2H_3O_2^-] = 0,10\ M$$

$$[HC_2H_3O_2] = 0,20\ M$$

EXEMPLO 15.9

Qual o pH de uma solução que contém HCl $0,10\ M$ e $HC_2H_3O_2$? Para o ácido acético, $K_a = 1,8 \times 10^{-5}$.

SOLUÇÃO

Esse tipo de problema confunde muitos estudantes, pois eles esquecem que o HCl é um ácido forte e, por isso, um ácido completamente ionizado. Isto significa que a solução contém H^+ $0,10\ M$ vindo do HCl mais uma pequena porção vinda do ácido fraco $HC_2H_3O_2$. Se tomarmos x como sendo o número de moles por dm^3 de $HC_2H_3O_2$ que se ioniza pela reação

$$HC_2H_3O_2 \rightleftharpoons H^+ + C_2H_3O_2^-$$

poderemos construir a seguinte tabela de concentrações:

	Concentração Molar Inicial	Variação	Concentração Molar no Equilíbrio
H^+	0,10	$+x$	$0,10 + x \approx 0,10$
$C_2H_3O_2^-$	0	$+x$	x
$HC_2H_3O_2$	0,10	$-x$	$0,10 - x \approx 0,10$

Como esperamos que x seja pequeno, assumimos que $0,10 \pm x \approx 0,10$. Agora, fazendo a substituição na expressão de K_a, teremos

$$1,8 \times 10^{-5} = K_a = \frac{[H^+]\,[C_2H_3O_2^-]}{[HC_2H_3O_2]}$$

$$1,8 \times 10^{-5} = \frac{(0,10)\,(x)}{(0,10)}$$

$$x = 1,8 \times 10^{-5}$$

548 / QUÍMICA GERAL

Vemos, agora, que x é, na verdade, pequeno quando comparado com 0,10 e, por isso, na solução $[H^+] = 0,10\ M$. Isto nos dá um pH de 1,00.

15.3 DISSOCIAÇÃO DE ÁCIDOS POLIPRÓTICOS

Os ácidos que contêm mais de um átomo de hidrogênio que podem ser perdidos na dissociação são conhecidos como ácidos polipróticos. Alguns exemplos de ácidos polipróticos são o H_2SO_4 e o H_2S, os quais contêm dois hidrogênios ionizáveis, e o H_3PO_4, que contém três. Consideremos que estes ácidos perdem seus hidrogênios, um de cada vez, por etapas. Assim, escreveremos duas etapas para a dissociação do ácido sulfúrico, cada uma com a equação correspondente ao seu K_a:

$$H_2SO_4 \rightleftharpoons H^+ + HSO_4^- \qquad K_{a_1} = \frac{[H^+][HSO_4^-]}{[H_2SO_4]}$$

$$HSO_4^- \rightleftharpoons H^+ + SO_4^{2-} \qquad K_{a_2} = \frac{[H^+][SO_4^{2-}]}{[HSO_4^-]}$$

Para o H_2S,

$$H_2S \rightleftharpoons H^+ + HS^- \qquad K_{a_1} = \frac{[H^+][HS^-]}{[H_2S]} \qquad [15.5]$$

$$HS^- \rightleftharpoons H^+ + S^{2-} \qquad K_{a_2} = \frac{[H^+][S^{2-}]}{[HS^-]} \qquad [15.6]$$

As três etapas da dissociação do H_3PO_4 são assim escritas:

$$H_3PO_4 \rightleftharpoons H^+ + H_2PO_4^- \qquad K_{a_1} = \frac{[H^+][H_2PO_4^-]}{[H_3PO_4]}$$

$$H_2PO_4^- \rightleftharpoons H^+ + HPO_4^{2-} \qquad K_{a_2} = \frac{[H^+][HPO_4^{2-}]}{[H_2PO_4^-]}$$

$$HPO_4^{2-} \rightleftharpoons H^+ + PO_4^{3-} \qquad K_{a_3} = \frac{[H^+][PO_4^{3-}]}{[HPO_4^{2-}]}$$

Tabela 15.2
Etapas de dissociação de alguns ácidos polipróticos, a 25°C

Ácido	Etapas de Dissociação	Constante de Dissociação para Cada Etapa	pK_a
Fosfórico	$H_3PO_4 \rightleftharpoons H^+ + H_2PO_4^-$	$K_{a_1} = 7,5 \times 10^{-3}$	2,13
	$H_2PO_4^- \rightleftharpoons H^+ + HPO_4^{2-}$	$K_{a_2} = 6,2 \times 10^{-8}$	7,21
	$HPO_4^{2-} \rightleftharpoons H^+ + PO_4^{3-}$	$K_{a_3} = 2,2 \times 10^{-12}$	11,66
Sulfúrico	$H_2SO_4 \rightleftharpoons H^+ + HSO_4^-$	$K_{a_1} =$ muito grande	<0
	$HSO_4^- \rightleftharpoons H^+ + SO_4^{2-}$	$K_{a_2} = 1,2 \times 10^{-2}$	1,92
Sulfuroso	$H_2SO_3 \rightleftharpoons H^+ + HSO_3^-$	$K_{a_1} = 1,5 \times 10^{-2}$	1,82
	$HSO_3^- \rightleftharpoons H^+ + SO_3^{2-}$	$K_{a_2} = 1,0 \times 10^{-7}$	7,00
Sulfídrico	$H_2S \rightleftharpoons H^+ + HS^-$	$K_{a_1} = 1,1 \times 10^{-7}$	6,96
	$HS^- \rightleftharpoons H^+ + S^{2-}$	$K_{a_2} = 1,0 \times 10^{-14}$	14,00
Carbônico	$H_2CO_3 \rightleftharpoons H^+ + HCO_3^-$	$K_{a_1} = 4,3 \times 10^{-7}$	6,37
	$HCO_3^- \rightleftharpoons H^+ + CO_3^{2-}$	$K_{a_2} = 5,6 \times 10^{-11}$	10,26
Ascórbico (Vitamina C)	$H_2C_6H_6O_6 \rightleftharpoons H^+ + HC_6H_6O_6^-$	$K_{a_1} = 7,9 \times 10^{-5}$	4,10
	$HC_6H_6O_6^- \rightleftharpoons H^+ + C_6H_6O_6^{2-}$	$K_{a_2} = 1,6 \times 10^{-12}$	11,79

EQUILÍBRIO ÁCIDO-BASE EM SOLUÇÃO AQUOSA / 549

A Tab. 15.2 contém uma lista de alguns ácidos polipróticos e suas constantes de dissociação de cada etapa. Vemos, nesta tabela, que, para o ácido sulfúrico, a primeira etapa de dissociação é quase completa, enquanto que a segunda fase da dissociação ocorre, apenas, num grau relativamente limitado. Por causa da dissociação quase completa em sua primeira etapa, o ácido sulfúrico é considerado um ácido forte. Vemos, também, que, em geral, a primeira etapa da dissociação desses ácidos ocorre com um valor mais elevado de K_a e que cada etapa sucessiva apresenta um valor de K_a sempre decrescente. Esta tendência de decréscimo do K_a é razoável, considerando-se que seria mais fácil remover um íon H^+ de uma espécie não carregada, o que, progressivamente, se torna mais difícil, à medida que a carga negativa do íon aumenta.

Como o equilíbrio envolvendo ácidos polipróticos é mais complexo do que o dos ácidos monopróticos, os cálculos desse equilíbrio são, de certo modo, mais complicados. O exemplo seguinte mostra, contudo, que se podem fazer algumas generalizações, no sentido de simplificar a resolução deste tipo de problema.

EXEMPLO 15.10

O sulfeto de hidrogênio, H_2S, é um gás produzido pela decomposição anaeróbica (ação de bactérias em ausência de ar) de compostos orgânicos. Seu odor desagradável é responsável pelo terrível cheiro de ovos podres. Em água, o H_2S é um ácido diprótico fraco. Quais são as concentrações de equilíbrio do H^+, HS^- e H_2S em uma solução aquosa saturada (0,10 M) de H_2S?

SOLUÇÃO

Os equilíbrios envolvidos são mostrados nas Eqs. 15.5 e 15.6. Pela Tab. 15.2, as constantes de equilíbrio têm os seguintes valores: $K_{a_1} = 1,1 \times 10^{-7}$ e $K_{a_2} = 1,0 \times 10^{-14}$.

Como K_{a_1} é *muito maior* que K_{a_2}, podemos seguramente supor que quase todo íon hidrogênio na solução é derivado da primeira etapa de dissociação. Além disso, apenas muito pouco do HS^- formado sofrerá dissociação posterior. Com base nesta suposição, calcularemos as concentrações de H^+ e HS^-, usando somente a expressão de K_{a_1}:

$$K_{a_1} = \frac{[H^+][HS^-]}{[H_2S]}$$

Se tornarmos x igual ao número de moles por dm^3 de H_2S que se dissocia, iremos obter, pela estequiometria da primeira etapa, x mol dm^{-3} de H^+ de x mol dm^{-3} de HS^-. No equilíbrio, teremos $(0,10 - x)$ mol dm^{-3} de H_2S remanescente.

	Concentração Molar Inicial	Variação	Concentração Molar no Equilíbrio
H^+	0,0	$+x$	x
HS^-	0,0	$+x$	x
H_2S	0,10	$-x$	$0,10 - x \approx 0,10$

Note que, como antes, em virtude de K_{a_1} ser muito pequeno, podemos supor que x será desprezível, se comparado a 0,10, e escrever

$$[H_2S] = 0,10 - x \approx 0,10\,M$$

Substituindo estas quantidades no equilíbrio na expressão de K_{a_1}, teremos

$$\frac{(x)(x)}{0,10} = 1,1 \times 10^{-7}$$

$$x^2 = 1,1 \times 10^{-8}$$

$$x = 1,0 \times 10^{-4}$$

550 / QUÍMICA GERAL

As concentrações, no equilíbrio, desta primeira dissociação são, portanto,

$$[H^+] = 1,0 \times 10^{-4} \, M$$
$$[HS^-] = 1,0 \times 10^{-4} \, M$$
$$[H_2S] = 0,10 - 1,0 \times 10^{-4} = 0,10 \, M$$

Vemos que a nossa aproximação para a concentração do H_2S é válida, porque $1,0 \times 10^{-4}$ é, de fato, desprezível, se comparado a 0,10.

Empregando K_{a_2}, podemos calcular a concentração do S^{2-}:

$$HS^- \rightleftharpoons H^+ + S^{2-}$$

e

$$K_{a_2} = \frac{[H^+][S^{2-}]}{[HS^-]}$$

Se tomarmos y igual ao número de moles por dm^3 de HS^- que se dissocia, então, pela estequiometria desta segunda etapa de dissociação, o número de moles por dm^3 de H^+ e de S^{2-} produzidos será, também, y. Assim, a concentração total do íon hidrogênio, proveniente da primeira e da segunda dissociações, será $[H^+] = (1,0 \times 10^{-4} + y)$ e a concentração do HS^- que permanece no equilíbrio será $(1,0 \times 10^{-4} - y)$. Para esta segunda dissociação, teremos

	Concentrações "Inicial"	Variação	Concentrações no Equilíbrio
H^+	$1,0 \times 10^{-4}$	$+ y$	$1,0 \times 10^{-4} + y$
S^{2-}	$0,0$	$+ y$	y
HS^-	$1,0 \times 10^{-4}$	$- y$	$1,0 \times 10^{-4} - y$

Estas quantidades podem ser simplificadas, reconhecendo-se que K_{a_2} é, também, muito pequeno e que a porção de HS^- que se dissocia será, do mesmo modo, muito pequena. Portanto, podemos supor que y será desprezível, se comparado a $1,0 \times 10^{-4}$. As concentrações no equilíbrio tornam-se, então,

$$[H^+] = 1,0 \times 10^{-4} + y \approx 1,0 \times 10^{-4} \, M$$
$$[S^{2-}] = y$$
$$[HS^-] = 1,0 \times 10^{-4} - y \approx 1,0 \times 10^{-4} \, M$$

Fazendo uma substituição, obteremos

Note que o valor de y é muito menor do que o valor de x, obtido para a primeira etapa de dissociação.

$$K_{a_2} = \frac{(1,0 \times 10^{-4})\,(y)}{(1,0 \times 10^{-4})} = 1,0 \times 10^{-14}$$
$$y = 1,0 \times 10^{-14}$$

Portanto,

$$[S^{2-}] = 1,0 \times 10^{-14} \, M$$

Resumindo as concentrações de todas as espécies presentes no equilíbrio, quando uma solução de H_2S $0,10 \, M$ se dissocia, são

$$[H^+] = 1,0 \times 10^{-4} \, M$$
$$[HS^-] = 1,0 \times 10^{-4} \, M$$
$$[S^{2-}] = 1,0 \times 10^{-14} \, M$$
$$[H_2S] = 0,10 \, M$$

EQUILÍBRIO ÁCIDO-BASE EM SOLUÇÃO AQUOSA / 551

Notamos por esse último exemplo que, em qualquer solução contendo apenas H_2S como soluto, a concentração do íon sulfeto é igual a K_{a_2}. De fato, para qualquer ácido poliprótico, em que $K_{a_2} \ll K_{a_1}$, a concentração do ânion formado na segunda dissociação será sempre igual a K_{a_2}, com a condição de que, naturalmente, o ácido seja o único soluto. Por exemplo, K_{a_2} para o H_3PO_4 tem um valor de $6,2 \times 10^{-8}$ e, em uma solução contendo apenas H_3PO_4 e H_2O, a concentração de $HPO_4{}^{2-}$ é $6,2 \times 10^{-8}\ M$.

As soluções saturadas de H_2S são usadas, algumas vezes, em análises químicas, para identificar a presença de certos cátions pela formação de um precipitado de um sulfeto insolúvel. Nestas análises, a concentração do S^{2-} é crítica e, portanto, deve ser controlada. Pela aplicação do princípio de Le Châtelier à dissociação do H_2S, vemos que qualquer aumento na concentração do H^+ (talvez pela adição de um ácido forte) causará um deslocamento do equilíbrio para a esquerda, favorecendo a formação de mais H_2S e diminuindo a concentração das espécies S^{2-} e HS^-. Inversamente, baixando-se a concentração do H^+, aumentam as concentrações de $[HS^-]$ e $[S^{2-}]$. Assim, podemos controlar a concentração do S^{2-} de uma solução saturada com H_2S variando a concentração de H^+. Uma equação útil, que expressa a relação existente entre H^+ e S^{2-} em uma solução de H_2S, pode ser derivada multiplicando-se K_{a_1} por K_{a_2} para o H_2S.

Assim,

$$K_a = K_{a_1} \times K_{a_2} = \frac{[H^+][\cancel{HS^-}]}{[H_2S]} \times \frac{[H^+][S^{2-}]}{[\cancel{HS^-}]}$$

$$= \frac{[H^+]^2[S^{2-}]}{[H_2S]} = 1,1 \times 10^{-21} \qquad [15.7]$$

Uma palavra de cautela com respeito ao uso da Eq. 15.7 é conveniente. *Esta equação pode ser usada apenas em situações em que duas das três concentrações sejam dadas e se deseje calcular a terceira.* Ela não pode ser usada para se determinar, por exemplo, as concentrações de H^+ e S^{2-} em soluções de concentrações conhecidas de H_2S. Podemos verificar isto por nós mesmos, usando-a para calcular as concentrações de H^+ e S^{2-} que estejam presentes em uma solução de H_2S $0,10\ M$, comparando, depois, as respostas com as que calculamos usando as duas constantes de dissociação. O uso adequado desta equação 15.7 está ilustrado no Ex. 15.11.

Esteja certo de quando você pode e não pode usar a Eq. 15.7.

EXEMPLO 15.11 Calcule a concentração de S^{2-} em uma solução saturada $(0,10\ M)$ de H_2S, cujo pH foi ajustado para 2,00, pela adição de HCl.

SOLUÇÃO Como esta é uma solução saturada de H_2S, com uma concentração conhecida de H^+, podemos usar a Eq. 15.7.

$$K_a = \frac{[H^+]^2\ [S^{2-}]}{[H_2S]}$$

Rearranjando esta equação e resolvendo para $[S^{2-}]$, teremos

$$[S^{2-}] = \frac{K_a\ [H_2S]}{[H^+]^2}$$

552 / QUÍMICA GERAL

Pelo pH desta solução ácida, calculamos que $[H^+] = 1,0 \times 10^{-2}\,M$; como a solução está saturada de H_2S, sabemos que $[H_2S] = 0,10\,M$. Substituindo estes valores e o valor de K_a na equação, obteremos

$$[S^{2-}] = \frac{(1,1 \times 10^{-21})\,(1,0 \times 10^{-1})}{(1,0 \times 10^{-2})^2}$$

ou

$$[S^{2-}] = 1,1 \times 10^{-18}\,M$$

15.4 TAMPÕES

Qualquer solução que contenha um ácido fraco e uma base fraca tem a capacidade de absorver pequenas quantidades de um ácido forte ou de uma base forte com uma variação muito pequena no pH. Quando pequenas quantidades de um ácido forte são adicionadas, elas são neutralizadas pela base fraca, enquanto que pequenas quantidades de uma base forte são neutralizadas pelo ácido fraco. Tais soluções são chamadas **tampões**, pois elas resistem a variações significativas no pH.

Um tampão cujo pH seja menor que 7, geralmente, pode ser preparado misturando-se um ácido fraco com um sal derivado do ácido fraco, como, por exemplo, ácido acético e acetato de sódio. Um tampão cujo pH seja maior que 7, geralmente, pode ser preparado misturando-se uma base fraca com um sal derivado da base fraca, como, por exemplo, amônia e cloreto de amônio. Quando H^+ ou OH^- são adicionados ao tampão ácido acético-acetato, ocorrem as seguintes reações de neutralização:

O ácido acético é um ácido fraco e o íon acetato é a sua base fraca conjugada.

$$H^+ + C_2H_3O_2^- \longrightarrow HC_2H_3O_2$$

$$OH^- + HC_2H_3O_2 \longrightarrow H_2O + C_2H_3O_2^-$$

Do mesmo modo, para o tampão alcalino NH_3, NH_4Cl, temos

$$H^+ + NH_3 \longrightarrow NH_4^+$$

A amônia é uma base fraca e o íon amônio é o seu ácido fraco conjugado.

e

$$OH^- + NH_4^+ \longrightarrow H_2O + NH_3$$

Em um tampão ácido, a concentração de H^+ (e o pH) são determinados pelas concentrações relativas do ácido fraco e sua base conjugada (que é o ânion). Por exemplo, para o ácido acético, temos

$$K_a = \frac{[H^+][C_2H_3O_2^-]}{[HC_2H_3O_2]}$$

Resolvendo para o $[H^+]$, temos

$$[H^+] = K_a\left(\frac{[HC_2H_3O_2]}{[C_2H_3O_2^-]}\right) \qquad [15.8]$$

Para calcular $[H^+]$ e, então, o pH, devemos conhecer o K_a para o ácido fraco (pela Tab. 15.1), bem como a razão entre as concentrações do ácido fraco e do seu ânion.

Como os sais se dissociam completamente em solução aquosa, o número de moles do ânion desta fonte é determinado pela fórmula do sal e pelo número de moles do sal dissolvido. Assim, uma solução de $NaC_2H_3O_2$ $1,0\,M$ contém $1,0$ mol dm^{-3} de $C_2H_3O_2^-$, enquanto que uma solução de $Ca(C_2H_3O_2)_2$ $1,0\,M$ contém $2,0$ mol

EQUILÍBRIO ÁCIDO-BASE EM SOLUÇÃO AQUOSA / 553

dm^{-3} de $C_2H_3O_2^-$. No tampão, haverá, também, uma quantidade adicional de íon acetato, vindo da dissociação do $HC_2H_3O_2$. As quantidades de H^+ e $C_2H_3O_2^-$ provenientes desta fonte são muito pequenas, mesmo em soluções contendo apenas ácido acético, e esta pequena quantidade é reduzida mais ainda no tampão, por causa da presença da grande concentração de $C_2H_3O_2^-$ do sal.[2] A concentração total de ânions no tampão, portanto, é determinada, essencialmente, pela concentração do sal, visto que a contribuição para a dissociação do ácido fraco é desprezível. Como em nossos cálculos anteriores sobre ácidos fracos, a concentração do $HC_2H_3O_2$ não será reduzida apreciavelmente por sua dissociação e, em uma mistura de $NaC_2H_3O_2$ 1,0 M e $HC_2H_3O_2$ 1,0 M, por exemplo, as concentrações do ácido molecular e do ânion serão 1,0 M. A concentração de H^+ nesse tampão será encontrada pela Eq. 15.8 usando-se $K_a = 1,8 \times 10^{-5}$ (Tab. 15.1).

$$[H^+] = (1,8 \times 10^{-5}) \frac{1,0}{1,0} = 1,8 \times 10^{-5} \, M$$

O pH desta solução é 4,74.

Se você estiver fazendo um curso de biologia ou bioquímica, você irá encontrar, provavelmente, uma equação derivada (essencialmente) da Eq. 15.8.

$$pH = pK_a + \log \frac{[\text{ânion}]}{[\text{ácido}]} \qquad [15.9]$$

Essa equação é chamada de **equação de Henderson-Hasselbalch**.[3] Para o ácido acético, $pK_a = 4,74$, e para um tampão possuindo $[HC_2H_3O_2] = [C_2H_3O_2^-] = 1,0 \, M$,

$$pH = 4,74 + \log \left(\frac{1,0}{1,0} \right)$$

$$= 4,74 + \log 1$$

log 1 = 0.

$$= 4,74$$

Como antes, encontramos o pH igual a 4,74.

Devemos observar que, quando as concentrações do ácido e do ânion são as mesmas, em um tampão, a concentração de H^+ na solução é igual ao K_a do ácido fraco e $pH = pK_a$. Assim, se um tampão foi preparado misturando-se 0,1 mol de ácido fórmico ($K_a = 1,8 \times 10^{-4}$, da Tab. 15.1) e 0,1 mol de formiato de sódio em um dm^3 de solução, a concentração de H^+ resultante será

$$[H^+] = 1,8 \times 10^{-4} \, M$$

---

[2] Isto pode ser visto, facilmente, pela aplicação do princípio de Le Châtelier para a dissociação do $HC_2H_3O_2$. A presença do íon acetato do sal faz com que o equilíbrio de dissociação do ácido seja deslocado para a esquerda e, realmente, reprime a dissociação.

[3] Uma equação similar que pode ser aplicada a um tampão básico (como, por exemplo, NH_3, NH_4Cl) é

$$pOH = pK_b + \log \frac{[\text{cátion, } BH^+]}{[\text{base, } B]}$$

554 / QUÍMICA GERAL

e o

$$pH = 3,74$$

Podemos, também, usar a Eq. 15.8 ou 15.9 para calcular as concentrações do ácido e do sal que seriam necessárias para atingir um certo pH tampão. Isto está ilustrado no Ex. 15.12.

EXEMPLO 15.12

Qual a razão entre as concentrações do ácido acético e do acetato de sódio necessária para preparar um tampão cujo pH seja 5,70?

SOLUÇÃO

Para resolver este problema, necessitamos rearranjar novamente a Eq. 15.8 a fim de encontrar a razão entre as concentrações. Assim,

$$\frac{[HC_2H_3O_2]}{[C_2H_3O_2^-]} = \frac{[H^+]}{K_a}$$

A concentração do H^+, quando o pH é 5,70, é

$$[H^+] = 2,0 \times 10^{-6} \ M$$

Portanto,

$$\frac{[HC_2H_3O_2]}{[C_2H_3O_2^-]} = \frac{2,0 \times 10^{-6}}{1,8 \times 10^{-5}} = \frac{2,0 \times 10^{-6}}{18 \times 10^{-6}}$$

ou

$$\frac{[HC_2H_3O_2]}{[C_2H_3O_2^-]} = \frac{1}{9}$$

Sempre que esta relação for mantida, o pH de um tampão ácido acético-acetato de sódio será 5,70. Por exemplo, se 0,2 mol de $HC_2H_3O_2$ e 1,8 mol de $NaC_2H_3O_2$ são colocados em 1 dm^3 de solução, o pH será 5,70. Este mesmo pH será encontrado se 0,1 mol de $HC_2H_3O_2$ e 0,9 mol de $NaC_2H_3O_2$ forem utilizados.

Vimos que, pelo ajuste da razão de concentrações entre o ácido fraco e um de seus sais, pode ser preparado um tampão com qualquer pH desejado. Por exemplo, um tampão composto de 0,01 mol de $HC_2H_3O_2$ e 1,00 mol de $NaC_2H_3O_2$ terá um pH de 6,74. Contudo, quando uma pequena quantidade, como 0,01 mol, de uma base é adicionada a este tampão, todo o ácido acético é neutralizado e resulta numa grande modificação no pH do tampão. Dizemos, portanto, que *a faixa de pH mais efetiva para qualquer tampão está sobre, ou próxima, do pH em que as concentrações do ácido e do sal são iguais (isto é, o pK_a)*. Em princípio, para a ação ser mais efetiva, as quantidades de ácido fraco e base fraca usadas para preparar o tampão devem ser consideravelmente maiores que as quantidades de ácido ou base que possam, posteriormente, ser adicionadas ao tampão.

Quanto maiores as concentrações dos componentes do tampão, maior a sua eficiência em resistir às variações de pH.

Vejamos, agora, o que acontece quando uma pequena quantidade de ácido ou de base é adicionada a um tampão de ácido acético-acetato de sódio, cujo pH inicial é 4,74. Neste tampão, as concentrações do $HC_2H_3O_2$ e do $C_2H_3O_2^-$ são as mesmas e iguais a 1,00 M e calcula-se que $[H^+]$ seja de $1,8 \times 10^{-5}$. Que acontecerá com o valor do pH, se adicionarmos 0,20 mol de HCl a 1 dm^3 desse tampão?

Quando um ácido forte como o HCl é adicionado, seus H^+ reagem com o íon acetato.

EQUILÍBRIO ÁCIDO-BASE EM SOLUÇÃO AQUOSA / 555

$$H^+ + C_2H_3O_2^- \longrightarrow HC_2H_3O_2$$

Isso diminui a concentração de $C_2H_3O_2^-$ e aumenta a concentração de $HC_2H_3O_2$. A seguir, estão o número de moles por dm^3 de todas as espécies, antes e após a adição.

Inicial	Final
$[H^+] = 1,8 \times 10^{-5}\ M$	$[H^+] = x$
$[C_2H_3O_2^-] = 1,00\ M$	$[C_2H_3O_2^-] = 1,00 - 0,20\ M = 0,80\ M$
$[HC_2H_3O_2] = 1,00\ M$	$[HC_2H_3O_2] = 1,00 + 0,20\ M = 1,20\ M$

Substituindo estas concentrações finais na Eq. 15.8, temos

$$[H^+] = (1,8 \times 10^{-5}) \times \left(\frac{1,20}{0,80}\right)$$

$$= 2,7 \times 10^{-5}\ M$$

O pH do tampão, depois que 0,20 mol de H^+ foram adicionados, é 4,57. O pH do tampão variou de apenas 0,17 unidades de pH do seu pH inicial de 4,74.

Suponhamos, agora, que adicionamos 0,20 mol de H^+ a 1 dm^3 de uma solução de HCl com pH = 4,74 (isto é, uma solução de HCl, $1,8 \times 10^{-5}\ M$). Como o Cl^- não tem, virtualmente, qualquer tendência para reagir com o H^+, a concentração final de H^+ será 0,20 M $(0,20 + 1,8 \times 10^{-5} = 0,20)$ e o pH da solução será 0,70. A variação do pH, nesse caso, é de 4,04 unidades de pH, em oposição a uma variação de apenas 0,17 unidades de pH, quando a mesma quantidade de H^+ é adicionada ao tampão.

As adições de base forte são, também, absorvidas pelo tampão. Quando 0,20 mol de OH^- são adicionados a 1 dm^3 do tampão original este é neutralizado de acordo com a reação

$$OH^- + HC_2H_3O_2 \longrightarrow H_2O + C_2H_3O_2^-$$

O número de moles por dm^3 antes da adição é o mesmo que acima, porém o número de moles por dm^3 depois que 0,20 mol de OH^- são adicionados será

Concentrações Após a Adição de 0,20 mol de OH^-
$[H^+] = x$
$[C_2H_3O_2^-] = 1,00 + 0,20 = 1,20\ M$
$[HC_2H_3O_2] = 1,00 - 0,20 = 0,80\ M$

Substituindo esses valores na Eq. 15.8, verificamos que a concentração de H^+, depois da adição, é $1,2 \times 10^{-5}\ M$ e o pH resultante é 4,92 ou, uma vez mais, uma variação de 0,17 unidades de pH. Finalmente, notamos que a adição de um ácido ao tampão reduz o pH, enquanto que a adição de uma base eleva o pH. Embora a variação no pH seja pequena, a direção da variação é a esperada.

EXEMPLO 15.13 Um tampão foi preparado misturando-se 200 cm^3 de uma solução de NH_3 0,60 M e 300 cm^3 de uma solução de NH_4Cl 0,30 M. (a) Qual o pH deste tampão, supondo-se um volume final de 500 cm^3? (b) Qual será o pH, depois que forem adicionados 0,020 mol de H^+?

556 / QUÍMICA GERAL

SOLUÇÃO O número de moles de NH_3 adicionados a esta solução é

$$\left(0,60 \ \frac{mol}{dm^3}\right) \times 0,200 \ dm^3 = 0,12 \ mol$$

e o número de moles de NH_4^+ adicionados é

$$\left(0,30 \ \frac{mol}{dm^3}\right) \times 0,300 \ dm^3 = 0,090 \ mol$$

Portanto, as concentrações desses íons em $500 \ cm^3$ são:

$$[NH_3] = \frac{0,12 \ mol}{0,500 \ dm^3} = 0,24 \ M$$

$$[NH_4^+] = \frac{0,090 \ mol}{0,500 \ dm^3} = 0,18 \ M$$

(a) A concentração de OH^- para este tampão alcalino é encontrada usando-se o K_b do CH_3:

$$NH_3 + H_2O \rightleftharpoons NH_4^+ + OH^-$$

$$K_b = \frac{[NH_4^+] \ [OH^-]}{[NH_3]}$$

Rearranjando e resolvendo para $[OH^-]$, teremos

$$[OH^-] = K_b \ \frac{[NH_3]}{[NH_4^+]}$$

Substituindo K_b para o NH_3 pela Tab. 15.1 e as concentrações de NH_3 e NH_4^+ para este tampão, nesta equação, obteremos

$$[OH^-] = (1,8 \times 10^{-5}) \times \left(\frac{0,24}{0,18}\right) = 2,4 \times 10^{-5} \ M$$

$$pOH = 4,62$$

$$pH = 9,38$$

(b) A reação de neutralização do H^+, neste tampão, é

$$H^+ + NH_3 \rightarrow NH_4^+$$

$0,020 \ mol$ de H^+ estão sendo adicionados a $500 \ cm^3$ ou $0,040 \ mol$ de H^+ por dm^3. Portanto, as concentrações, antes e depois da adição do ácido, são

Inicial	Final
$[OH^-] = 2,4 \times 10^{-5} \ M$	$[OH^-] = x$
$[NH_3] = 0,24 \ M$	$[NH_3] = 0,24 - 0,040 \ M = 0,20 \ M$
$[NH_4^+] = 0,18 \ M$	$[NH_4^+] = 0,18 + 0,040 \ M = 0,22 \ M$

e a concentração de OH^- é

$$[OH^-] = (1,8 \times 10^{-5}) \times \left(\frac{0,20}{0,22}\right) = 1,6 \times 10^{-5} \ M$$

$$pOH = 4,80$$

O pH é, portanto, $9,20$, com um decréscimo de $0,18$ unidades de pH.

EQUILÍBRIO ÁCIDO-BASE EM SOLUÇÃO AQUOSA / 557

O HCO_3^- é por si só um tampão. Na fotografia no início do capítulo, o $NaHCO_3$ está sendo adicionado a uma piscina para controlar o pH da água.

Os tampões encontram muitas aplicações importantes. Os sistemas vivos empregam tampões para manter quase constante o pH, de modo que as reações bioquímicas possam ocorrer corretamente. Por exemplo, o sangue contém, entre outras coisas, um sistema tampão H_2CO_3/HCO_3^- que mantém o pH em 7,4.

Nos laboratórios, muitas reações químicas inorgânicas e orgânicas são realizadas em soluções tamponadas, para diminuir quaisquer efeitos adversos causados por ácidos ou bases que possam ser consumidos ou produzidos durante a reação.

15.5 HIDRÓLISE

Foi mostrado, na Seç. 6.6, que há produção de sais durante uma reação de neutralização ácido-base. Por exemplo, o NaCl é considerado ser o sal originado do ácido forte HCl e da base forte NaOH. De maneira semelhante, sabemos que o $NaC_2H_3O_2$ é o sal de um ácido fraco ($HC_2H_3O_2$) e de uma base forte (NaOH) e o NH_4Cl é o sal de um ácido forte (HCl) e de uma base fraca (NH_3). Um sal como o $NH_4C_2H_3O_2$ é um sal de um ácido fraco e de uma base fraca. Comprovou-se, experimentalmente, que, quando estes sais são adicionados à água, o pH da solução resultante é dependente do tipo de sal dissolvido. Por exemplo, o pH de uma solução aquosa de um sal de um ácido forte e de uma base forte está sempre muito próximo de 7, enquanto que o pH de um sal de um ácido fraco e de uma base forte é maior que 7. O pH que resulta quando cada tipo de sal é dissolvido em água está resumido a seguir.

Tipo de Sal	pH da Solução Aquosa
Ácido forte-base forte	7
Ácido fraco-base forte	> 7
Ácido forte-base fraca	< 7
Ácido fraco-base fraca	Depende do sal

Como podemos justificar estas diferenças de pH?

Quando um sal é dissolvido em água, ele se dissocia totalmente, para produzir cátions e ânions que devem, subseqüentemente, reagir quimicamente com o solvente, através de um processo chamado **hidrólise**. Por exemplo, o cátion de um sal sofre a reação

$$M^+ + H_2O \rightleftharpoons MOH + H^+$$

enquanto o ânion reage de acordo com a reação

$$X^- + H_2O \rightleftharpoons HX + OH^-$$

Como os íons H^+ e OH^- produzidos nestas reações influenciam o pH da solução do sal, a extensão segundo a qual ocorre a reação de hidrólise determina se o pH será maior, menor ou igual a 7.

Consideremos, por exemplo, o NaCl, um sal de ácido forte e base forte. Se este sal fosse hidrolisado, os produtos seriam NaOH e HCl. Ambas as substâncias são eletrólitos fortes e estão completamente dissociadas. O resultado é que haverá as mesmas quantidades de H^+ e de OH^- na solução, uma condição que existe apenas quando suas concentrações são 10^{-7} M para cada um. Conseqüentemente, o pH da solução de NaCl é 7. Como este valor é o mesmo para a água pura, o efeito global é que não ocorre hidrólise. Em geral, podemos concluir que os *ânions e os cátions de ácidos e bases fortes, respectivamente, não sofrem hidrólise e os sais derivados de ácido*

558 / QUÍMICA GERAL

e base fortes produzem soluções neutras. Isto, contudo, não ocorre com outros tipos de sais.

Sais de ácidos fracos e bases fortes: hidrólise de ânions

Para este tipo de sal, estamos interessados, apenas, na hidrólise do ânion, porque, à luz da discussão anterior, os cátions de bases fortes não sofrem hidrólise. Com o $NaC_2H_3O_2$, como um exemplo, escreveríamos, para a reação de hidrólise do ânion:

$$C_2H_3O_2^- + H_2O \longrightarrow HC_2H_3O_2 + OH^-$$

O íon acetato, que é a base conjugada do ácido acético, é suficientemente básico para atrair alguns prótons das moléculas de água, de modo que, quando o equilíbrio é estabelecido, há um excesso de OH^- na solução. Como resultado, a solução é básica. Podemos escrever uma constante de equilíbrio da maneira usual:

$$K_h' = \frac{[HC_2H_3O_2][OH^-]}{[C_2H_3O_2^-][H_2O]}$$

Como comumente acontece a concentração de H_2O pode ser incluída na constante de equilíbrio K_h' e obtém-se

$$K_h' \times [H_2O] = K_h = \frac{[HC_2H_3O_2][OH^-]}{[C_2H_3O_2^-]}$$

em que K_h é chamada **constante de hidrólise.**

Esta mesma equação pode ser derivada, simplesmente, dividindo-se a equação de K_{H_2O} pelo K_a do ácido fraco (ácido acético, nesse caso). Assim,

$$\frac{K_{H_2O}}{K_a} = \frac{[\cancel{H^+}][OH^-]}{[\cancel{H^+}][C_2H_3O_2^-]/[HC_2H_3O_2]}$$

ou

$$\frac{K_{H_2O}}{K_a} = \frac{[HC_2H_3O_2][OH^-]}{[C_2H_3O_2^-]}$$

Vemos, então, que a constante de hidrólise do ânion é

$$K_h = \frac{K_{H_2O}}{K_a}$$

e podemos, assim, calcular a constante de hidrólise do ânion deste tipo de sal a partir do conhecimento de K_{H_2O} e K_a do ácido fraco do qual o ânion é formado.

A partir do K_h e da concentração do ânion na solução do sal, podemos, então, calcular a concentração de OH^- e, eventualmente, determinar o pH da solução do sal, como é mostrado no Ex. 15.14.

EXEMPLO 15.14   Calcular o pH de uma solução de $NaC_2H_3O_2$ 0,10 M.

SOLUÇÃO   O primeiro passo a ser dado é examinar o sal para determinar qual o equilíbrio que deve ser considerado. Sabemos que o $NaC_2H_3O_2$, quando dissolvido em água, dissocia-se completamente

EQUILÍBRIO ÁCIDO-BASE EM SOLUÇÃO AQUOSA / 559

Somente os íons de ácidos ou bases fracas é que se hidrolisam.

para formar Na^+ e $C_2H_3O_2^-$. (Não cometa o erro de escrever um equilíbrio envolvendo o sal!) Agora, nós nos perguntamos qual o ácido e a base que devem ser combinados para formar o sal. A resposta aqui é $HC_2H_3O_2$ e NaOH. Como o $HC_2H_3O_2$ é um ácido fraco, precisamos considerar a hidrólise de seu ânion, mas não temos que nos preocupar com o Na^+, pois o NaOH é uma base forte e o Na^+ não se hidrolisa. O Na^+ é apenas um íon expectador e nós vamos ignorá-lo. Assim, podemos escrever a equação para o equilíbrio (a hidrólise do $C_2H_3O_2^-$).

$$C_2H_3O_2^- + H_2O \rightleftharpoons HC_2H_3O_2 + OH^-$$

Em seguida, escrevemos a expressão para o equilíbrio

$$K_h = \frac{[HC_2H_3O_2][OH^-]}{[C_2H_3O_2^-]}$$

Antes desta equação tornar-se útil, devemos, primeiramente, calcular K_h. Podemos fazer isto através da equação

$$K_h = \frac{K_{H_2O}}{K_a}$$

Substituindo os valores de K_{H_2O} e K_a (da Tab. 15.1) nesta equação, obtemos

$$K_h = \frac{1,0 \times 10^{-14}}{1,8 \times 10^{-5}} = 5,6 \times 10^{-10}$$

Como K_h é bem pequeno, podemos ver que a posição do equilíbrio nesta hidrólise desloca-se para a esquerda, favorecendo a formação do $C_2H_3O_2^-$. Portanto, se tornarmos x igual ao número de moles por dm^3 de $C_2H_3O_2^-$ que sofrem hidrólise, poderemos montar a tabela de concentrações e esperar que x seja pequeno quando comparado com 0,10.

	Concentração Molar Inicial	Variação	Concentração Molar no Equilíbrio
$HC_2H_3O_2$	0,0	$+x$	x
OH^-	0,0	$+x$	x
$C_2H_3O_2^-$	0,10	$-x$	$0,10 - x \approx 0,10$

Substituindo estes valores, juntamente com o de K_h, na equação de hidrólise, teremos

$$K_h = \frac{(x)(x)}{0,10} = 5,6 \times 10^{-10}$$

$$x^2 = 5,6 \times 10^{-11}$$

$$x = 7,5 \times 10^{-6} M$$

Assim,

$$[OH^-] = 7,5 \times 10^{-6} M$$

$$pOH = 5,12$$

e, portanto,

$$pH = 8,88$$

Assim, o pH desta solução indica que ela é básica.

560 / QUÍMICA GERAL

Sais de ácidos fortes e bases fracas: hidrólise do cátion

De nossas discussões anteriores, sabemos que apenas o cátion deste tipo de sal sofre hidrólise. Por exemplo, a reação de hidrólise que ocorre em uma solução aquosa de NH_4Cl é

$$NH_4^+ + H_2O \rightleftharpoons H_3O^+ + NH_3$$

Como resultado da hidrólise do cátion, algumas moléculas de H_2O são convertidas em H_3O^+, o que, naturalmente, torna a solução ácida. A condição de equilíbrio para essa hidrólise é assim escrita:

$$K_h = \frac{[H_3O^+][NH_3]}{[NH_4^+]}$$

que pode também ser derivada dividindo K_{H_2O} pelo K_b da base fraca, NH_3.

$$K_h = \frac{K_{H_2O}}{K_b} = \frac{[H_3O^+][\cancel{OH^-}]}{[NH_4^+][\cancel{OH^-}]/[NH_3]} = \frac{[H_3O^+][NH_3]}{[NH_4^+]}$$

Para este tipo de sal, então, a fim de calcular o pH, devemos conhecer K_{H_2O}, K_b e a concentração do sal, como é ilustrado no Ex. 15.15.

EXEMPLO 15.15

Qual o pH de uma solução de N_2H_5Cl 0,10 M?

SOLUÇÃO

Primeiro, devemos identificar este sal como derivado de um ácido forte (HCl) e uma base fraca (N_2H_4); portanto, apenas o cátion sofre hidrólise. A reação de hidrólise é

$$N_2H_5^+ + H_2O \rightleftharpoons H_3O^+ + N_2H_4$$

para a qual podemos escrever

$$K_h = \frac{[H_3O^+][N_2H_4]}{[N_2H_5^+]}$$

Para este sal, sabemos que

$$K_h = \frac{K_{H_2O}}{K_b}$$

onde K_b refere-se à base fraca, N_2H_4. Usando o valor de K_b tirado da Tab. 15.1, temos

$$K_h = \frac{1,0 \times 10^{-14}}{1,7 \times 10^{-6}} = 5,9 \times 10^{-9}$$

Uma vez mais, por causa do valor de K_h, o equilíbrio da hidrólise desloca-se, principalmente, para a esquerda. Se x é igual ao número de moles por dm^3 de $N_2H_5^+$ que sofrem hidrólise, então,

EQUILÍBRIO ÁCIDO-BASE EM SOLUÇÃO AQUOSA / 561

	Concentração Molar Inicial	Variação	Concentração Molar no Equilíbrio
N_2H_4	0,0	$+x$	x
H_3O^+	0,0	$+x$	x
$N_2H_5^+$	0,10	$-x$	$0,10 - x \approx 0,10$

Substituindo as concentrações, no equilíbrio, na expressão de K_h, temos

$$\frac{(x)\,(x)}{0,10} = 5,9 \times 10^{-9}$$

$$x^2 = 5,9 \times 10^{-10}$$

$$x = 2,4 \times 10^{-5}$$

Portanto,

$$[H_3O^+] = 2,4 \times 10^{-5}\ M$$

e

$$pH = 4,62$$

Sais de ácidos fracos e de bases fracas. Hidrólise do cátion e do ânion

Soluções deste tipo de sal podem ser ácidas, neutras ou básicas, porque o cátion e o ânion do sal sofrem hidrólise. O pH de tal solução salina é determinado pela extensão relativa das reações de hidrólise de cada íon. Aplicando, para estes sais, o que aprendemos sobre os dois tipos de sais anteriores, seremos capazes de prever, pelo menos qualitativamente, o pH de suas soluções aquosas. Se o K_a do ácido fraco e o K_b da base fraca são idênticos, a extensão das hidrólises do cátion e do ânion é exatamente a mesma (o K_h do cátion é exatamente igual ao K_h do ânion) e a solução será neutra. Por exemplo, no caso do $NH_4C_2H_3O_2$, em que K_b do NH_3 é $1,8 \times 10^{-5}$ e o K_a do $HC_2H_3O_2$ é $1,8 \times 10^{-5}$, o valor de K_h para ambos os íons é $5,6 \times 10^{-10}$ e uma solução aquosa deste sal, qualquer que seja a concentração, é neutra. Por outro lado, podemos prever que uma solução aquosa de NH_4CN será básica, por causa dos valores relativos de K_h para o cátion e o ânion. Para o NH_4^+, temos

$$K_h = \frac{K_{H_2O}}{K_b} = \frac{1,0 \times 10^{-14}}{1,8 \times 10^{-5}} = 5,6 \times 10^{-10}$$

e, para o CN^-, temos

$$K_h = \frac{K_{H_2O}}{K_a} = \frac{1,0 \times 10^{-14}}{4,9 \times 10^{-10}} = 2,0 \times 10^{-5}$$

Como o CN^- sofre hidrólise em maior extensão do que o NH_4^+, a reação

$$CN^- + H_2O \rightleftharpoons HCN + OH^-$$

completa-se mais do que a reação

$$NH_4^+ + H_2O \rightleftharpoons H_3O^+ + NH_3$$

562 / QUÍMICA GERAL

Assim, são produzidos mais íons OH^- do que H_3O^+ e a solução é, portanto, básica.

De modo semelhante, prevemos que uma solução aquosa de formiato de amônio, NH_4CHO_2, é ácida, por causa dos valores relativos de K_h para o cátion e para o ânion. O K_h para o NH_4^+, visto anteriormente, é $5,6 \times 10^{-10}$, enquanto que o K_h para o íon formiato, CHO_2^-, é

$$K_h = \frac{K_{H_2O}}{K_a} = \frac{1,0 \times 10^{-14}}{1,8 \times 10^{-4}}$$

$$= 5,6 \times 10^{-11}$$

Assim, a reação de hidrólise

$$NH_4^+ + H_2O \rightleftharpoons H_3O^+ + NH_3$$

ocorre em maior extensão do que a reação

$$CHO_2^- + H_2O \rightleftharpoons HCHO_2 + OH^-$$

Portanto, há um pequeno excesso de íon H_3O^+ e as soluções deste sal são ácidas.

Hidrólise de sais de ácidos polipróticos

Um exemplo deste tipo de sal é o Na_2S, um sal de ácido fraco, H_2S, e base forte, NaOH. Como apenas o ânion sofre hidrólise, a reação de equilíbrio para este sal é

$$S^{2-} + H_2O \rightleftharpoons HS^- + OH^-$$

Vemos que, nesta reação, é formado um outro ânion, HS^-, o qual pode, também, sofrer hidrólise. Sua reação de equilíbrio é

$$HS^- + H_2O \rightleftharpoons H_2S + OH^-$$

Note que para calcular K_{h_1} *usamos* K_{a_2}. A constante de hidrólise, K_{h_1}, para a primeira reação é

$$K_{h_1} = \frac{K_{H_2O}}{K_{a_2}} = \frac{[HS^-][OH^-]}{[S^{2-}]}$$

em que K_{a_2} é a constante de dissociação para o ácido fraco, HS^-. A constante de equilíbrio para a segunda etapa da hidrólise é

$$K_{h_2} = \frac{K_{H_2O}}{K_{a_1}} = \frac{[H_2S][OH^-]}{[HS^-]}$$

em que K_{a_1}, nesse caso, é a constante de dissociação do ácido fraco, H_2S. Substituindo os valores de ambos os K_a da Tab. 15.2 nestas equações, obtemos

$$K_{h_1} = \frac{1,0 \times 10^{-14}}{1,0 \times 10^{-14}} = 1,0$$

e

$$K_{h_2} = \frac{1,0 \times 10^{-14}}{1,1 \times 10^{-7}} = 9,1 \times 10^{-8}$$

EQUILÍBRIO ÁCIDO-BASE EM SOLUÇÃO AQUOSA / 563

As grandezas relativas destas duas constantes de equilíbrio indicam-nos que a segunda reação de hidrólise ocorre em extensão desprezível, comparada à primeira; portanto, apenas K_{h_1} precisa ser usado para determinar o pH de uma solução aquosa deste sal, como é mostrado no exemplo seguinte.

EXEMPLO 15.16

Qual o pH de uma solução de Na_2S 0,20 M? O sulfeto de sódio, Na_2S, é uma substância química usada na eliminação de pêlos de animais.

SOLUÇÃO

Das discussões anteriores, sabemos que apenas a primeira reação de hidrólise

$$S^{2-} + H_2O \rightleftharpoons HS^- + OH^-$$

é importante na determinação do pH desta solução. A equação para a constante de hidrólise é

$$K_{h_1} = \frac{[HS^-][OH^-]}{[S^{2-}]} = 1,0$$

Como de costume tomemos x igual ao número de moles por dm^3 de S^{2-} que hidrolisam. Assim,

	Concentração Molar Inicial	Variação	Concentração Molar no Equilíbrio
HS^-	0,0	$+x$	x
OH^-	0,0	$+x$	x
S^{2-}	0,20	$-x$	$0,20 - x$

Aqui, nossa primeira reação é fazer uma simplificação, assumindo que $0,20 - x \approx 0,20$. Entretanto, se fizermos isto e resolvermos, obteremos $x = 0,45$. Isto é claramente impossível, porque a concentração no equilíbrio de S^{2-} torna-se igual a $-0,25 M$. Concentrações negativas não existem; não é possível ter menos que nada. Dessa forma, não podemos simplificar o termo concentração de S^{2-} em nossa resolução e, quando substituirmos as quantidades correspondentes às concentrações de equilíbrio na expressão da ação das massas, obteremos

$$\frac{(x)(x)}{(0,20 - x)} = 1,0$$

Multiplicando ambos os membros por $(0,20 - x)$, teremos

$$x^2 = (0,20 - x)\,1,0$$

que pode ser reorganizada como

$$x^2 + x - 0,20 = 0$$

As raízes da equação do segundo grau,
ax^2 + **b**x + **c** = 0, *são dadas pela fórmula*

$$x = \frac{-b \pm \sqrt{b^2 - 4ac}}{2a}$$

Essa é uma equação do segundo grau, cujas raízes podem ser obtidas usando-se a fórmula existente. Assim, teremos

$$x = \frac{-1 \pm \sqrt{(1)^2 - 4(1)(-0,20)}}{(2)(1)}$$

$$x = \frac{-1 \pm \sqrt{1,8}}{2} = \frac{-1 \pm 1,34}{2}$$

564 / QUÍMICA GERAL

Note que são obtidos dois valores para x:

$$x = \frac{-2,34}{2} = -1,17\ M$$

$$x = \frac{0,34}{2} = 0,17\ M$$

O primeiro valor de x é absurdo. Não tem significado físico, porque diz que as concentrações de HS^- e OH^- são negativas. Como já sabemos, não é possível ter menos que nada. O segundo valor de x faz sentido e podemos concluir que

$$x = 0,17\ M$$

e, conseqüentemente,

$$[OH^-] = 0,17\ M$$

do qual obtemos

$$pOH = 0,77$$

O íon sulfeto é uma base relativamente forte.

Assim, o pH da solução é, portanto, 13,23.

15.6 TITULAÇÃO ÁCIDO-BASE: O PONTO DE EQUIVALÊNCIA

No Cap. 6, vimos que a titulação é um modo útil e preciso para se determinar as concentrações de ácidos e bases, desde que o ponto de equivalência possa ser determinado. O ponto de equivalência, é preciso lembrar, ocorre quando quantidades estequiométricas de ácido e base se combinam. Nesta seção, veremos como o pH de uma solução varia durante o curso de titulações ácido-base típicas e qual é o pH no ponto de equivalência.

Titulação de um ácido forte com uma base forte

Um exemplo típico de titulação ácido forte-base forte ocorre quando 25,00 cm^3 de HCl 0,10 M são titulados com NaOH 0,10 M. Podemos determinar, matematicamente, o pH durante a titulação, calculando a concentração de H^+ presente no frasco, cada vez que uma quantidade de NaOH é adicionada ao HCl. Por exemplo, o número de moles de H^+ presentes em 25 cm^3 de uma solução de HCl 0,10 M é

$$\left(\frac{0,10\ \text{mol}}{1000\ \text{cm}^3}\right) \times 25\ \text{cm}^3 = 2,5 \times 10^{-3}\ \text{mol de } H^+$$

Quando são adicionados 10 cm^3 de NaOH 0,10 M, de fato, adicionamos

$$\left(\frac{0,10\ \text{mol}}{1000\ \text{cm}^3}\right) \times 10\ \text{cm}^3 = 1,0 \times 10^{-3}\ \text{mol de } OH^-$$

Ocorre, então, a reação de neutralização

$$H^+ + OH^- \longrightarrow H_2O$$

e a quantidade de H^+ remanescente é

$$(2,5 \times 10^{-3}) - (1,0 \times 10^{-3}) = 1,5 \times 10^{-3}\ \text{mol de } H^+$$

Tabela 15.3
Titulação de 25 cm³ de HCl 0,10 M com solução de NaOH 0,10 M

Volume de HCl	Volume de NaOH	Volume Total	Moles de H^+	Moles de OH^-	Concentração do Íon em Excesso (M)	pH
25,00	0,00	25,00	$2,5 \times 10^{-3}$	0	$0,10$ (H^+)	1,00
25,00	10,00	35,00	$2,5 \times 10^{-3}$	$1,0 \times 10^{-3}$	$4,3 \times 10^{-2}$ (H^+)	1,37
25,00	24,99	49,99	$2,5 \times 10^{-3}$	$2,499 \times 10^{-3}$	$2,0 \times 10^{-5}$ (H^+)	4,70
25,00	25,00	50,00	$2,5 \times 10^{-3}$	$2,50 \times 10^{-3}$	0	7,00
25,00	25,01	50,01	$2,5 \times 10^{-3}$	$2,501 \times 10^{-3}$	$2,0 \times 10^{-5}$ (OH^-)	9,30
25,00	26,00	51,00	$2,5 \times 10^{-3}$	$2,60 \times 10^{-3}$	$2,0 \times 10^{-3}$ (OH^-)	11,30
25,00	50,00	75,00	$2,5 \times 10^{-3}$	$5,0 \times 10^{-3}$	$3,3 \times 10^{-2}$ (OH^-)	12,52

A concentração molar de H^+ é, agora,

$$[H^+] = \frac{1,5 \times 10^{-3} \text{ mol}}{\underbrace{0,035 \text{ dm}^3}_{\text{O volume total}}} = 4,3 \times 10^{-2} M$$

e o pH calculado é igual a 1,37. As concentrações de H^+, após outras adições de NaOH, estão resumidas na Tab. 15.3.

Nossos cálculos mostram que o pH começa aumentando vagarosamente no início e, então, sobe, rapidamente, próximo ao ponto de equivalência; finalmente, permanece quase constante depois que o ponto de equivalência foi alcançado.

Se for traçado um gráfico do pH contra o volume da base adicionada, obteremos a representação mostrada na Fig. 15.2. O ponto de equivalência ocorre, nesse caso, quando o pH é igual a 7. No ponto de equivalência, a solução é neutra, porque nenhum dos íons do sal em solução sofre hidrólise.

Titulação usando um ácido fraco e uma base forte

Em uma titulação ácido-base em que uma substância é forte e a outra é fraca, a solução não é neutra no ponto de equivalência por causa da hidrólise do sal. Por exemplo, considere a titulação de 25,0 cm³ de $HC_2H_3O_2$ 0,10 M com NaOH 0,10 M. Antes da base ser adicionada o único soluto é o ácido acético. O pH da solução é

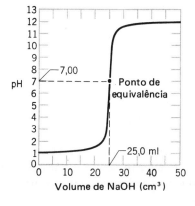

Figura 15.2
Titulação de 25 cm³ de HCl 0,10 M com NaOH 0,10 M.

566 / QUÍMICA GERAL

calculado como foi mostrado na Seç. 15.2; para o $HC_2H_3O_2$ 0,10 M o pH é igual a 2,89.

Quando começamos a adicionar o NaOH, as moléculas de ácido acético são convertidas em íons acetato.

$$HC_2H_3O_2 + OH^- \longrightarrow H_2O + C_2H_3O_2^-$$

Como nesse caso a solução contém tanto $HC_2H_3O_2$ como $C_2H_3O_2^-$, ela é um tampão e nós já aprendemos como calcular o pH para este tipo de mistura. Por exemplo, quando 10,0 cm^3 de NaOH 0,10 M são adicionados, são fornecidos $1,0 \times 10^{-3}$ mol de OH^-. Estes "neutralizam" $1,0 \times 10^{-3}$ mol de $HC_2H_3O_2$ e os convertem em $1,0 \times 10^{-3}$ mol de $C_2H_3O_2^-$. Os 25,0 cm^3 originais de $HC_2H_3O_2$ 0,10 M contêm $2,5 \times 10^{-3}$ mol de $HC_2H_3O_2$ e a quantidade que permanece sem reagir é $(2,5 \times 10^{-3}$ mol$) - (1,0 \times 10^{-3}$ mol$) = 1,5 \times 10^{-3}$ mol de $HC_2H_3O_2$. As concentrações do ácido acético e do íon acetato, no volume total de 35,0 cm^3, são, portanto,

$$[HC_2H_3O_2] = \frac{1,5 \times 10^{-3} \text{ mol}}{0,0350 \text{ dm}^3} = 4,3 \times 10^{-2} M$$

$$[C_2H_3O_2^-] = \frac{1,0 \times 10^{-3} \text{ mol}}{0,0350 \text{ dm}^3} = 2,9 \times 10^{-2} M$$

Se resolvermos a expressão de K_a do ácido acético para o valor da concentração de H^+ e nela substituirmos os valores já conhecidos de $[HC_2H_3O_2]$ e $[C_2H_3O_2^-]$, obteremos

$$[H^+] = K_a \times \frac{[HC_2H_3O_2]}{[C_2H_3O_2^-]}$$

$$= 1,8 \times 10^{-5} \left(\frac{4,3 \times 10^{-2}}{2,9 \times 10^{-2}} \right)$$

$$= 2,7 \times 10^{-5} M$$

Portanto,

$$pH = 4,57$$

A partir do momento em que é feita a primeira adição de base até que o ponto de equivalência seja alcançado, a solução contém ácido acético e íon acetato e o pH pode ser calculado desta mesma maneira.

Para o $NaC_2H_3O_2$,

$$\frac{2,5 \times 10^{-3} \text{ mol}}{0,050 \text{ dm}^3} = 0,050 \text{ M.}$$

Quando é adicionado um total de 25,0 cm^3 de NaOH, todo o ácido acético está "neutralizado" e produzem-se $2,5 \times 10^{-3}$ mol de $NaC_2H_3O_2$, em 50,0 cm^3 de solução. A solução resultante de $NaC_2H_3O_2$ 0,050 M sofre hidrólise, porque contém o ânion de um ácido fraco. Vimos que, para este soluto, o equilíbrio é

$$C_2H_3O_2^- + H_2O \rightleftharpoons HC_2H_3O_2 + OH^-$$

Da última seção, sabemos que

$$K_h = \frac{[HC_2H_3O_2][OH^-]}{[C_2H_3O_2^-]} = \frac{K_{H_2O}}{K_a} = 5,6 \times 10^{-10}$$

Podemos calcular a concentração de OH^-, nesta solução, como fizemos anteriormente, considerando x igual ao número de moles por dm^3 de $C_2H_3O_2^-$ que hidrolisam. Isto nos permite construir a tabela apresentada a seguir.

	Concentração Molar Inicial	Variação	Concentração Molar no Equilíbrio
$HC_2H_3O_2$	0,0	$+x$	x.
OH^-	0,0	$+x$	x
$C_2H_3O_2^-$	0,050	$-x$	$0,050 - x \approx 0,050$

Substituindo na expressão de K_h, temos

$$K_h = \frac{(x)(x)}{0,050} = 5,6 \times 10^{-10}$$

$$x^2 = 2,8 \times 10^{-11}$$

$$x = 5,3 \times 10^{-6}$$

Isto significa que $[OH^-] = 5,3 \times 10^{-6}$ M, da qual obtemos

$$pOH = 5,28$$

e, finalmente,

$$pH = 8,72$$

Assim, o pH no ponto de equivalência é maior que 7. Verificamos que isto é válido para qualquer titulação do tipo ácido fraco-base forte.

Até aqui, discutimos apenas a primeira metade da titulação (ver Tab. 15.4). Que ocorre além do ponto de equivalência? Tão logo todo ácido fraco tenha sido neutralizado, qualquer adição posterior de NaOH suprime a hidrólise do ânion e o pH depende, somente, da concentração de OH^- vindo do NaOH adicionado. Assim, formamos a última metade da Tab. 15.4, da mesma maneira como fizemos com a Tab. 15.3, para a titulação HCl/NaOH.

Um gráfico destes dados é mostrado na Fig. 15.3, em que traçamos o pH contra o volume da base adicionada. Da Tab. 15.4 e da Fig. 15.3, podemos ver que a variação do pH próximo ao ponto de equivalência não é tão drástica quanto no caso da titulação HCl/NaOH. Esta variação lenta, próximo ao ponto de equivalência, torna-se mais pronunciada ainda para ácidos mais fracos, como HCN.

Tabela 15.4
Titulação de 25,0 cm³ de $HC_2H_3O_2$ 0,10 M
com NaOH 0,10 M

Volume de Base Adicionada (cm³)	Concentração Molar da Espécie em Excesso (em parênteses)	pH
0,0	$1,3 \times 10^{-3}$ (H^+)	2,89
10,0	$2,5 \times 10^{-5}$ (H^+)	4,57
24,99	$7,2 \times 10^{-9}$ (H^+)	8,14
25,0	$5,3 \times 10^{-6}$ (OH^-)	8,72
25,01	$2,0 \times 10^{-5}$ (OH^-)	9,30
26,0	$2,0 \times 10^{-3}$ (OH^-)	11,30

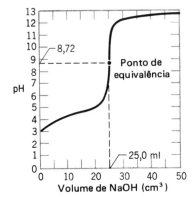

Figura 15.3
Titulação de 25 cm³ de ácido acético 0,10 M com hidróxido de sódio 0,10 M.

Titulação de uma base fraca com um ácido forte

Quando uma base fraca é titulada por um ácido forte, a curva de titulação produzida é muito semelhante, na forma, àquela obtida pela reação de um ácido fraco com uma base forte. Durante a adição inicial do ácido, a solução contém a base fraca que ainda não reagiu e o seu sal; isso constitui, portanto, um tampão. No ponto de equivalência, a solução contém o sal da base fraca e o pH da mistura é determinado pela hidrólise do cátion. Finalmente, após o ponto de equivalência, o pH da solução é controlado pelo excesso de íon hidrogênio do ácido forte. A forma da curva de titulação para tal titulação é mostrada na Fig. 15.4, para a titulação de 25,0 cm³ de NH_3 0,10 M por HCl 0,10 M. Podemos mostrar que o pH no ponto de equivalência é menor que 7, considerando a hidrólise do NH_4Cl produzido durante a reação.

Da última seção, lembramos que o K_h para o NH_4^+ é escrito como

$$K_h = \frac{[H_3O^+][NH_3]}{[NH_4^+]} = \frac{K_{H_2O}}{K_b} = 5,6 \times 10^{-10}$$

Todo o NH_3 estará "neutralizado" nesta titulação, quando exatamente 25,0 cm³ de HCl 0,10 M ($2,5 \times 10^{-3}$ mol de HCl) forem adicionados. Neste ponto, a concentração de NH_4^+ é

$$\frac{2,5 \times 10^{-3} \text{ mol}}{0,0500 \text{ dm}^3} = 5,0 \times 10^{-2} \, M$$

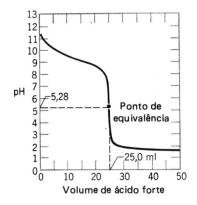

Figura 15.4
Titulação de 25 cm³ de NH_3 0,10 M com HCl 0,10 M.

EQUILÍBRIO ÁCIDO-BASE EM SOLUÇÃO AQUOSA / 569

Se tornarmos x igual ao número de moles por dm^3 de NH_4^+ que sofrem hidrólise, teremos

$$[H_3O^+] = x$$

$$[NH_3] = x$$

$$[NH_4^+] = 5,0 \times 10^{-2} - x = 5,0 \times 10^{-2}\ M$$

Substituindo estas concentrações na equação anterior de K_h, teremos

$$K_h = \frac{(x)(x)}{5,0 \times 10^{-2}} = 5,6 \times 10^{-10}$$

$$x^2 = 28,0 \times 10^{-12}$$

$$x = 5,3 \times 10^{-6}$$

$$[H_3O^+] = 5,3 \times 10^{-6}\ M$$

e

$$pH = 5,28$$

O pH no ponto de equivalência desta titulação é menor que 7, o que é típico de todas as titulações base fraca-ácido forte.

15.7 INDICADORES ÁCIDO-BASE

Os **indicadores** são, muitas vezes, usados em pequenas quantidades, para detectar o ponto de equivalência de uma titulação ácido-base. São, geralmente, ácidos ou bases orgânicas fracas que modificam a cor, quando passam de um meio ácido para um meio básico. Nem todos os indicadores mudam, contudo, de cor no mesmo pH. A escolha do indicador para uma titulação particular depende do pH que se espera venha a ocorrer no ponto de equivalência. Uma lista de alguns indicadores comuns, com suas variações de cor e faixas de pH dentro das quais suas cores variam, encontra-se na Tab. 15.5. Examinemos, brevemente, como estes indicadores trabalham.

Alguns indicadores, como o azul de timol, têm duas variações de cores em faixas de pH separadas.

Se designarmos um indicador pela fórmula geral HIn, temos a reação de dissociação

$$HIn \rightleftharpoons H^+ + In^-$$

Aplicando o princípio de Le Châtelier a este equilíbrio, vemos que, em uma solução ácida (excesso de H^+), a espécie que está presente em excesso é HIn. Por outro lado, em soluções básicas, o equilíbrio é deslocado para a direita e a espécie predominante é In^-. Dizemos, assim, que HIn é a "forma ácida" e In^- a "forma básica" do indicador. A capacidade do HIn funcionar como indicador é baseada no fato de que as formas ácida e básica diferem quanto à cor. Por exemplo, com o "tornassol", a forma ácida (HIn) é rosa, enquanto que a forma básica (In^-) é azul.

A constante de dissociação, K_a, para um indicador é

$$K_a = \frac{[H^+][In^-]}{[HIn]}$$

Resolvamos isto para a relação $[In^-]/[HIn]$:

$$\frac{[In^-]}{[HIn]} = \frac{K_a}{[H^+]}$$

Tabela 15.5
Alguns indicadores comuns

Indicador	Mudança de Cor	Faixa de pH na Qual Ocorre a Mudança de Cor
Azul de timol	Vermelho para amarelo	1,2–2,8
Azul de bromofenol	Amarelo para azul	3,0–4,6
Vermelho-congo	Azul para vermelho	3,0–5,0
Metilorange	Vermelho para amarelo	3,2–4,4
Verde de bromocresol	Amarelo para azul	3,8–5,4
Vermelho de metila	Vermelho para amarelo	4,8–6,0
Roxo de bromocresol	Amarelo para roxo	5,2–6,8
Azul de bromotimol	Amarelo para azul	6,0–7,6
Vermelho de cresol	Amarelo para vermelho	7,0–8,8
Azul de timol	Amarelo para azul	8,0–9,6
Fenolftaleína	Incolor para rosa	8,2–10,0
Amarelo de alizarina	Amarelo para vermelho	10,1–12,0

Vimos que, quando passamos pelo ponto de equivalência, o pH varia muito rapidamente. Por exemplo, na titulação NaOH/HCl, descrita anteriormente (Tab. 15.3 e Fig. 15.2), o pH varia de 4,7 para 9,3 pela adição de apenas 0,02 cm^3 da base, o que corresponde a apenas meia gota de solução! Isto corresponde a uma variação em $[H^+]$ de 2×10^{-5} M para 5×10^{-10} M. Como isto afeta a razão $[In^-]/[HIn]$?

Suponhamos que estivéssemos usando um indicador cujo $K_a = 1,0 \times 10^{-7}$. Então, antes do ponto de equivalência,

$$\frac{[In^-]}{[HIn]} = \frac{1 \times 10^{-7}}{2 \times 10^{-5}} = \frac{1}{200}$$

Visualmente, observamos a cor das espécies presentes em maior quantidade.

Há 200 vezes mais HIn que In$^-$ e a cor observada é devida ao HIn.

Após o ponto de equivalência,

$$\frac{[In^-]}{[HIn]} = \frac{1 \times 10^{-7}}{5 \times 10^{-10}} = \frac{200}{1}$$

Agora, há 200 vezes mais In$^-$ que HIn e a cor que vemos é devida ao In$^-$. Assim, quando passamos pelo ponto de equivalência, há uma súbita modificação nas quantidades relativas das formas ácida e básica do indicador, que é notada como uma modificação na cor.

Se o indicador muda de cor no ponto de equivalência, o ponto final da titulação (quando observamos a variação da cor) ocorre no mesmo pH que o ponto de equivalência. muitas vezes, contudo, usamos um indicador cuja modificação de cor ocorre em um pH ligeiramente diferente do pH do ponto de equivalência. Isto é mostrado na Fig. 15.5, para a fenolftaleína. Quando ocorre a modificação da cor, já passamos ligeiramente do ponto de equivalência.

Na escolha do indicador, desejamos que ele mude de cor muito próximo ao ponto de equivalência. A fenolftaleína, por exemplo, não seria uma escolha apropriada de um indicador para a titulação representada na Fig. 15.4, porque sua modi-

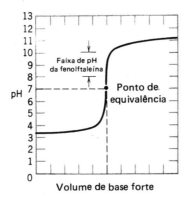

Figura 15.5
Curva de titulação de um ácido forte com uma base forte.

ficação de cor ocorreria antes do ponto de equivalência. Nesse caso, interromperíamos a adição de ácido antes que o ponto de equivalência tivesse sido alcançado, sendo inútil usar o indicador. A melhor escolha será um indicador como o vermelho de metila, para o qual o centro da região de mudança de cor ocorre muito próximo ao pH do ponto de equivalência.

ÍNDICE DE QUESTÕES E PROBLEMAS (Os números dos problemas estão em negrito)

Dissociação da água 1, 19 e 22

pH e pOH 2, 3, 4, 20 e 21

pK 23 e 24

Ácidos e bases fracas 5, **25, 26, 27, 28, 29, 30, 31, 32, 33, 34, 35, 36, 37, 38, 39, 40, 41, 42, 43, 75 e 76**

Ácidos polipróticos 6, 7, **38, 44, 45, 46, 47, 48, 49 e 79**

Tampões 8, 9, 10, **34, 50, 51, 52, 53, 54, 55, 56, 57, 77 e 78**

Hidrólise 11, 12, 13, **58, 59, 60, 61, 62, 63, 64, 65, 66, 70 e 80**

Titulações ácido-base 14, 15, **67, 68, 71, 72 e 81**

Indicadores 16, 17, 18, **73 e 74**

QUESTÕES DE REVISÃO

15.1 Por que, quase sempre, é possível ignorar a contribuição do H$^+$ proveniente da dissociação da água, quando se calcula a concentração de H$^+$ em soluções contendo um ácido? Sob que condições você teria que considerar o H$^+$ da dissociação do H$_2$O, mesmo sabendo que o soluto é um ácido?

15.2 Como você definiria pH? E pOH? Por que pH + + pOH = 14?

15.3 Identifique os valores a seguir como representativos de soluções ácidas, básicas ou neutras:

(a) pH = 3,54 (b) pH = 8,25
(c) pOH = 7,00 (d) pOH = 10,43
(e) pOH = 2,25

15.4 Ponha em ordem crescente de acidez as soluções da Questão 15.3.

15.5 Consulte a Tab. 15.1 e escreva as expressões das constantes de equilíbrio apropriadas para a ionização de:

(a) Ácido benzóico (d) Veronal
(b) Hidrazina (e) Piridina
(c) Ácido fórmico

15.6 Escreva as expressões apropriadas da lei da ação das massas para K_{a_1} e K_{a_2} do ácido ascórbico (Vitamina C).

15.7 O ácido cítrico, que está presente em muitas frutas e vegetais, tem a fórmula $H_3C_6H_5O_7$. Ele é um ácido triprótico. Escreva os três equilíbrios para a dissociação do ácido e a expressão da constante de equilíbrio apropriada para cada etapa.

15.8 Que é tampão? Explique como os seguintes solutos funcionam como tampões:

572 / QUÍMICA GERAL

(a) $NaCHO_2$ and $HCHO_2$
(b) C_5H_5N and C_5H_5NHCl
(c) $NH_4C_2H_3O_2$
(d) $NaHCO_3$

15.9 Seria um tampão eficiente uma solução contendo uma mistura de HCl e NaCl? Explique sua resposta.

15.10 O sangue contém, dentre outros, o sistema tampão $HPO_4{}^{2-}/H_2PO_4{}^-$. Explique como esse par de íons pode servir como um tampão.

15.11 Que é hidrólise? Sem realizar qualquer cálculo, prediga se as seguintes soluções serão ácidas, básicas ou neutras:

(a) KCl
(b) NH_4NO_3
(c) $NaC_4H_7O_2$
(d) $C_6H_5NH_3NO_3$

15.12 Se a concentração de cada soluto da Questão 15.11 fosse 0,10 M, que solução seria mais básica? Qual seria a mais ácida?

15.13 Por que é necessário considerar apenas a primeira etapa da hidrólise de um sal como o Na_2SO_3?

15.14 É possível ter-se um pH diferente de 7 no ponto de equivalência de uma titulação ácido-base?

15.15 Em uma titulação, o ponto de equivalência e o ponto final não são, na maioria das vezes, exatamente os mesmos. Justifique esta afirmação.

15.16 Explique como funciona um indicador. Por que necessitamos usar apenas muito pouco indicador, quando realizamos uma titulação?

15.17 Que indicadores poderiam ser aceitáveis para a titulação mostrada na Fig. 15.3? Por que não seria desejável usar vermelho-congo como indicador?

15.18 Seria o vermelho-congo um indicador aceitável para a titulação mostrada na Fig. 15.5? Explique sua resposta.

PROBLEMAS DE REVISÃO (Os problemas mais difíceis estão marcados por um asterisco.)

15.19 Calcule as concentrações de H^+ e OH^- e o pH das seguintes soluções de ácidos e bases fortes:

(a) HCl 0,0010 M
(b) HNO_3 0,125 M
(c) NaOH 0,0031 M
(d) $Ba(OH)_2$ 0,012 M
(e) $HClO_4$ $2,1 \times 10^{-4}$ M
(f) HCl $1,3 \times 10^{-5}$ M
(g) NaOH $8,4 \times 10^{-3}$ M
(h) KOH $4,8 \times 10^{-2}$ M

15.20 Calcule as concentrações de H^+ e OH^- em uma solução que tenha um pH igual a:

(a) 1,30
(b) 5,73
(c) 4,00
(d) 7,80
(e) 10,94
(f) 12,61

15.21 Qual o pOH de cada solução do Probl. 15.20?

*15.22 Uma solução diluída de ácido clorídrico foi rotulada como HCl $1,0 \times 10^{-8}$ M. Essa solução é ácida ou básica? Qual o seu pH?

15.23 Um ácido fraco tem uma constante de equilíbrio $K_a = 3,8 \times 10^{-9}$. Qual o pK_a do ácido?

15.24 Uma base tem $pK_b = 3,84$. Qual o K_b da base?

15.25 Qual a concentração de H^+ em cada uma das seguintes soluções:

(a) HNO_2 0,30 M
(b) HF 1,00 M
(c) HCN 0,025 M
(d) Ácido butírico 0,10 M
(e) Ácido barbitúrico 0,050 M

15.26 Calcule a concentração de OH^- nas seguintes soluções:

(a) NH_3 0,15 M
(b) N_2H_4 0,20 M
(c) CH_3NH_2 0,80 M

(d) Hidroxilamina 0,35 M
(e) Piridina 0,010 M

15.27 Qual a concentração de OH^- em cada uma das soluções no Probl. 15.25?

15.28 Qual o pH de cada solução do Probl. 15.26?

15.29 Uma solução 0,25 M de um ácido fraco monoprótico tem um pH = 1,35. Qual o K_a deste ácido?

15.30 Uma solução 0,10 M de um ácido fraco monoprótico tem um pH = 5,37. Qual o k_a deste ácido?

15.31 Uma base fraca formou uma solução com pH = 8,75, quando sua concentração era de 0,10 M. Qual o K_b desta base?

15.32 Qual a ionização relativa do ácido, em cada uma das seis seguintes soluções?

(a) Ácido fórmico 1,0 M
(b) Ácido propiônico 0,010 M
(c) HCN 0,025 M
(d) Ácido nicotínico 0,35 M
(e) HOCl 0,50 M
(f) HNO_3 0,25 M

15.33 Calcule a ionização relativa em cada uma das seguintes soluções de ácido acético. Que conclusões você pode tirar? Você pode explicar, a nível molecular, por que você obteve esses resultados? Você pode explicar isto usando o princípio de Le Châtelier?

(a) $HC_2H_3O_2$ 1,00 M
(b) $HC_2H_3O_2$ 0,10 M
(c) $HC_2H_3O_2$ 0,010 M

15.34 Calcule a concentração do íon hidrogênio, em mol dm^{-3}, em cada uma das seguintes soluções de um ácido ou base e seu sal:

(a) $HC_2H_3O_2$ 0,25 M, $NaC_2H_3O_2$ 0,15 M
(b) $HCHO_2$ 0,50 M, $NaCHO_2$ 0,50 M

EQUILÍBRIO ÁCIDO-BASE EM SOLUÇÃO AQUOSA / 573

(c) HNO_2 0,30 M, $NaNO_2$ 0,40 M
(d) NH_3 0,25 M, NH_4Cl 0,15 M
(e) N_2H_4 0,30 M, $N_2H_5 NO_3$ 0,50 M

15.35 O pH de uma solução 0,012 M de uma base fraca, BOH, foi determinado experimentalmente como sendo igual a 11,40. Calcule o K_b da base.

15.36 Quantos gramas de HCl gasoso deveriam ser dissolvidos em 500 cm^3 de $NaC_2H_3O_2$ 1,0 M, para formar uma solução com pH = 4,74?

15.37 Calcule o pH obtido pela dissolução de um tablete de Vitamina C, de 500 mg, em 250 cm^3 de H^2O.

15.38 No estômago, o suco gástrico tem um pH $\approx$ 1,0, devido ao ácido forte HCl. Que fração de Vitamina C em um tablete de 500 mg se dissocia, se o volume de suco gástrico no estômago é de 200 cm^3?

15.39 Se 10 mg de barbiturato de sódio forem ingeridos, que fração será convertida em ácido barbitúrico, se o pH do estômago é 1,0 e há 250 ml de suco gástrico no estômago?

15.40 Ácido nicotínico é outro nome para uma importante vitamina, a niacina. Qual o pH de uma solução 0,010 M de ácido nicotínico?

15.41 Qual a concentração molar de uma solução de ácido acético cujo pH é 2,5?

15.42 Que concentração molar de hidrazina, N_2H_4, produz uma solução cujo pH = 10,64?

15.43 Uma solução 0,010 M de um ácido fraco, HA, tem pH = 4,55. Qual o valor do K_a para este ácido?

15.44 Calcule a concentração molar de todas as espécies numa solução 0,050 M do ácido diprótico vitamina C.

15.45 Calcule as concentrações molares de todas as espécies presentes em uma solução de H_3PO_4 1,0 M.

15.46 O ácido selenoso, H_2SeO_3, tem K_{a_1} = 3 × 10^{-3} e K_{a_2} = 5 × 10^{-8}. Qual o pH de uma solução 0,50 M de H_2SeO_3? Quais são as concentrações molares no equilíbrio, de H_2SeO_3, $HSeO_3^-$ e SeO_3^{2-}?

15.47 Qual a concentração de HCO_3^- (em mol dm^{-3}) em uma solução 0,10 M de H_2CO_3, cujo pH = 3,00? Qual a concentração de CO_3^{2-} nesta solução?

15.48 Suponha que queiramos uma concentração de íon sulfeto de 8,4 × 10^{-15} M, numa solução saturada (0,10 M) de H_2S. Que concentração de íon hidrogênio precisa ser mantida por um tampão para dar essa concentração S^{2-}?

15.49 Qual a concentração do íon sulfeto numa solução saturada de H_2S (H_2S 0,10 M) que teve seu pH ajustado a um valor de 4,60, pela adição de um tampão?

15.50 Qual a razão ácido lático-lactato de sódio necessária para formar uma solução com pH = 4,25?

15.51 Calcule o pH de cada um dos seguintes tampões, preparados colocando-se em 1 dm^3 de solução:
(a) 0,10 mol de NH_3 e 0,10 mol de NH_4Cl
(b) 0,20 mol de $HC_2H_3O_2$ e 0,40 mol de $NaC_2H_3O_2$

(d) 0,15 mol de N_2H_4 e 0,10 mol de N_2H_5Cl
(d) 0,20 mol de HCl e 0,30 mol de NaCl

15.52 Quantos gramas de $NaC_2H_3O_2$ devem ser adicionados a 1,00 mol de $HC_2H_3O_2$, a fim de preparar 1,00 dm^3 de um tampão cujo pH é igual a 5,15?

15.53 Qual deve ser a razão de NH_3 para NH_4^+, para se ter um tampão com pH = 10,0?

*15.54 Quantos moles de HCl devem ser adicionados a 1,0 dm^3 de uma mistura contendo $HC_2H_3O_2$ 0,010 M e $NaC_2H_3O_2$ 0,010 M, a fim de formar uma solução cujo pH = 3,0?

15.55 Calcule a variação de pH produzida pela adição de 0,10 mol de NaOH sólido a cada um dos seguintes tampões.

(a) 500 cm^3 de $HC_2H_3O_2$ 1,00 M e $NaC_2H_3O_2$ 1,00 M
(b) 500 cm^3 de $HC_2H_3O_2$ 0,50 M e $NaC_2H_3O_2$ 0,50 M
(c) 500 cm^3 de $HC_2H_3O_2$ 0,30 M e $NaC_2H_3O_2$ 0,70 M
(d) 500 cm^3 de $HC_2H_3O_2$ 0,20 M e $NaC_2H_3O_2$ 0,80 M
(e) 500 cm^3 de $HC_2H_3O_2$ 0,10 M e $NaC_2H_3O_2$ 0,90 M

15.56 De quanto seria a variação de pH, se 0,10 mol de HCl fossem adicionados a 1,0 dm^3 de um tampão ácido fórmico-formiato de sódio, contendo 0,45 mol de $HCHO_2$ e 0,55 mol de $NaCHO_2$?

15.57 De quanto seria a variação do pH, se 0,20 mol de NaOH fossem adicionados ao tampão original do Probl. 15.56?

15.58 Determine o pH de cada uma das seguintes soluções salinas:

(a) $NaC_2H_3O_2$ 1,0 × 10^{-3} M
(b) NH_4Cl 0,125 M
(c) Na_2CO_3 0,10 M
(d) NaCN 0,10 M
(e) NH_3OHCl 0,20 M

15.59 Qual a percentagem de hidrólise de uma solução 0,10 M de cloreto de piridina, C_5H_5NHCl? Para a piridina, C_5H_5N, o valor de K_b é 1,7 e 10^{-9}.

15.60 Uma solução 0,10 M do sal de sódio de um ácido fraco monoprótico possui pH = 9,35. Qual o K_a desse ácido fraco?

15.61 A água sanitária é realmente nada mais do que uma solução diluída de NaOCl, tendo, geralmente, cerca de 5% de NaOCl, em massa. Uma amostra particular do líquido continha 0,67 mol dm^3 de NaOCl. Calcule o pH da solução.

15.62 Veronal, um barbitúrico, é, geralmente, utilizado como seu sal de sódio. Qual o pH de uma solução de $NaC_8H_{11}N_2O_3$ que contém 10 mg da droga em 250 cm^3 de solução? Para o Veronal, $HC_8H_{11}N_2O_3$, o valor de K_a é 3,7 × 10^{-8}.

15.63 Qual seria a concentração do ácido barbitúrico em uma solução 0,0010 M de barbiturato de sódio?

15.64 Qual o pH de uma solução 0,20 M de ascorbato de sódio?

15.65 Qual deverá ser o pH de uma solução 0,50 M de Na_3PO_4?

574 / QUÍMICA GERAL

*15.66 Qual deverá ser o pH de uma solução 0,0010 M de cianeto de potássio (um veneno mortal)?

15.67 15,0 cm^3 de uma solução de HNO_3 0,0200 M são titulados com KOH 0,0100 M.

(a) Qual será o pH no ponto de equivalência?
(b) Que volume de base será necessário para se atingir o ponto de equivalência?
(c) Qual será o pH, quando forem adicionados 10,0 cm^3 da solução de KOH?
(d) Qual será o pH, quando forem adicionados 35,0 cm^3 da solução de KOH?

15.68 Qual seria o pH no ponto de equivalência, se 25,0 cm^3 de ácido barbitúrico 0,010 M fossem titulados com NaOH 0,020 M?

*15.69 Quando 50,0 cm^3 de HF 0,200 M são titulados com NaOH 0,100 M, qual é o pH:

(a) Após a adição de 5,0 cm^3 da base?
(b) Quando metade do HF foi neutralizada?
(c) No ponto de equivalência?

15.70 O benzoato de sódio é usado, muitas vezes, como um produto para conservar alimentos embalados. Qual seria o pH de uma solução 0,020 M de benzoato de sódio?

15.71 Trace uma curva mostrando o pH de uma solução de 100 cm^3 de ácido barbitúrico 0,10 M, que é, gradualmente, neutralizada pela adição de NaOH sólido. Faça isso calculando o pH após a adição de 0,0, 0,0010, 0,0050, 0,0090, 0,010 e 0,011 mol de NaOH. Suponha que o volume não varia. Qual o pH no ponto de equilíbrio? Que indicador da Tab. 15.5 poderia ser usado nesta titulação?

15.72 Determine a forma da curva de titulação para a titulação de 50,0 cm^3 de HCl 0,10 M com NaOH 0,10 M.

15.73 Usando os dados das Tabs. 15.1 e 15.5, escolha um indicador que seja adequado para a titulação de:
(a) Ácido cianídrico por hidróxido de sódio.
(b) Anilina por ácido clorídrico.

15.74 Um indicador, HIn, tem uma constante de ionização, K_a, igual a $1,0 \times 10^{-5}$. Se a forma molecular do indicador é amarela e o íon In$^-$ é verde, qual é a cor de uma solução que contenha este indicador, quando seu pH é 7,0?

*15.75 Calcule a concentração de H$^+$ no $HC_2H_3O_2$ 0,0010 M.

*15.76 Calcule a concentração molar de todas as espécies, em uma solução de ácido fórmico 0,010 M.

*15.77 Calcule o pH de $NaHCO_3$ 0,50 M. De quanto variará o pH, se forem adicionados 0,05 mol dm^{-3} de HCl?

*15.78 Que volume de HCl 6,0 M se deve adicionar a 100 cm^3 de $NaC_2H_3O_2$ 0,10 M, para se obter uma solução com pH = 4,25?

*15.79 Uma amostra de sangue arterial continha $2,6 \times 10^{-2}$ moles de CO_2 dissolvidos por dm^3. O pH da amostra era 7,43. Supondo-se que em solução o CO_2 forma H_2CO_3, qual a concentração de HCO_3^- nesta amostra de sangue?

*15.80 Calcule o pH de NH_4NO_2 0,10 M.

*15.81 Determine a forma da curva de titulação quando 100 cm^3 de H_2CO_3 0,20 M são titulados com NaOH 0,10 M. Determine o pH em cada um dos pontos de equivalência.

16
SOLUBILIDADE E EQUILÍBRIO DE ÍONS COMPLEXOS

As ostras extraem Ca^{2+} e CO_3^{2-} da água do mar e os depositam sobre grãos de areia irritantes para formar lindas pérolas que são compostas, principalmente, de $CaCO_3$ insolúvel. Neste capítulo estudaremos quantitativamente a solubilidade dos sais, tais como o carbonato de cálcio, e aprenderemos como é possível prever as condições necessárias para a formação de um precipitado a partir de uma solução.

No Cap. 15, estudamos o equilíbrio iônico envolvendo ácidos e bases. Estes não são, contudo, os únicos equilíbrios dinâmicos que podem ocorrer em solução aquosa. Neste capítulo voltaremos nossa atenção para o equilíbrio envolvendo sais que têm solubilidades muito baixas (aqueles que consideramos insolúveis em água, em nossas discussões no Cap. 6). Veremos, também, o equilíbrio envolvendo espécies que chamamos "íons complexos" (íons formados por um átomo metálico envolvido por um número de ânions ou moléculas neutras às quais o metal está ligado).

16.1 PRODUTO DE SOLUBILIDADE

No Cap. 6 fomos apresentados a uma lista de regras de solubilidade que descreviam certos sais como solúveis e outros como bastante insolúveis. Entretanto, mesmo os sais mais insolúveis dissolvem-se em água em pequeno grau e suas soluções saturadas constituem um equilíbrio dinâmico que pode ser estudado pelos mesmos princípios que aplicamos ao equilíbrio ácido-base no último capítulo.

Praticamente todos os sais se dissociam completamente em água. Exceções como o $HgCl_2$ e o $CdSO_4$ são raras. Portanto, por simplicidade, nossas discussões não incluirão estes casos e assumiremos que, numa solução saturada, existe um equilíbrio entre o sal sólido e os seus íons dissolvidos. Por exemplo, em uma solução saturada de cloreto de prata temos o equilíbrio

Seguramente pode-se assumir que não há nenhum AgCl molecular em solução.

$$AgCl\ (s) \rightleftharpoons Ag^+\ (aq) + Cl^-\ (aq)$$

para o qual podemos escrever

$$K = \frac{[Ag^+][Cl^-]}{[AgCl\ (s)]}$$

Na Seç. 13.5, vimos que a *concentração* de um sólido puro é independente da quantidade de sólido presente. Em outras palavras, a concentração do sólido é uma constante e pode, portanto, ser incluída juntamente com a constante K, de modo que

$$K[AgCl\ (s)] = K_{ps} = [Ag^+][Cl^-]$$

A constante de equilíbrio K multiplicada pela concentração do AgCl sólido é ainda uma outra constante chamada **constante do produto de solubilidade**, identificada como K_{ps}. Por exemplo, podemos obter a expressão para o K_{ps} do acetato de prata a partir de seu equilíbrio de solubilidade,

$$AgC_2H_3O_2\ (s) \rightleftharpoons Ag^+\ (aq) + C_2H_3O_2^-\ (aq)$$

A condição de equilíbrio é, portanto,

$$K_{ps} = [Ag^+][C_2H_3O_2^-]$$

No caso de um sólido insolúvel, como o $Mg(OH)_2$, os coeficientes do equilíbrio de dissociação não são todos iguais à unidade:

$$Mg(OH)_2\ (s) \rightleftharpoons Mg^{2+}\ (aq) + 2OH^-\ (aq)$$

O K_{ps} para o $Mg(OH)_2$ é, então, dado por

$$K_{ps} = [Mg^{2+}][OH^-]^2$$

Uma suspensão de hidróxido de magnésio em água.

SOLUBILIDADE E EQUILÍBRIO DE ÍONS COMPLEXOS / 577

Tabela 16.1
Constantes do produto de solubilidade a 25°C

Composto	K_{ps}	Composto	K_{ps}
$Al(OH)_3$	2×10^{-33}	PbS	7×10^{-27}
$BaCO_3$	$8,1 \times 10^{-9}$	$Mg(OH)_2$	$1,2 \times 10^{-11}$
$BaCrO_4$	$2,4 \times 10^{-10}$	MgC_2O_4	$8,6 \times 10^{-5}$
BaF_2	$1,7 \times 10^{-6}$	$Mn(OH)_2$	$4,5 \times 10^{-14}$
$BaSO_4$	$1,5 \times 10^{-9}$	MnS	7×10^{-16}
CdS	$3,6 \times 10^{-29}$	Hg_2Cl_2	2×10^{-18}
$CaCO_3$	9×10^{-9}	HgS	$1,6 \times 10^{-54}$
CaF_2	$1,7 \times 10^{-10}$	NiS	2×10^{-21}
$CaSO_4$	2×10^{-4}	$AgC_2H_3O_2$	$2,3 \times 10^{-3}$
CoS	7×10^{-23}	Ag_2CO_3	$8,2 \times 10^{-12}$
CuS	$8,5 \times 10^{-36}$	$AgCl$	$1,7 \times 10^{-10}$
Cu_2S	2×10^{-47}	$AgBr$	5×10^{-13}
$Fe(OH)_2$	2×10^{-15}	AgI	$8,5 \times 10^{-17}$
$Fe(OH)_3$	$1,1 \times 10^{-36}$	Ag_2CrO_4	$1,9 \times 10^{-12}$
FeC_2O_4	$2,1 \times 10^{-7}$	$AgCN$	$1,6 \times 10^{-14}$
FeS	$3,7 \times 10^{-19}$	Ag_2S	2×10^{-49}
$PbCl_2$	$1,6 \times 10^{-5}$	$Sn(OH)_2$	5×10^{-26}
$PbCrO_4$	$1,8 \times 10^{-14}$	SnS	1×10^{-26}
PbC_2O_4	$2,7 \times 10^{-11}$	$Zn(OH)_2$	$4,5 \times 10^{-17}$
$PbSO_4$	2×10^{-8}	ZnS	$1,2 \times 10^{-23}$

Assim, a constante do produto de solubilidade é igual ao produto das concentrações dos íons formados na solução saturada, cada uma delas elevada à potência igual ao seu coeficiente na equação balanceada. A Tab. 16.1 relaciona alguns sólidos iônicos e seus K_{ps}, em temperaturas variando entre 18 e 25°C.

Os cálculos envolvendo K_{ps} podem ser divididos em três categorias:

1. Cálculo do K_{ps} a partir de dados de solubilidade
2. Cálculo da solubilidade a partir do K_{ps}
3. Problemas envolvendo precipitação

Começaremos (como era de se esperar) pelo primeiro tipo.

EXEMPLO 16.1

Experimentalmente, foi determinado que, a 25°C, a solubilidade do $BaSO_4$ em água é de 0,0091 g dm^{-3}. Qual o valor do K_{ps} para o sulfato de bário?

SOLUÇÃO

Entende-se por solubilidade a quantidade de sal necessária para se obter uma solução saturada.

A partir da solubilidade, podemos calcular o número de moles de $BaSO_4$ que estão dissolvidos em 1 dm^3 de solução:

$$\left(0,0091 \ \frac{g}{dm^3}\right) \times \left(\frac{1 \ mol}{233 \ g}\right) = 3,9 \times 10^{-5} \ mol \ dm^{-3}$$

578 / QUÍMICA GERAL

O equilíbrio de solubilidade do $BaSO_4$ é

$$BaSO_4 (s) \rightleftharpoons Ba^{2+} (aq) + SO_4^{2-} (aq)$$

de modo que, para cada mol de $BaSO_4$ dissolvido, são formados 1 mol de Ba^{2+} e 1 mol de SO_4^{2-}. Portanto, as concentrações molares de Ba^{2+} e SO_4^{2-}, nesta solução saturada a 25°C, são:

A solubilidade em mol dm^{-3} é chamada de solubilidade molar.

$$[Ba^{2+}] = 3,9 \times 10^{-5} M$$
$$[SO_4^{2-}] = 3,9 \times 10^{-5} M$$

e o K_{ps} será

$$K_{ps} = [Ba^{2+}] [SO_4^{2-}]$$
$$= (3,9 \times 10^{-5}) (3,9 \times 10^{-5})$$
$$= 1,5 \times 10^{-9}$$

EXEMPLO 16.2

A solubilidade do iodato de chumbo, $Pb(IO_3)_2$, é $4,0 \times 10^{-5}$ mol dm^{-3} a 25°C. Qual o K_{ps} deste sal?

SOLUÇÃO

Primeiro escrevemos a reação química e a expressão do K_{ps}.

$$Pb(IO_3)_2 (s) \rightleftharpoons Pb^{2+} (aq) + 2IO_3^- (aq)$$
$$K_{ps} = [Pb^{2+}] [IO_3^-]^2$$

Quando o $Pb(IO_3)_2$ se dissolve, obtém-se um mol de Pb^{2+} e dois moles de IO_3^- para cada mol de $Pb(IO_3)_2$. Assim, quando $4,0 \times 10^{-5}$ mol de $Pb(IO_3)_2$ são dissolvidos em 1 dm^3, obtém-se

$$[Pb^{2+}] = 4,0 \times 10^{-5} M$$
$$[IO_3^-] = 2 (4,0 \times 10^{-5}) = 8,0 \times 10^{-5} M$$

Estas quantidades serão, agora, substituídas na expressão do K_{ps}

$$K_{ps} = (4,0 \times 10^{-5}) (8,0 \times 10^{-5})^2$$
$$= 2,6 \times 10^{-13}$$

Vejamos agora como podemos determinar a solubilidade a partir de um valor conhecido do K_{ps} (o segundo tipo de problema de nossa lista).

EXEMPLO 16.3

Qual a solubilidade molar do AgCl em água, a 25°C?

SOLUÇÃO

Trata-se do equilíbrio

$$AgCl (s) \rightleftharpoons Ag^+ (aq) + Cl^- (aq)$$

para o qual

$$K_{ps} = [Ag^+] [Cl^-] = 1,7 \times 10^{-10}$$

Ao trabalharmos em problemas deste tipo, montaremos, novamente, uma tabela de concentrações semelhante às que usamos nos cálculos anteriores de equilíbrio. Neste exemplo em particular, o AgCl está-se dissolvendo em água que não contém nem Ag^+ nem Cl^-, de forma que as entradas

SOLUBILIDADE E EQUILÍBRIO DE ÍONS COMPLEXOS / 579

na primeira coluna serão zero. A seguir, façamos x igual à solubilidade molar (o número de moles de AgCl que se dissolvem por dm^3). Uma vez que um Ag^+ ~ um Cl^- são produzidos para cada AgCl que se dissolve, as concentrações de Ag^+ e Cl^- aumen..rão de x; portanto, ambas as entradas na coluna de variação são $+x$. Finalmente, os valores na coluna "concentrações no equilíbrio" são obtidos adicionando-se a variação à concentração inicial (uma operação trivial neste caso particular).

	Concentração Molar Inicial	Variação	Concentração Molar no Equilíbrio
Ag^+	0,0	$+x$	x
Cl^-	0,0	$+x$	x

Substituindo , na expressão do K_{ps}, os valores das concentrações no equilíbrio e o valor de K_{ps} da Tab. 16.1,

$$K_{ps} = (x)\,(x) = 1,7 \times 10^{-10}$$
$$x^2 = 1,7 \times 10^{-10}$$
$$x = 1,3 \times 10^{-5}$$

Portanto, a solubilidade molar do AgCl, em água, é $1,3 \times 10^{-5}$ M.

EXEMPLO 16.4

Quais são as concentrações de Ag^+ e $CrO_4{}^{2-}$, em uma solução saturada de Ag_2CrO_4 a $25°C$?

SOLUÇÃO

Ag_2CrO_4 dissolve-se em água de acordo com o equilíbrio

$$Ag_2CrO_4\,(s) \rightleftharpoons 2\,Ag^+\,(aq) + CrO_4{}^{2-}\,(aq)$$

e a expressão do K_{ps} é

$$K_{ps} = [Ag^+]\,[CrO_4{}^{2-}]$$

*Tomando-se **x** como a solubilidade molar, os coeficientes de **x** na coluna de variação são os coeficientes dos íons na equação química para o equilíbrio.*

Novamente nenhum dos íons envolvidos no equilíbrio está presente na solução antes do sal ser adicionado, de forma que as concentrações iniciais são zero. A seguir, fazemos x igual à solubilidade molar. Uma vez que dois Ag^+ e um $CrO_4{}^{2-}$ são produzidos para cada Ag_2CrO_4 que se dissolve, então, quando x mol por dm^3 de Ag_2CrO_4 se dissolverem, a concentração de Ag^+ aumentará de $2x$ e a concentração de $CrO_4{}^{2-}$ aumentará de x. Finalmente, adicionamos a variação à concentração inicial para obtermos as concentrações no equilíbrio na última coluna.

	Concentração Molar Inicial	Variação	Concentração Molar no Equilíbrio
Ag^+	0,0	$+2x$	$2x$
$CrO_4{}^{2-}$	0,0	$+x$	x

Substituindo o valor de K_{ps} da Tab. 16.1 e resolvendo para x, teremos

$$K_{ps} = (2x)^2\,(x) = 1,9 \times 10^{-12}$$
$$(4x^2)\,x = 4x^3 = 1,9 \times 10^{-12}$$
$$x^3 = 0,48 \times 10^{-12}$$

$(2x)^2 = 4x^2$.

e

$$x = 7,8 \times 10^{-5}$$

580 / QUÍMICA GERAL

Portanto,

$$[Ag^+] = 2\,(7,8 \times 10^{-5}) = 1,6 \times 10^{-4}\ M$$
$$[CrO_4^{\,2-}] = 7,8 \times 10^{-5}\ M$$

Voltemos agora a nossa atenção para determinar quando um precipitado se pode formar numa solução de dois sais. Lembremo-nos de nossa discussão anterior sobre uma solução saturada, na qual um soluto não dissolvido está em equilíbrio dinâmico com a solução. Esta é, precisamente, a situação para a qual aplicamos K_{ps}. Em outras palavras, uma solução saturada existe *apenas* quando o **produto iônico**, isto é, o *produto das concentrações dos íons dissolvidos, cada uma das quais elevada a sua própria potência*, é exatamente igual ao K_{ps}. Quando o produto iônico é menor que o K_{ps}, a solução não está saturada, porque mais sal teria que ser dissolvido, a fim de aumentar a concentração dos íons para um valor em que o produto iônico se igualasse ao K_{ps}. Por outro lado, quando o produto iônico excede o valor do K_{ps}, existe uma solução supersaturada. Nesse caso, algum sal terá que precipitar, a fim de reduzir a concentração dos íons, até que o produto iônico se iguale, novamente, ao K_{ps}.

Em uma solução, um precipitado será formado apenas quando a mistura estiver supersaturada. Conseqüentemente, podemos usar o valor do produto iônico em uma solução para nos indicar se ocorrerá ou não precipitação. Resumindo:

Se produto iônico $< K_{ps}$,
Se produto iônico $= K_{ps}$, $\left.\right\}$ não haverá formação de precipitado

Se produto iônico $> K_{ps}$,   ocorrerá precipitação

EXEMPLO 16.5

Dada uma solução com uma concentração de $0,010\ M$ de $Pb\,(NO_3)_2$ e uma concentração de $0,010\ M$ de HCl, ocorrerá a formação de um precipitado de $PbCl_2$? O K_{ps} do $PbCl_2$ é igual a $1,6 \times 10^{-5}$.

SOLUÇÃO

Para o cloreto de chumbo podemos escrever o seguinte equilíbrio

$$PbCl_2\,(s) \rightleftharpoons Pb^{2+}\,(aq) + 2Cl^-\,(aq)$$

de forma que o produto iônico que será usado em nosso teste para precipitação é $[Pb^{2+}]\,[Cl^-]^2$. Numa solução de $Pb\,(NO_3)_2\ 0,010\ M$, $[Pb^{2+}] = 0,010\ M$ e de HCl $0,010\ M$, $[Cl^-] = 0,010\ M$.

Podemos ignorar o H^+ e o NO_3^- porque aqui eles são simplesmente íons espectadores.

Usando estes valores podemos calcular o produto iônico

$$[Pb^{2+}]\,[Cl^-]^2 = (0,010)\,(0,010)^2 = 1,0 \times 10^{-6}$$

Uma vez que este valor é menor do que o K_{ps} $(1,6 \times 10^{-5})$, concluímos que não haverá formação de precipitado.

EXEMPLO 16.6

Haverá formação de um precipitado de $PbSO_4$, quando exatamente 100 cm³ de solução $0,0030\ M$ de $Pb\,(NO_3)_2$ são misturados com exatamente 400 cm³ de solução $0,040\ M$ de Na_2SO_4?

SOLUÇÃO

Para o sulfato de chumbo, o produto iônico que devemos examinar é

$$[Pb^{2+}]\,[SO_4^{\,2-}]$$

SOLUBILIDADE E EQUILÍBRIO DE ÍONS COMPLEXOS / 581

mas desta vez devemos levar em conta o fato de que uma solução dilui a outra quando elas são misturadas. Consideraremos isto imaginando que as soluções podem ser combinadas antes que qualquer reação ocorra e, então, olhamos para o valor do produto iônico na mistura final. O primeiro passo é calcularmos as concentrações de Pb^{2+} e SO_4^{2-} no volume total de 500 cm^3. Os 100 cm^3 originais de $Pb(NO_3)_2$ $0,0030\ M$ contêm

$$(0,100 \text{ dm}^3) \times \left(0,0030\ \frac{\text{mol}}{\text{dm}^3}\right) = 0,00030 \text{ mol de } Pb^{2+}$$

(Esta solução contém, também, $0,0006$ mol de NO_3^-, porém esta espécie não é importante para este cálculo, pois é um íon espectador.)

Os 400 cm^3 de Na_2SO_4 contém

$$(0,400 \text{ dm}^3) \times \left(0,040\ \frac{\text{mol}}{\text{dm}^3}\right) = 0,016 \text{ mol de } SO_4^{2-}$$

(Esta solução contém $0,032$ mol de Na^+, porém esta espécie também não é importante para este problema.)

A concentração de Pb^{2+} nos 500 cm^3 é, então,

$$\frac{0,00030 \text{ mol}}{0,500 \text{ dm}^3} = 0,00060\ M = 6,0 \times 10^{-4}\ M$$

e a concentração de SO_4^{2-} nos 500 cm^3 é

$$\frac{0,016 \text{ mol}}{0,500 \text{ dm}^3} = 0,032\ M = 3,2 \times 10^{-2}\ M$$

O produto iônico na solução final é, portanto,

$$[Pb^{2+}][SO_4^{2-}] = (6,0 \times 10^{-4})(3,2 \times 10^{-2}) = 1,9 \times 10^{-5}$$

Quando comparamos o valor do produto iônico com o valor do K_{ps} do $PbSO_4$ (da Tab. 16.1, $K_{ps} = 2 \times 10^{-8}$), vemos que o produto iônico é maior do que o K_{ps} e, portanto, ocorrerá a formação de um precipitado.

Separação de íons por precipitação

Das regras de solubilidade apresentadas no Cap. 6, sabemos que é possível separar certos íons de outros, quando eles estão juntos em uma solução. Por exemplo, a adição do íon cloreto a uma solução contendo os íons Na^+ e Ag^+ produz um precipitado de $AgCl$, removendo, com isso, a maioria do Ag^+ da mistura. Nesse caso, um dos produtos possíveis, $NaCl$, é solúvel, enquanto o outro, $AgCl$, é bastante insolúvel.

Mesmo quando ambos os produtos são "insolúveis", ainda é possível chegar a algum grau de separação. Consideremos, por exemplo, os sais $CaSO_4$ e $BaSO_4$. Embora ambos tenham solubilidade muito pequena, como está evidenciado pelos valores de seus respectivos K_{ps}, ainda assim o $CaSO_4$ é cerca de 1000 vezes mais solúvel, em termos de mol, do que o $BaSO_4$. Como resultado, se tivermos uma solução contendo concentrações iguais de Ca^{2+} e Ba^{2+} e nela aumentarmos a concentração de SO_4^{2-}, precipitará o $BaSO_4$, em primeiro lugar. Compreende-se, então, que é possível separar Ca^{2+} e Ba^{2+} por meio de um ajuste apropriado da concentração de SO_4^{2-}, de modo que os íons Ca^{2+} permaneçam em solução, enquanto que quase todos os íons de Ba^{2+} serão removidos como $BaSO_4$. Este conceito geral é usado muitas vezes na separação de íons, em análise qualitativa.

582 / QUÍMICA GERAL

Quando o ânion empregado na separação é derivado de um ácido fraco, é possível controlar sua concentração por um ajuste apropriado da concentração do íon hidrogênio. Isto é ilustrado pela precipitação seletiva de sulfetos metálicos, no Ex. 16.7.

EXEMPLO 16.7   Uma solução contendo Sn^{2+} 0,10 M e Zn^{2+} 0,10 M é saturada com H_2S ($[H_2S] = 0,10 M$). Que valores para a concentração do íon hidrogênio permitirão a apenas um destes íons precipitar como sulfeto?

SOLUÇÃO   Da Tab. 16.1, temos

$$SnS \qquad K_{ps} = 1 \times 10^{-26}$$
$$ZnS \qquad K_{ps} = 1,2 \times 10^{-23}$$

Neste problema, a concentração do íon sulfeto deve ser controlada de modo que apenas um íon precipite, enquanto o outro permanece em solução. Portanto, calculemos para cada um dos sais o valor de $[S^{2-}]$ que torne o produto iônico igual ao K_{ps}.

Para o estanho, temos

$$K_{ps} = [Sn^{2+}]\,[S^{2-}] = 1 \times 10^{-26}$$

Substituindo o valor da concentração do íon Sn^{2+} na expressão, teremos

$$(0,10)\,[S^{2-}] = 1 \times 10^{-26}$$
$$[S^{2-}] = 1 \times 10^{-25}\,M$$

De modo semelhante, para o zinco,

$$[S^{2-}] = 1,2 \times 10^{-22}\,M$$

Estes números revelam que, se a concentração do íon sulfeto for *maior* que $1 \times 10^{-25}\,M$, porém *menor ou igual* a $1,2 \times 10^{-22}\,M$, apenas o SnS precipitará.

Vimos, na Eq. 15.7, que a concentração do íon sulfeto está diretamente relacionada à concentração do íon hidrogênio, isto é,

$$\frac{[H^+]^2\,[S^{2-}]}{[H_2S]} = K_{a_1} K_{a_2} = 1,1 \times 10^{-21}$$

Podemos usar esta expressão para calcular $[H^+]$, o que dará a concentração desejada para $[S^{2-}]$. Como limite inferior, tem-se $[S^{2-}] = 1 \times 10^{-25}\,M$. Visto que a solução está saturada com H_2S, tem-se $[H_2S] = 0,10\,M$. Substituindo, teremos

$$\frac{[H^+]^2\,(1 \times 10^{-25})}{(0,10)} = 1,1 \times 10^{-21}$$

$$[H^+]^2 = \frac{(1,1 \times 10^{-21})\,(0,10)}{(1 \times 10^{-25})} = 1,1 \times 10^3$$

$$[H^+] = 3,3 \times 10^1 = 33\,M$$

Este cálculo sugere que, para evitar a precipitação do SnS, a concentração de H^+ deverá ser igual a 33 M. Esta concentração é impossível de ser conseguida; desse modo, o SnS *deve* precipitar, independentemente da acidez da solução.

A fim de evitar a formação de ZnS, a concentração do S^{2-} não pode ser maior que $1,2 \times 10^{-22}\,M$. Usando este valor para o $[S^{2-}]$ na Eq. 15.7, teremos

SOLUBILIDADE E EQUILÍBRIO DE ÍONS COMPLEXOS / 583

$$\frac{[H^+]^2 (1,2 \times 10^{-22})}{0,10} = 1,1 \times 10^{-21}$$

$$[H^+]^2 = 0,92$$

$$[H^+] = 0,96 \, M$$

Assim, quando $[H^+] = 0,96 \, M$, a concentração do S^{2-} será $1,2 \times 10^{-22} \, M$, isto é, o valor mais elevado que ela pode alcançar sem que haja precipitação de Zn^{2+}. Uma concentração do íon hidrogênio *maior* que $0,96 \, M$ produzirá uma concentração do íon sulfeto *menor* que $1,2 \times 10^{-22} \, M$. Resumindo: a fim de obter uma separação,

$$[H^+] < 23 \, M$$

e

$$[H^+] \geqslant 0,96 \, M$$

Os exemplos precedentes ilustram como dois íons metálicos, cujos sulfetos diferem bastante em solubilidade, podem ser separados um do outro pela precipitação de somente um deles. Esta separação é na verdade bastante completa. Por exemplo, numa concentração de íon hidrogênio de $1 \, M$, que impedirá a formação do sulfeto de zinco, a solubilidade do SnS na solução saturada de H_2S é de somente $9 \times 10^{-5} \, M$, o que significa que 99,91% do Sn^{2+} originalmente na solução seria precipitado como SnS! A Tab. 16.2 lista alguns íons metálicos que podem ser separados um do outro desta maneira. Eles estão divididos em grupos, de acordo com as solubilidades dos seus sulfitos numa solução ácida. Os da primeira coluna da tabela são freqüentemente citados como metais que têm sulfetos insolúveis em condições ácidas. Eles podem ser separados dos íons metálicos, na segunda coluna, que precipitam como sulfetos insolúveis em pH alto e são citados como metais com sulfetos insolúveis em condições básicas.

Tabela 16.2
Íons metálicos que podem ser separados de acordo com as solubilidades dos seus sulfetos

Íons Metálicos com "Sulfetos Insolúveis em Condições Ácidas"			Íons Metálicos com "Sulfetos Insolúveis em Condições Básicas"		
Íon Metálico	*Sulfeto Metálico*	K_{ps}	*Íon Metálico*	*Sulfeto Metálico*	K_{ps}
Cu^{2+}	CuS	$8,5 \times 10^{-36}$	Zn^{2+}	ZnS	$1,2 \times 10^{-23}$
Bi^{3+}	Bi_2S_3	$2,9 \times 10^{-70}$	Co^{2+}	CoS	$7,0 \times 10^{-23}$
Pb^{2+}	PbS	7×10^{-27}	Ni^{2+}	NiS	2×10^{-21}
Hg^{2+}	HgS	$1,6 \times 10^{-54}$	Fe^{2+}	FeS	$3,7 \times 10^{-19}$
Sn^{2+}	SnS	1×10^{-26}	Mn^{2+}	MnS	7×10^{-16}

16.2 EFEITO DO ÍON COMUM E SOLUBILIDADE

Quando se dissolve um sal numa solução que já contém um dos seus íons, sua solubilidade é menor do que em água pura. Por exemplo, o cloreto de prata é menos solúvel numa solução de NaCl do que em água pura. Neste caso, ambos os solutos têm um íon em comum: o íon cloreto. A redução da solubilidade na presença de um **íon comum** é chamada **efeito do íon comum**.

584 / QUÍMICA GERAL

O efeito de um íon comum na solubilidade pode ser facilmente compreendido com base no princípio de Le Châtelier. Suponhamos que o cloreto de prata sólido seja colocado em água pura e deixado entrar em equilíbrio com os seus íons em solução.

$$AgCl\ (s) \rightleftharpoons Ag^+\ (aq) + Cl^-\ (aq)$$

Se um cloreto salino solúvel, tal como o NaCl, for adicionado à solução, a concentração do íon cloreto aumentará e deslocará este equilíbrio para a esquerda, causando, portanto, a precipitação de algum AgCl. Em outras palavras, o AgCl é menos solúvel quando o NaCl está presente na solução do que quando colocado em água pura[1]. Vejamos uns poucos exemplos.

EXEMPLO 16.8

Qual a solubilidade molar do AgCl em uma solução 0,010 M de NaCl?

SOLUÇÃO

Para esse sal, tem-se

$$K_{ps} = [Ag^+]\ [Cl^-] = 1,7 \times 10^{-10}$$

O NaCl está dissolvido e completamente dissociado. Não escreva um equilíbrio para ele!

Antes da dissolução de qualquer quantidade de AgCl, temos uma concentração inicial de Cl^- de 0,010 M. Podemos esquecer a presença do Na^+, porque ele não está envolvido no equilíbrio. Chamemos x o número de moles por dm^3 de AgCl que se dissolvem. Isto aumenta tanto $[Cl^-]$ como $[Ag^+]$ de x. Assim,

	Concentração Molar Inicial	Variação	Concentração Molar no Equilíbrio
Ag^+	0,0	$+x$	x
Cl^-	0,010	$+x$	$0,010 + x \approx 0,010$

Note que assumimos poder desprezar x no cômputo da concentração de Cl^- no equilíbrio. Podemos levantar esta hipótese porque o valor do K_{ps} é muito pequeno. Com isso, a parte algébrica do problema é grandemente simplificada. Substituindo as concentrações no equilíbrio, na expressão do K_{ps}, tem-se

$$(x)\ (0,010) = 1,7 \times 10^{-10}$$

ou

$$x = 1,7 \times 10^{-8}\ M$$

Assim, a solubilidade molar do AgCl é $1,7 \times 10^{-8}\ M$. Podemos comparar esta com a solubilidade molar do AgCl em água pura, que encontramos no Ex. 16.3 como sendo $1,3 \times 10^{-5}\ M$. A solubilidade do AgCl é, na verdade, muito menor em uma solução contendo um íon comum.

---

[1] Um efeito semelhante foi visto na seção sobre tampões, no Cap. 15, quando um íon comum foi adicionado ao equilíbrio de dissociação de um ácido fraco.

SOLUBILIDADE E EQUILÍBRIO DE ÍONS COMPLEXOS / 585

EXEMPLO 16.9 Qual a solubilidade molar do $Mg(OH)_2$ em NaOH 0,10 M?

SOLUÇÃO O K_{ps} para o $Mg(OH)_2$ é

$$K_{ps} = [Mg^{2+}][OH^-]^2$$

Neste ponto, tais problemas parecem embaraçar alguns estudantes, mas, se você abordar a construção da tabela de concentração sistematicamente, não terá dificuldades. Primeiramente, questione quais são as concentrações iniciais antes de que qualquer $Mg(OH)_2$ seja adicionado. Uma vez que a solução, inicialmente, contém NaOH 0,10 M, $[Na^+] = 0,10\ M$ e $[OH^-] = 0,10\ M$. Não há nenhum íon magnésio, ou seja, $[Mg^{2+}] = 0,0\ M$. Estamos interessados apenas nas concentrações de OH^- e Mg^{2+}, de forma que entramos os seus valores na primeira coluna.

A seguir, como mudam as concentrações? Ao se dissolver x mol dm^{-3} de $Mg(OH)_2$, $[Mg^{2+}]$ aumenta de x e $[OH^-]$ aumenta de $2x$. Estas entram na coluna do centro e as concentrações no equilíbrio são obtidas adicionando-se as quantidades das duas primeiras colunas (como sempre).

	Concentração Molar Inicial	Variação	Concentração Molar no Equilíbrio
Mg^{2+}	0,0	$+x$	x
OH^-	0,10	$+2x$	$0,10 + 2x \approx 0,10$

Outra vez, simplificamos a parte algébrica, supondo que $2x$ é desprezível, quando comparado a 0,10. Substituindo as concentrações no equilíbrio e o K_{ps} para o $Mg(OH)_2$, da Tab. 16.1, na expressão do produto de solubilidade, vem

$$(x)(0,10)^2 = 1,2 \times 10^{-11}$$

ou

$$x = \frac{1,2 \times 10^{-11}}{(0,10)^2}$$

$$x = 1,2 \times 10^{-9}\ M$$

Assim, $1,2 \times 10^{-9}$ mol por dm^3 de $Mg(OH)_2$ dissolvem-se em uma solução 0,10 M de NaOH.

EXEMPLO 16.10 Qual a solubilidade molar do PbI_2 numa solução de $Pb(NO_3)_2$? O K_{ps} do iodeto de chumbo é igual a $1,4 \times 10^{-8}$.

SOLUÇÃO A expressão para o K_{ps} é

$$K_{ps} = [Pb^{2+}][I^-]^2$$

Para construirmos a tabela de solubilidade, começamos perguntando "quais são as concentrações iniciais de Pb^{2+} e de I^-?" A solução contém inicialmente $Pb(NO_3)_2$ 0,10 M, de forma que a concentração inicial de Pb^{2+} é 0,10 M. Não há iodeto presente inicialmente, de maneira que a concentração inicial de I^- é 0,0 M. Estes valores entram na primeira coluna.

A seguir, façamos x igual à solubilidade molar do PbI_2. Quando se dissolve x mol dm^{-3} de PbI_2, $[Pb^{2+}]$ aumentará de x e $[I^-]$ aumentará de $2x$. Estas quantidades entram na coluna de variação. Adicionando-se, então, as duas primeiras colunas, obtendo-se as concentrações no equilíbrio.

	Concentração Molar Inicial	Variação	Concentração Molar no Equilíbrio
Pb^{2+}	0,10	$+x$	$0,10 + x \approx 0,10$
I^-	0,0	$+2x$	$2x$

Após fazermos as simplificações usuais, as quantidades no equilíbrio são substituídas na expressão do K_{ps}.

$$K_{ps} = (0,10)(2x)^2 = 1,4 \times 10^{-8}$$
$$4x^2 = 1,4 \times 10^{-7}$$
$$x^2 = 3,5 \times 10^{-8}$$
$$x = 1,9 \times 10^{-4}$$

A solubilidade molar é $1,9 \times 10^{-4}$ M.

16.3 ÍONS COMPLEXOS

Muitos íons metálicos, particularmente aqueles dos elementos de transição, são capazes de se combinar com uma ou mais moléculas ou íons para produzir espécies mais complexas chamadas *íons complexos* ou simplesmente **complexos**. As substâncias que se combinam com o íon metálico são chamadas **ligantes** e, geralmente, são bases de Lewis. Elas podem ser: (a) moléculas neutras, como H_2O e NH_3; (b) ânions monoatômicos, como Cl^- e Br^-; (c) ânions poliatômicos, como CN^- e $C_2O_4^{2-}$. Um exemplo de íon complexo, que já vimos, é o $Al(H_2O)_6^{3+}$. Outro exemplo, contendo poucos ligantes, é formado quando NH_3 é adicionado a uma solução contendo Ag^+. Sua fórmula é $Ag(NH_3)_2^+$. A carga de um íon complexo como este é a soma algébrica das cargas do íon metálico e dos ligantes. Assim, Ag^+ também forma um íon complexo com CN^-, tendo como fórmula $Ag(CN)_2^-$.

Discutiremos os detalhes de estrutura e ligação de íons complexos em outra oportunidade. Por ora focalizaremos nossa atenção nos seus equilíbrios de dissociação e nos efeitos que as suas formações provocam nas solubilidades dos sais.

Há duas maneiras de se tratar o equilíbrio envolvendo íons complexos. Uma delas é considerar seu equilíbrio de dissociação. Por exemplo, a reação global para o equilíbrio de dissociação do $Ag(NH_3)_2^+$ pode ser escrita como

$$Ag(NH_3)_2^+ \ (aq) \rightleftharpoons Ag^+ \ (aq) + 2NH_3 \ (aq)$$

A constante de equilíbrio para esta reação é chamada **constante de instabilidade**. Este nome deve-se ao fato de que, quanto maior é o valor de K_{inst}, menos estável é o complexo, refletido por sua tendência em se dissociar. Para o íon $Ag(NH_3)_2^+$, a expressão de equilíbrio é

$$K_{inst} = \frac{[Ag^+][NH_3]^2}{[Ag(NH_3)_2^+]}$$

O valor da constante de instabilidade para este complexo é igual a $6,0 \times 10^{-8}$. Podemos ver, pelo valor da constante, que este complexo é bastante estável e rapidamente se formará, sempre que Ag^+ e NH_3 forem adicionados à mesma solução. Outros exemplos de íons complexos e suas constantes de instabilidade podem ser vistos na Tab. 16.3.

Tabela 16.3
Constantes de Instabilidade e
Constantes de Formação, a 25°C

Íon Complexo	K_{inst}	K_{form}
AlF_6^{3-}	$1,5 \times 10^{-20}$	$6,7 \times 10^{19}$
$Cd(CN)_4^{2-}$	$1,3 \times 10^{-17}$	$7,7 \times 10^{16}$
$Co(NH_3)_6^{2+}$	$1,3 \times 10^{-5}$	$7,7 \times 10^{4}$
$Co(NH_3)_6^{3+}$	$2,0 \times 10^{-34}$	$5,0 \times 10^{33}$
$Cu(NH_3)_4^{2+}$	$2,1 \times 10^{-13}$	$4,8 \times 10^{12}$
$Cu(CN)_2^{-}$	$1,0 \times 10^{-16}$	$1,0 \times 10^{16}$
$Fe(CN)_6^{4-}$	$1,0 \times 10^{-35}$	$1,0 \times 10^{35}$
$Fe(CN)_6^{3-}$	$1,1 \times 10^{-42}$	$9,1 \times 10^{41}$
$Ni(NH_3)_4^{2+}$	$1,1 \times 10^{-8}$	$9,1 \times 10^{7}$
$Ni(NH_3)_6^{2+}$	$2,0 \times 10^{-9}$	$5,0 \times 10^{8}$
$Ag(NH_3)_2^{+}$	$6,0 \times 10^{-8}$	$1,7 \times 10^{7}$
$Ag(CN)_2^{-}$	$1,9 \times 10^{-19}$	$5,3 \times 10^{18}$
$Zn(OH)_4^{2-}$	$3,6 \times 10^{-16}$	$2,8 \times 10^{15}$

Um modo alternativo de escrever o equilíbrio para um íon complexo é através da equação que representa a sua formação. Por exemplo,

$$Ag^+ (aq) + 2NH_3 (aq) \rightleftharpoons Ag(NH_3)_2^+ (aq)$$

A expressão do equilíbrio, naturalmente, é a recíproca da expressão do K_{inst}. Nesse caso, a constante de equilíbrio (que é igual ao valor recíproco da K_{inst}) é chamada **constante de formação** ou **constante de estabilidade**. A Tab. 16.3 mostra, também, esses valores.

$$K_{form} = \frac{[Ag(NH_3)_2^+]}{[Ag^+][NH_3]^2}$$

$$K_{form} = \frac{1}{K_{inst}}$$

Na literatura química, as constantes de equilíbrio para os íons complexos são, algumas vezes, listadas como constantes de instabilidade e, outras vezes, como constantes de formação ou constantes de estabilidade. Devemos saber distingui-las.

16.4 ÍONS COMPLEXOS E SOLUBILIDADE

Quando um íon complexo é formado em uma solução de um sal insolúvel, a concentração do íon metálico é reduzida. Como resultado, mais sólido deve se dissolver, a fim de preencher a quantidade de íon metálico perdida, até que a concentração exigida pelo K_{ps} do sal seja alcançada. Assim, a solubilidade de um sal insolúvel, geralmente, aumenta quando são formados íons complexos. Para ver isto mais claramente, consideremos o efeito que a adição de NH_3 produz sobre uma solução saturada de AgCl. Antes que qualquer NH_3 tenha sido adicionado, temos o equilíbrio

$$AgCl (s) \rightleftharpoons Ag^+ + Cl^- \qquad [16.1]$$

588 / QUÍMICA GERAL

Como os íons livres de prata formam com o NH_3 um complexo estável, à medida que este é adicionado ao sistema um segundo equilíbrio é estabelecido

$$Ag^+ + 2NH_3 \rightleftharpoons Ag(NH_3)_2{}^+ \qquad [16.2]$$

A criação deste novo equilíbrio interfere com o primeiro, pela remoção de alguns íons Ag^+, causando, com isso, um deslocamento do primeiro equilíbrio para a direita. Como resultado, parte de AgCl sólido se dissolve.

Os dois equilíbrios representados pelas Eqs. 16.1 e 16.2 podem ser combinados em um equilíbrio global adicionando-se um ao outro.

$$\begin{array}{c} AgCl\ (s) \rightleftharpoons Ag^+ + Cl^- \\ \underline{Ag^+ + 2NH_3 \rightleftharpoons Ag(NH_3)_2{}^+} \\ AgCl\ (s) + 2NH_3 \rightleftharpoons Ag(NH_3)_2{}^+ + Cl^- \end{array}$$

A constante de equilíbrio para esta reação global é

$$K_c = \frac{[Ag(NH_3)_2{}^+][Cl^-]}{[NH_3]^2}$$

Podemos obter esta expressão multiplicando o K_{ps} do AgCl pelo K_{form} do íon complexo.[2] Assim,

$$K_{sp} \times K_{form} = [\cancel{Ag^+}][Cl^-] \times \frac{[Ag(NH_3)_2{}^+]}{[\cancel{Ag^+}][NH_3]^2} \doteq K_c$$

Portanto, com o conhecimento do K_{ps} do sal, do K_{form} do íon complexo (ou K_{inst}) e da concentração de NH_3, é possível calcular as concentrações de Ag^+ e Cl^- presentes no equilíbrio e, com isso, determinar a solubilidade do AgCl em NH_3, como é mostrado no exemplo a seguir.

EXEMPLO 16.11 Qual a solubilidade molar do AgCl em 1 dm^3 de solução 1,0 M de NH_3, a 25°C?

SOLUÇÃO Conforme já vimos, a reação global de equilíbrio para este problema é

$$AgCl\ (s) + 2NH_3\ (aq) \rightleftharpoons Ag\ (NH_3)_2{}^+\ (aq) + Cl^-\ (aq)$$

para o qual escrevemos

$$K_c = \frac{[Ag\ (NH_3)_2{}^+]\ [Cl^-]}{[NH_3]^2},$$

em que

$$K_c = K_{ps} \times K_{form} = (1,7 \times 10^{-10}) \times (1,7 \times 10^7) = 2,9 \times 10^{-3}$$

---

[2] Em geral, se alguma equação de equilíbrio é obtida pela soma de duas ou mais equações, o K_c para a equação final é igual ao *produto* dos K das equações que foram somadas.

SOLUBILIDADE E EQUILÍBRIO DE ÍONS COMPLEXOS / 589

Se designarmos x o número de moles por dm^3 de AgCl que se dissolvem, então, teremos as seguintes concentrações iniciais e no equilíbrio:

	Concentração Molar Inicial	Variação	Concentração Molar no Equilíbrio
NH_3	1,0	$-2x$	$(1,0 - 2x)$
$Ag(NH_3)_2^+$	0,0	$+x$	x
Cl^-	0,0	$+x$	x

Substituindo as concentrações no equilíbrio, na equação do K_C, tem-se

$$K_C = \frac{(x)(x)}{(1,0 - 2x)^2} = \frac{x^2}{(1,0 - 2x)^2} = 2,9 \times 10^{-3}$$

Extraindo a raiz quadrada de ambos os membros, tem-se

$$\frac{x}{1,0 - 2x} = 5,4 \times 10^{-2}$$

e obtém-se

$$x = 0,049$$

Portanto, encontramos que 0,049 mol de AgCl se dissolverão em 1 dm^3 de solução 1,0 M de NH_3.

No Ex. 16.11, assumimos que, quando o AgCl se dissolve em solução de amônia, essencialmente, todos os Ag^+ tornam-se complexados pelo NH_3. Em outras palavras, dizemos que a concentração do íon cloreto torna-se igual à concentração de $Ag(NH_3)_2^+$. Devemos frisar que esta hipótese é válida apenas se o K_{form} for muito grande, o que indica que o complexo é muito estável.

EXEMPLO 16.12

O hidróxido de zinco é anfótero.

Quantos moles de NaOH sólido devem ser adicionados a 1,0 dm^3 de água, a fim de dissolver 0,10 mol de $Zn(OH)_2$, de acordo com a reação

$$Zn(OH)_2 + 2OH^- \rightleftharpoons Zn(OH)_4^{2-}?$$

SOLUÇÃO

As constantes de equilíbrio aplicáveis são

$$\begin{array}{ll} Zn(OH)_2 & K_{ps} = 4,5 \times 10^{-17} \\ Zn(OH)_4^{2-} & K_{inst} = 3,6 \times 10^{-16} \end{array}$$

Os dois equilíbrios envolvidos neste sistema são

$$Zn(OH)_2(s) \rightleftharpoons Zn^{2+} + 2OH^- \qquad K_{ps} = 4,5 \times 10^{-17}$$

$$Zn^{2+} + 4OH^- \rightleftharpoons Zn(OH)_4^{2-} \qquad K_{form} = \frac{1}{3,6 \times 10^{-16}} = 2,8 \times 10^{15}$$

Como antes, a reação global pode ser escrita como a soma de dois equilíbrios:

$$Zn(OH)_2(s) + 2OH^- \rightleftharpoons Zn(OH)_4^{2-}$$

para a qual

$$K_C = K_{ps} \times K_{form} = (4,5 \times 10^{-17})(2,8 \times 10^{15}) = 1,3 \times 10^{-1}$$

590 / QUÍMICA GERAL

Portanto,

$$\frac{[Zn(OH)_4{}^{2-}]}{[OH^-]^2} = 1,3 \times 10^{-1}$$

Neste problema, sabemos que 0,10 mol de Zn passam para a solução, onde estão presentes como Zn^{2+} livre ou $Zn(OH)_4{}^{2-}$. Como K_{form} é muito grande, essencialmente, todo o Zn estará presente como íon complexo; portanto, pode-se escrever

$$[Zn(OH)_4{}^{2-}] = 0,10\,M$$

Substituindo na expressão do equilíbrio, tem-se

$$1,3 \times 10^{-1} = \frac{0,10}{[OH^-]^2}$$

Portanto,

$$[OH^-]^2 = \frac{0,10}{1,3 \times 10^{-1}} = 7,7 \times 10^{-1}$$

e

$$[OH^-] = 0,88\,M$$

Isto corresponde à concentração no equilíbrio de OH^- livre. Nesta solução, contudo, há, também, 0,10 mol de $Zn(OH)_4{}^{2-}$, que contém 0,40 mol de OH^- adicionais, 0,20 mol dos quais estavam contidos nos 0,10 mol de $Zn(OH)_2$ originais que foram dissolvidos. Conseqüentemente, o número total de moles de NaOH que devem ser *adicionados* à água é de $0,88 + 0,20 = 1,08$ mol.

ÍNDICE DE QUESTÕES E PROBLEMAS (Os números dos problemas estão em negrito)

Produto de solubilidade 1, 2 e 3

Cálculos de K_{ps} e solubilidade 11, 12, 13, 14, 15, 16, 17, 18, 19, 21, 22, 23, 24, 50, 51, 52, 53 e 54

K_{ps} e precipitação 4, 32, 33, 34, 35, 36, 39 e 40

Precipitação seletiva 36, 37, 38 e 41

Efeito do íon comum 8, **20**, **25**, **26**, **27**, **28**, **29**, **30** e **31**

Íons complexos 5, 9 e 10

Íons complexos e solubilidade 7, **42** e **43**

Equilíbrio simultâneo 6, **44**, **45**, **46**, **47**, **48** e **49**

QUESTÕES DE REVISÃO

16.1 Por que a concentração de um sólido pode ser omitida na expressão do equilíbrio para a solubilidade de um sal?

16.2 Escreva a expressão do K_{ps} para cada uma das seguintes substâncias:

(a) Ag_2S

(b) CaF_2

(c) $Fe(OH)_3$

(d) MgC_2O_4

(e) Bi_2S_3

(f) $BaCO_3$

16.3 Escreva a expressão do K_{ps} para estes sais:

(a) PbF_2

(b) Cu_2S

(c) $Fe_3(PO_4)_2$

(d) Li_2CO_3

(e) $Ca(IO_3)_2$

(f) $Ag_2Cr_2O_7$

16.4 Que condições devem ser encontradas, a fim de se ter a formação de um precipitado em uma solução?

16.5 Que é um íon complexo? Que é um ligante? Que espécies de substâncias são encontradas atuando como ligantes?

16.6 Com base no princípio de Le Châtelier, explique por que a adição de NH_4Cl sólido a um bécher contendo $Mg(OH)_2$ sólido em contato com água permite que o $Mg(OH)_2$ se dissolva.

16.7 A prata forma o íon complexo $AgI_2{}^-$, relativamente estável. Quando uma solução que contém este íon é diluída em água, precipita AgI. Explique, em termos do equilíbrio envolvido, por que isto acontece.

SOLUBILIDADE E EQUILÍBRIO DE ÍONS COMPLEXOS / 591

16.8 Que é o efeito do íon comum?

16.9 Escreva as expressões dos equilíbrios correspondentes ao K_{form} para os íons complexos:

(a) $AgCl_2^-$

(b) $Ag(S_2O_3)_2^{3-}$

(c) $Zn(NH_3)_4^{2+}$

16.10 Escreva as expressões dos equilíbrios correspondentes ao K_{inst} para os íons complexos:

(a) $Fe(CN)_6^{4-}$

(b) $CuCl_4^{2-}$

(c) $Ni(NH_3)_6^{2+}$

PROBLEMAS DE REVISÃO (Os problemas mais difíceis estão marcados por um asterisco)

16.11 A solubilidade do $CuCl$ em água é $1,0 \times 10^{-3}$ mol dm^{-3}. Qual o valor de K_{ps}?

16.12 A solubilidade do $PbCO_3$ é $1,8 \times 10^{-7}$ mol dm^{-3}. Qual o K_{ps} para o $PbCO_3$?

16.13 A solubilidade do oxalato de bário, BaC_2O_4, é $0,0781$ g dm^{-3}. Calcule o K_{ps} para o BaC_2O_4.

16.14 A solubilidade do $CaCrO_4$ é $1,0 \times 10^{-2}$ mol dm^{-3}. Qual o K_{ps} para o $CaCrO_4$?

16.15 A solubilidade, em água, do iodeto de chumbo, PbI_2, é $1,4 \times 10^{-3}$ mol dm^{-3}. Calcule o K_{ps} do PbI_2.

16.16 Um estudante determina que $0,0981$ g de PbF_2 está dissolvido em 200 cm^3 de solução saturada de PbF_2. Qual é o K_{ps} para o PbF_2?

16.17 A solubilidade do MgF_2 é $7,6 \times 10^{-2}$ g dm^{-3}. Calcule o K_{ps} para este sal.

16.18 A solubilidade do Bi_2S_3 é $2,5 \times 10^{-12}$ g dm^{-3}. Qual o K_{ps} para o Bi_2S_3?

16.19 O pH de uma solução saturada de $Ni(OH)_2$ é $8,83$. Calcule o K_{ps} para o $Ni(OH)_2$.

*16.20 É possível dissolver-se $0,47$ g de MgC_2O_4 em uma porção de 500 cm^3 de uma solução de $Na_2C_2O_4$ (oxalato de sódio) $0,0020$ M. Qual o K_{ps} para o MgC_2O_4?

16.21 Usando os dados da Tab. 16.1, calcule a solubilidade molar em água de cada um dos seguintes sais:

(a) PbS

(b) $Fe(OH)_2$

(c) $BaSO_4$

(d) Hg_2Cl_2 (forma Hg_2^{2+} e $2Cl^-$)

(e) $Al(OH)_3$

(f) MgC_2O_4

16.22 O leite de magnésia é uma suspensão de $Mg(OH)_2$ sólido em água. Calcule o pH da fase aquosa, supondo que ela esteja saturada de $Mg(OH)_2$.

16.23 Quantos gramas de $CaSO_4$ serão dissolvidos em 600 cm^3 de água?

16.24 Que volume de solução saturada de HgS contém um único íon Hg^{2+}?

16.25 Qual a solubilidade molar do $CaCO_3$ em Na_2CO_3 $0,50$ M?

16.26 Qual a solubilidade molar do $AgCl$ em $AlCl_3$ $0,020$ M? Suponha que o $AlCl_3$ forma Al^{3+} e Cl^- em solução.

*16.27 Qual a solubilidade molar do $PbCl_2$ em $AlCl_3$ $0,020$ M? Suponha que o $AlCl_3$ forma Al^{3+} e Cl^- em solução.

16.28 Quantos moles de Ag_2CrO_4 se dissolvem em $1,0$ dm^3 de $AgNO_3$ $0,10$ M?

16.29 Quantos moles de Ag_2CrO_4 serão dissolvidos em $1,0$ dm^3 de Na_2CrO_4 $0,10$ M?

16.30 Qual a solubilidade molar do CaF_2 em NaF $0,010$ M?

16.31 Quantos gramas de NaF devem ser adicionados a $1,00$ dm^3 de solução, para reduzir a solubilidade molar do BaF_2 para $6,8 \times 10^{-4}$ mol dm^{-3}?

16.32 Diga em quais soluções haverá formação de precipitado:

(a) $5,0 \times 10^{-2}$ mol de $AgNO_3$ e $1,0 \times 10^{-3}$ mol de $NaC_2H_3O_2$ dissolvidos em $1,0$ dm^3 de solução;

(b) $1,0 \times 10^{-2}$ mol de $Ba(NO_3)_2$ e $2,0 \times 10^{-2}$ mol de NaF dissolvidos em $1,0$ dm^3 de solução;

(c) 500 cm^3 de $CaCl_2$ $1,4 \times 10^{-2}$ M e 250 cm^3 de Na_2SO_4 $0,25$ M misturados para produzir um volume final de 750 cm^3.

16.33 Qual o pH mínimo necessário para causar a formação de um precipitado de $Fe(OH)_3$ em uma solução $0,010$ M de $FeCl_2$?

16.34 Prepara-se uma solução misturando-se 100 cm^3 de $AgNO_3$ $0,20$ M com 100 cm^3 de HCl $0,10$ M. Quais são as concentrações molares de todas as espécies presentes na solução, quando o equilíbrio é atingido?

16.35 Diga em quais misturas haverá formação de precipitado:

(a) $CaCl_2$ $0,025$ M e Na_2CO_3 $0,0050$ M;

(b) $Pb(NO_3)_2$ $0,010$ M e $CaCl_2$ $0,030$ M;

(c) $FeCl_2$ $1,5 \times 10^{-3}$ M e $Na_2C_2O_4$ $2,2 \times 10^{-3}$ M.

16.36 Quem primeiro precipitará, quando Na_2CrO_4 (s) for, gradualmente, adicionado a uma solução contendo Pb^{2+} $0,010$ M e Ba^{2+} $0,010$ M? Qual será a concentração molar do íon que primeiro se precipita, no momento em que o segundo precipitado começar a se formar?

16.37 Sabe-se que uma solução contém Pb^{2+} $0,010$ M e Ni^{2+} $0,010$ M. De quanto deve ser ajustado o pH, para se conseguir uma separação máxima, quando a solução estiver saturada de H_2S? ($[H_2S] = 0,10$ M).

16.38 Uma solução de Zn^{2+} $0,10$ M e Fe^{2+} $0,10$ M está saturada com H_2S. Qual deve ser a concentração de H^+ para separar estes íons por precipitação seletiva

592 / QUÍMICA GERAL

do ZnS? Qual a menor concentração de Zn^{2+} que pode ser alcançada, sem que haja precipitação de Fe^{2+} como FeS?

16.39 Qual deve ser a concentração de H^+, a fim de evitar que haja precipitação de HgS, quando uma solução $0,0010\ M$ de $Hg(NO_3)_2$ for saturada com H_2S? Você pode explicar por que o HgS é insolúvel no HCl concentrado $(12\ M)$?

16.40 Mostre por que o ZnS é solúvel no HCl concentrado $(12\ M)$.

16.41 O oxalato de magnésio, MgC_2O_4, possui $K_{ps} = 8,6 \times 10^{-5}$ e o oxalato de cálcio, CaC_2O_4, possui $K_{ps} = 2,3 \times 10^{-9}$. Que pH deve ser mantido para ser atingida uma separação *máxima* do Ca^{2+} do Mg^{2+}, se ambos têm uma concentração de $0,10\ M$ e a concentração do ácido oxálico, $H_2C_2O_4$, é mantida a $0,10\ M$? Para o $H_2C_2O_4$, $K_{a_1} = 6,5 \times 10^{-2}$ e $K_{a_2} = 6,1 \times 10^{-5}$.

16.42 Use os dados da Tab. 16.1 e 16.3 para determinar a solubilidade molar do AgI numa solução $0,010\ M$ de KCN.

16.43 A solubilidade do $Zn(OH)_2$ em solução $1,0\ M$ de NH_3 é $5,7 \times 10^{-3}$ mol dm^{-3}. Determine o valor da constante de instabilidade do íon complexo $Zn(NH_3)_4^{2+}$. Despreze a reação

$$NH_3 + H_2O \rightleftharpoons NH_4^+ + OH^-$$

*16.44 Qual a solubilidade molar do $Mg(OH)_2$ em uma solução $0,10\ M$ de NH_3? Lembre-se de que o NH_3 é uma base fraca.

*16.45 Haverá formação de precipitado em uma solução obtida pela dissolução de 1,0 mol de $AgNO_3$ e 1,0 mol de $HC_2H_3O_2$ em $1,0$ dm^3 de solução?

*16.46 Quanto de acetato de sódio sólido deve ser adicionado a 200 cm^3 de uma solução contendo $AgNO_3$ $0,200\ M$ e ácido nítrico $0,10\ M$ para que o acetato de prata comece a precipitar? Para o $HC_2H_3O_2$, $K_a = 1,8 \times 10^{-5}$ e, para o $AgC_2H_3O_2$, $K_{ps} = 2,3 \times 10^{-3}$.

*16.47 Quantos gramas de fluoreto de potássio sólido devem ser adicionados a 200 cm^3 de uma solução que con-

tém $AgNO_3$ $0,20\ M$ e ácido acético $0,10\ M$, para que o acetato de prata comece a precipitar? Para o HF, $K_a = 6,5 \times 10^{-4}$, para o $HC_2H_3O_2$, $K_a = 1,8 \times 10^{-5}$ e, para o $AgC_2H_3O_2$, $K_{ps} = 2,3 \times 10^{-3}$.

*16.48 Quantos moles de HCl devem ser adicionados a $1,0$ dm^3 de água para dissolver completamente 0,20 mol de FeS? Lembre-se de que a solução saturada de H_2S é $0,10\ M$.

*16.49 Quantos moles de NH_4Cl sólido devem ser adicionados a 1,0 dm^3 de água, a fim de dissolver 0,10 mol de $Mg(OH)_2$ sólido? *Sugestão*: considere os equilíbrios simultâneos:

$$Mg(OH)_2 \rightleftharpoons Mg^{2+} + 2OH^-$$

$$NH_3 + H_2O \rightleftharpoons NH_4^+ + OH^-$$

*16.50 O gesso é formado por $CaSO_4$. Suponha que haja uma fenda no teto, através da qual escoe água numa vazão de 2,0 dm^3/dia. Se o gesso, nesse teto, tem 1,50 cm de espessura, quanto tempo levaria para abrir um orifício circular de 1 cm de diâmetro? Suponha que a densidade do gesso seja 0,97 g cm^{-3}.

*16.51 25,0 cm^3 de HCl $0,10\ M$ são adicionados a 1,000 dm^3 de solução saturada de $Mg(OH)_2$ em contato com quantidade mais do que suficiente de $Mg(OH)_2(s)$ para reagir com todo o HCl. Depois que a reação terminar, qual será a concentração molar do Mg^{2+}? Qual será o pH da solução?

*16.52 2,20 g de NaOH (s) são adicionados a 250 cm^3 de solução $0,10\ M$ de $FeCl_2$. Que massa de $Fe(OH)_2$ será formada? Qual será a concentração de Fe^{2+} na solução final?

*16.53 1,75 g de Na(OH) (s) são adicionados a 250 cm^3 de solução $0,10\ M$ de $NiCl_2$. Que massa, em gramas, de $Ni(OH)_2$ será formada? Qual será o pH da solução final? Para o $Ni(OH)_2$, $K_{ps} = 1,6 \times 10^{-14}$.

*16.54 $Mn(OH)_2$ sólido é adicionado a uma solução $0,100\ M$ de $FeCl_2$. Após a reação, quais serão as concentrações molares de Mn^{2+} e Fe^{2+} na solução? Qual será o pH da solução?

17
ELETROQUÍMICA

Com freqüência utilizamos uma calculadora portátil para fazermos contas durante uma prova e confiamos nas reações químicas que ocorrem dentro das pilhas que fornecem eletricidade para ela. Neste capítulo estudaremos como a energia elétrica pode provocar a ocorrência de transformações químicas não-espontâneas e como reações espontâneas podem servir como uma fonte de eletricidade.

594 / QUÍMICA GERAL

A eletroquímica trata da conversão de energia elétrica em energia química nas **células eletrolíticas**, assim como da conversão de energia química em energia elétrica nas **pilhas galvânicas** ou **voltaicas**. Em uma célula eletrolítica, ocorre um processo chamado eletrólise, no qual a passagem de eletricidade através da solução fornece energia suficiente para promover, desse modo, uma reação não-espontânea de oxirredução. Uma pilha galvânica, porém, é uma fonte de eletricidade resultante de uma reação espontânea de oxirredução que ocorre em solução.

O processo eletroquímico tem importância prática na Química e em nosso dia-a-dia. As células eletrolíticas podem suprir-nos com informações relacionadas ao mundo químico, como também com a energia necessária para que muitas reações importantes de oxirredução possam ocorrer. Além disso, a eletrólise é usada para fabricar muitas substâncias químicas importantes, de uso corrente entre nós. Como exemplos temos a soda, NaOH, usada na fabricação de sabão, papel e muitas outras substâncias químicas; a água sanitária, NaOCl. Já há bastante tempo que pilhas galvânicas, tais como a pilha seca e as baterias de níquel-cádmio, alimentam nossas lanternas, rádios, calculadoras eletrônicas, relógios de pulso, máquinas fotográficas e brinquedos. A bateria de chumbo, tão familiar, tem uma variedade enorme de aplicações, especialmente na indústria automobilística. Mais recentemente, as pilhas de combustível, nas quais a energia liberada pela combustão dos combustíveis é convertida diretamente em eletricidade, têm encontrado muita aplicação, particularmente em veículos espaciais. A eletroquímica tem ajudado os cientistas na produção de equipamentos modernos para análise de poluentes e pesquisas biomédicas. Com a ajuda de pequenas sondas eletroquímicas, os cientistas estão começando a estudar as reações químicas que ocorrem nas células vivas.

Todos esses processos serão discutidos neste capítulo. Antes disso, porém, procuremos, em primeiro lugar, entender, qualitativamente, como as soluções eletrolíticas conduzem eletricidade.

17.1 CONDUÇÃO METÁLICA E ELETROLÍTICA

Para que uma substância seja classificada como um condutor de eletricidade, ela deve ser capaz de permitir que as cargas elétricas internas movam-se de um ponto a outro, com a finalidade de completar um circuito elétrico. De nossas discussões sobre sólidos, sabemos que a maior parte dos metais são condutores de eletricidade, por causa do movimento relativamente livre de seus *elétrons* através das suas redes metálicas. Esta condução é chamada, simplesmente, de *condução metálica*. Sabemos, também, do Cap. 6, que soluções contendo eletrólitos têm a capacidade de conduzir eletricidade. Nesse caso, contudo, não há elétrons "livres" na solução para transportar a corrente. Como, então, estas soluções conduzem eletricidade?

Podemos determinar se uma solução é ou não condutora de eletricidade usando uma aparelhagem semelhante à mostrada na Fig. 6.3 (pág. 189). Quando os dois eletrodos são conectados a uma fonte de eletricidade e mergulhados na solução, observamos se a lâmpada acende ou não. Quando isto é feito, verificamos que a lâmpada acende forte quando a solução contém um sal como o NaCl, mas não quando a solução contém um composto molecular como o açúcar. Somente quando há íons móveis presentes é que a condução elétrica é possível e esta condição é preenchida somente pelas soluções de eletrólitos e pelos sais fundidos.

Quando a fonte de eletricidade para os eletrodos de uma experiência de condutividade é uma bateria ou outra fonte de corrente contínua (CC), cada íon, no líquido, tende a se mover em direção ao eletrodo de carga oposta, conforme mostrado na Fig. 17.1. Assim, quando se aplica o potencial elétrico, os íons positivos migram para o eletrodo negativo e os íons negativos movem-se para o eletrodo positivo. Este movimento de cargas iônicas através do líquido, causado pela aplicação de eletricidade, é chamado **condução eletrolítica**.

Figura 17.1
Movimento dos íons em uma célula eletrolítica.

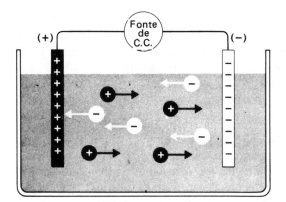

Se não ocorrer oxirredução os eletrodos tornar-se-ão neutralizados pela camada de íons de carga oposta e não haverá tendência a ocorrer nenhuma migração de íons.

Quando há condução eletrolítica, ocorrem reações químicas à medida que os íons no líquido entram em contato com os eletrodos. No eletrodo positivo (onde há deficiência de elétrons), os íons negativos são forçados a perder elétrons e são, portanto, oxidados. No eletrodo negativo (que tem um excesso de elétrons), os íons positivos retiram elétrons e são reduzidos. Assim, durante a condução eletrolítica, ocorre uma oxidação no eletrodo positivo e, simultaneamente, uma redução no eletrodo negativo. O líquido continuará a conduzir eletricidade apenas enquanto as reações de oxirredução estiverem ocorrendo nos eletrodos.

Os elétrons que são depositados durante a reação de oxidação são retirados do eletrodo pela fonte de potencial elétrico e transferidos para o eletrodo negativo. Durante a condução eletrolítica, temos, então, elétrons escoando por fios externos e íons escoando através da solução. Esta situação é ilustrada na Fig. 17.2a.

O movimento iônico, assim como as reações nos eletrodos, devem ocorrer de modo que a neutralidade elétrica seja mantida. Isto significa que, mesmo numa pequena fração do líquido, sempre que um íon negativo é retirado, o mesmo deve acontecer a um íon positivo ou, então, outro íon negativo deve substituí-lo imediatamente (Fig. 17.2b). Desse modo, cada porção do líquido é eletricamente neutra o tempo todo. Durante as reações nos eletrodos, a neutralidade elétrica é assegurada pelo número igual de elétrons depositados e retirados. Por exemplo, sempre que um elétron é depositado sobre o eletrodo positivo, um elétron deve, simultaneamente, ser retirado do eletrodo negativo. É para as conseqüências químicas desses dois últimos processos que dirigiremos nossa atenção, a partir de agora.

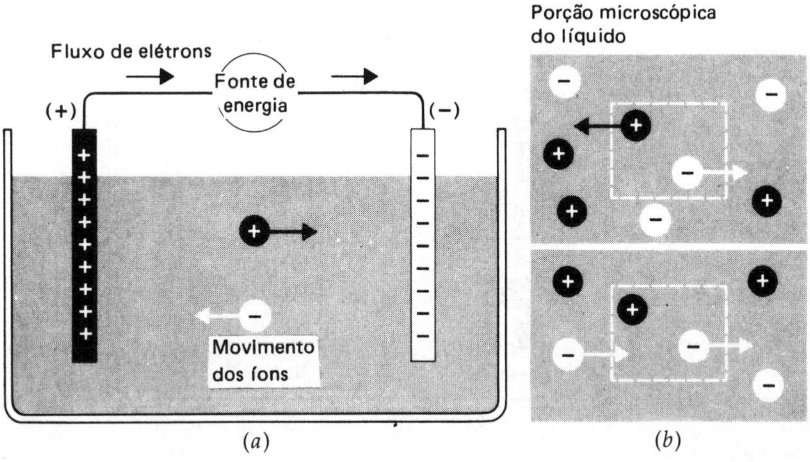

Figura 17.2
Condução eletrolítica.
(a) Célula eletrolítica.
(b) Conservação da neutralidade elétrica na escala microscópica.

17.2 ELETRÓLISE

As reações químicas que ocorrem nos eletrodos durante a condução eletrolítica constituem a **eletrólise**. Quando cloreto de sódio líquido (fundido), por exemplo, é *eletrolisado*, verificamos que íons Na$^+$ movem-se para o eletrodo negativo e íons Cl$^-$ movem-se para o eletrodo positivo (Fig. 17.3). As reações que têm lugar nos eletrodos são:

Eletrodo positivo $\quad 2Cl^- \longrightarrow Cl_2 + 2e^- \quad$ oxidação

Eletrodo negativo $\quad Na^+ + e^- \longrightarrow Na \quad\quad$ redução

Em eletroquímica, designamos os termos **catodo** e **anodo** de acordo com a reação química que está ocorrendo no eletrodo. *A redução sempre ocorre no catodo e a oxidação sempre ocorre no anodo*. Assim, nas reações de eletrólise apresentadas acima, designamos o eletrodo negativo como catodo e o eletrodo positivo como anodo.

A modificação química global que tem lugar na célula eletrolítica é chamada **reação da célula** e é obtida somando-se as reações do anodo e do catodo, de forma que o número de elétrons ganhos e perdidos seja igual. Este é o mesmo procedimento que usamos no método do íon elétron para balancear as reações de oxirredução, visto no Cap. 6. Nesse caso, devemos multiplicar por dois a semi-reação de redução, para obter

Como em qualquer reação de oxirredução, o total de elétrons ganhos deve ser igual ao total de elétrons perdidos.

$$2Cl^- \; (l) \longrightarrow Cl_2 \; (g) + 2e^-$$
$$\underline{2Na^+ \; (l) + 2e^- \longrightarrow 2Na \; (l)}$$
$$2Na^+ \; (l) + 2Cl^- \; (l) \longrightarrow Cl_2 \; (g) + 2Na \; (l)$$

Nesta célula eletrolítica, forma-se, então, sódio no catodo e cloro gasoso no anodo. Esta é uma das maiores fontes de sódio metálico puro e de cloro gasoso nos Estados Unidos (ver Seç. 17.3).

A eletrólise de soluções aquosas de eletrólitos é, algumas vezes, mais complexa, por causa da possibilidade de a água ser oxidada ou reduzida. A reação de oxidação da água é

$$2H_2O \; (l) \longrightarrow O_2 \; (g) + 4H^+ \; (aq) + 4e^- \quad\quad [17.1]$$

e a redução ocorre segundo a reação

$$2H_2O \; (l) + 2e^- \longrightarrow H_2 \; (g) + 2OH^-(aq) \quad\quad [17.2]$$

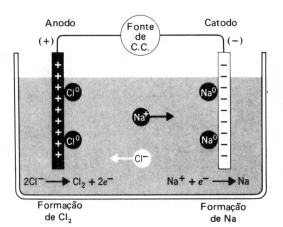

Figura 17.3
Eletrólise do NaCl fundido.

Em soluções ácidas, outra reação que pode ocorrer é a redução do H^+, que é

$$2H^+ (aq) + 2e^- \longrightarrow H_2 (g) \qquad [17.3]$$

A previsão de quais reações ocorrerão na verdade nos eletrodos não é necessariamente uma questão fácil de ser respondida.

A reação 17.3 não é, contudo, a reação principal na maioria das soluções aquosas diluídas que passaremos a considerar.

Em soluções aquosas, então, temos as possíveis oxidação e redução do solvente em adição às possíveis oxidação e redução dos íons do soluto. A oxidação do ânion ou da água, bem como a redução do cátion ou da água dependerão da facilidade relativa dessas duas reações competirem, como veremos nos exemplos seguintes.

Eletrólise da solução aquosa de NaCl

Na eletrólise da solução aquosa de NaCl, podem ocorrer no anodo (oxidação) as duas reações seguintes:

(1) $2Cl^- (aq) \longrightarrow Cl_2 (g) + 2e^-$

(2) $2H_2O (l) \longrightarrow O_2 (g) + 4H^+ (aq) + 4e^-$

e, no catodo (redução), são possíveis, também, duas reações:

(3) $Na^+ (aq) + e^- \longrightarrow Na (s)$

(4) $2H_2O (l) + 2e^- \longrightarrow H_2 (g) + 2OH^- (aq)$

À medida que o NaCl se tornar mais diluído, a reação (2) começará a competir e algum O_2 também será formado.

Podemos, naturalmente, determinar experimentalmente o resultado desta eletrólise por um simples exame dos produtos formados nos eletrodos. Com soluções concentradas de NaCl (salmoura), obtém-se cloro gasoso, no anodo, e hidrogênio gasoso, no catodo (Fig. 17.4). Portanto, durante a eletrólise dessas soluções aquosas de NaCl, as duas semi-reações e a reação da célula são:

$$\begin{array}{r} 2Cl^- (aq) \longrightarrow Cl_2 (g) + 2e^- \\ 2H_2O (l) + 2e^- \longrightarrow H_2 (g) + 2OH^- (aq) \\ \hline 2H_2O (l) + 2Cl^- (aq) \longrightarrow Cl_2 (g) + H_2 (g) + 2OH^- (aq) \end{array}$$

Isto nos diz que o Na^+ é mais difícil de se reduzir do que a água e, sob essas condições, o Cl^- é mais facilmente oxidado do que a água, ou seja, a água é reduzida e o íon cloreto é oxidado.

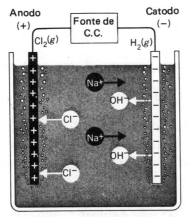

Figura 17.4
Eletrólise da solução aquosa de cloreto de sódio.

Catodo $\quad 2H_2O + 2e^- \longrightarrow H_2(g) + 2OH^- (aq)$
Anodo $\quad 2Cl^- (aq) \longrightarrow Cl_2(g) + 2e^-$

598 / QUÍMICA GERAL

Eletrólise da solução aquosa de $CuSO_4$

Como no exemplo anterior, temos, também, duas reações possíveis para a oxidação e duas para a redução, na eletrólise do $CuSO_4$. Estas reações são:

Oxidação (1) $2SO_4^{2-}$ $(aq) \longrightarrow S_2O_8^{2-}$ $(aq) + 2e^-$

(2) $2H_2O$ $(l) \longrightarrow O_2$ $(g) + 4H^+$ $(aq) + 4e^-$

e

Redução (3) Cu^{2+} $(aq) + 2e^- \longrightarrow Cu$ (s)

(4) $2H_2O$ $(l) + 2e^- \longrightarrow H_2$ $(g) + 2OH^-$ (aq)

Durante esta eletrólise, encontramos, experimentalmente, que se formam bolhas de oxigênio gasoso no anodo e uma cobertura avermelhada de cobre metálico é formada no catodo. Portanto, para a eletrólise da solução aquosa de $CuSO_4$ podemos escrever:

$$2H_2O \ (l) \longrightarrow O_2 \ (g) + 4H^+ \ (aq) + 4e^- \qquad \text{(Anodo)}$$
$$\underline{2Cu^{2+} \ (aq) + 4e^- \longrightarrow 2 \ Cu \ (s) \qquad \qquad \text{(Catodo)}}$$
$$2H_2O \ (l) + 2Cu^{2+} \ (aq) \longrightarrow O_2 \ (g) + 4H^+ \ (aq) + 2Cu \ (s) \quad \text{(Reação da célula)}$$

Note-se que a equação para a redução do Cu^{2+} foi multiplicada por dois, para que houvesse o mesmo número de elétrons ganhos e perdidos.

Baseados nos produtos formados, podemos concluir que, na eletrólise da solução aquosa de $CuSO_4$, o H_2O é mais facilmente oxidado que o SO_4^{2-} e o Cu^{2+} é mais facilmente reduzido que o H_2O.

Eletrólise da solução aquosa de $CuCl_2$

A esta altura, somos capazes de aplicar o que aprendemos acerca da eletrólise das soluções aquosas de NaCl e $CuSO_4$ à eletrólise do $CuCl_2$. É de se esperar que as duas espécies que podem ser oxidadas sejam a água e o íon cloreto e que as duas espécies que podem ser reduzidas sejam a água e o íon Cu^{2+}. Como já sabemos que o Cl^- é mais facilmente oxidado que o H_2O e que o Cu^{2+} é mais facilmente reduzido que o H_2O, esperamos a reação

$$2Cl^- \ (aq) \longrightarrow Cl_2 \ (g) + 2e^- \qquad \text{(Anodo)}$$
$$\underline{Cu^{2+} \ (aq) + 2e^- \longrightarrow Cu \ (s) \qquad \text{(Catodo)}}$$
$$Cu^{2+} \ (aq) + 2Cl^- \ (aq) \longrightarrow Cl_2 \ (g) + Cu \ (s) \quad \text{(Reação da célula)}$$

Isto é, na realidade, o que se verifica experimentalmente.

Eletrólise da solução aquosa de Na_2SO_4

Uma vez mais, invocamos o que aprendemos anteriormente. Sabemos que a água é mais facilmente oxidada que o SO_4^{2-}, no anodo, e que a própria água é mais facilmente reduzida que Na^+, no catodo. Portanto, nesta solução, a água é, ao mesmo tempo, oxidada e reduzida, dando-nos

A eletrólise do Na_2SO_4 é mostrada na Estampa 12.

$$2H_2O \ (l) \longrightarrow O_2 \ (g) + 4H^+ \ (aq) + 4e^- \qquad \qquad \text{(Anodo)}$$
$$\underline{4H_2O \ (l) + 4e^- \longrightarrow 2H_2 \ (g) + 4OH^- \ (aq) \qquad \qquad \text{(Catodo)}}$$
$$6H_2O \ (l) \longrightarrow O_2 \ (g) + 2H_2 \ (g) + 4OH^- \ (aq) + 4H^+ \ (aq) \quad \text{(Reação da célula)}$$

Figura 17.5
Eletrólise da solução aquosa de Na_2SO_4. Os íons sódio e os íons sulfato são necessários para anular as cargas dos íons formados pelos eletrodos e, assim, conservar a neutralidade elétrica.

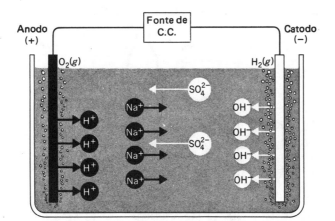

Note que tivemos que multiplicar a reação de redução (Eq. 17.2) por dois, a fim de atingir o mesmo número de elétrons da reação de oxidação.

A reação global, escrita anteriormente, pode ser simplificada, se nos lembrarmos de que H^+ e OH^- reagirão para dar H_2O.

$$4OH^- + 4H^+ \longrightarrow 4H_2O$$

Assim, a reação global para a eletrólise de uma solução aquosa de Na_2SO_4 sob agitação é

$$2H_2O\ (l) \longrightarrow O_2\ (g) + 2H_2\ (g)$$

que é, simplesmente, a reação de eletrólise do H_2O. O sulfato de sódio não participa desta eletrólise, pois não é consumido nos eletrodos. Experimentalmente, verificamos que sua presença ou de algum outro sal semelhante é necessária para que ocorra a eletrólise da água. Qual é, então, o papel do Na_2SO_4? O Na_2SO_4 é necessário para manter a neutralidade elétrica da solução (Fig. 17.5). Durante a oxidação do H_2O, são produzidos íons H^+ nas vizinhanças do anodo. Um íon negativo deve, também, estar presente nas vizinhanças, para neutralizar as cargas positivas. Isto é preenchido pelo íon SO_4^{2-}. Identicamente, no catodo, onde são produzidos íons OH^-, deve haver íons positivos, para neutralizar as cargas dos íons OH^- e manter a solução eletricamente neutra. (Veja Estampa 3.)

17.3 APLICAÇÕES PRÁTICAS DA ELETRÓLISE

Todos os dias, nossas vidas são tocadas direta ou indiretamente por produtos de reações de eletrólise. Por exemplo, a água potável na maioria dos lugares é tratada com cloro para matar as bactérias e o cloro é usado na fabricação de muitas substâncias químicas, desde inseticidas que protegem as colheitas até plásticos tais como o cloreto de polivinila (algumas vezes chamado de vinil). O cloro elementar não ocorre livre na natureza, devendo ser extraído dos seus compostos; a maneira mais econômica de se fazer isto é por eletrólise. Nesta seção estudaremos como o cloro e outras substâncias comercialmente importantes são produzidos.

Eletrólise do cloreto de sódio fundido

A "química" deste processo foi descrita na introdução à discussão das reações de eletrólise, na pág. 596. Os produtos, sódio e cloro, são ambos comercialmente importantes. O sódio é usado como um meio de transferência de calor para a refrige-

Catodo:
$Na^+ + e^- \rightarrow Na\ (l)$
Anodo:
$2Cl^- \rightarrow Cl_2\ (g) + 2e^-$

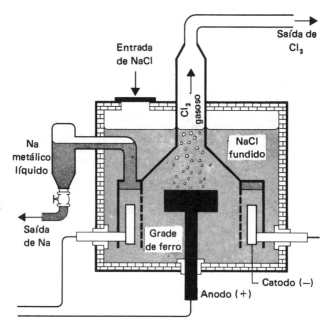

Figura 17.6
Célula de Downs usada para a eletrólise do cloreto de sódio fundido. A célula é construída de forma a impedir que o sódio metálico e o cloro gasoso, formados pela reação de eletrólise, reajam entre si.

ração de reatores nucleares e nas lâmpadas a vapor de sódio. O cloro, conforme mencionado acima, é usado em vários processos químicos.

Tanto o sódio quanto o cloro são substâncias químicas muito reativas. Portanto, quando produzidos a partir do NaCl eles devem ser mantidos afastados, ou, de outra forma, reagirão formando novamente cloreto de sódio. A célula de Down, ilustrada na Fig. 17.6, realiza isto. Evidentemente, o cloro sai como um gás. O sódio, em virtude da temperatura em que a célula opera, forma-se como um líquido e é, também, facilmente removido. Isto permite que a célula opere continuamente, adicionando-se cloreto de sódio e retirando-se os produtos.

Pontos de fusão:
NaCl 801°C
Na   98°C

Eletrólise da salmoura (solução de NaCl)

Anteriormente, discutimos a reação representativa da célula para a eletrólise do cloreto de sódio aquoso. Entretanto, se olharmos para a reação global poderemos apreciar melhor a sua importância comercial.

Em 1980, a produção de NaOH por esta reação somou cerca de $1,2 \times 10^{10}$ kg!

$$2Na^+ + 2Cl^- + 2H_2O \longrightarrow Cl_2\ (g) + H_2\ (g) + 2Na^+ + 2OH^-$$

Os produtos são cloro, hidrogênio e hidróxido de sódio (NaOH), todos importantes industrialmente. Alguns usos do cloro já foram mencionados. O hidrogênio é utilizado na fabricação do amoníaco e o hidróxido de sódio é utilizado em quantidades enormes para neutralizar ácidos em vários processos químicos, no processamento de polpa e papel, na purificação de minérios de alumínio, na fabricação de tecidos e no refino de petróleo.

Embora a eletrólise de solução aquosa de NaCl num arranjo experimental semelhante ao da Fig. 17.4 produza NaOH em solução, esta estará sempre contaminada com NaCl não reagido. Pode-se preparar uma solução de NaOH mais pura e mais concentrada usando-se uma célula de mercúrio, conforme a ilustrado na Fig. 17.7. Nesta célula, é o sódio a substância que é reduzida e ele se dissolve no mercúrio líquido à medida que se forma. A solução de sódio em mercúrio, chamada amálgama

Figura 17.7
Eletrólise da solução aquosa de cloreto de sódio com célula de mercúrio. O cloro gasoso é eliminado pelo anodo, onde os íons cloreto são oxidados. No catodo, os íons sódio são reduzidos a átomos de sódio, que se dissolvem no mercúrio. O mercúrio é bombeado para um tanque, onde entra em contato com a água. Nesse tanque, os átomos de sódio reagem com a água para liberar hidrogênio e produzir hidróxido de sódio.

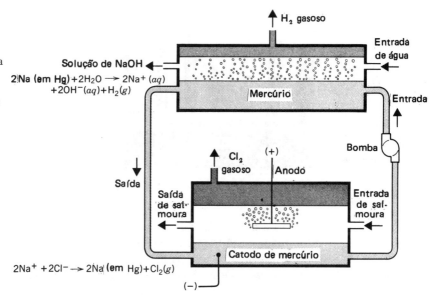

de sódio, é bombeada para um frasco separador, onde o sódio metálico que se encontra na superfície do mercúrio pode reagir com a água. Esta reação libera hidrogênio e deixa o NaOH puro em solução,

$$2Na + H_2O \longrightarrow 2Na^+ + 2OH^- + H_2 (g)$$

A célula de mercúrio tem a desvantagem de ser potencialmente poluidora de água com mercúrio, de forma que deve ser cuidadosamente controlada.

Se a eletrólise da salmoura for realizada com a solução sendo violentamente agitada, o OH^- produzido no catodo reage com o Cl_2 formado no anodo. A reação é

$$Cl_2 + 2OH^- \longrightarrow Cl^- + OCl^- + H_2O$$

A continuação da eletrólise, gradualmente, converte praticamente todo o íon cloreto no íon hipoclorito e a solução de cloreto de sódio transforma-se numa solução de hipoclorito de sódio. Após diluição em torno de 5 a 6 por cento em massa, esta solução é vendida como alvejante líquido para uso em lavanderias (água sanitária).

Alumínio

Como já é indubitavelmente sabido, o alumínio encontra importantes empregos como metal estrutural, por causa de sua resistência e baixa densidade ("baixo peso"). Sua disponibilidade comercial tem-se tornado possível graças à aplicação da redução eletroquímica.

Se fôssemos eletrolizar uma solução aquosa de um sal de alumínio, como o $AlCl_3$, verificaríamos que H_2O é mais facilmente reduzida que Al^{3+}. Portanto, uma solução aquosa de um sal de alumínio não pode ser usada para produzir o metal. Foi Charles Hall, um jovem de 22 anos, diplomado pelo Oberlin College, que, em 1886, inventou um processo usando Al_2O_3 fundido. Ele preparou uma mistura de Al_2O_3 com *criolita*, Na_3AlF_6, e a eletrolizou no estado de fusão. Ele descobriu que a criolita reduz a temperatura de fusão do Al_2O_3 de 2 000°C para 1 000°C na mistura. Um diagrama da célula eletrolítica é mostrado na Fig. 17.8. O recipiente que

602 / QUÍMICA GERAL

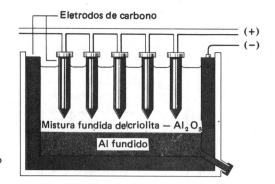

Figura 17.8
Produção de alumínio pelo processo Hall.

Na alta temperatura da célula, o O_2 ataca os eletrodos de carbono e eles precisam ser substituídos periodicamente.

armazena a mistura fundida é feito de ferro revestido com carbono, o qual serve como catodo. Bastões de carbono servem como anodo e são mergulhados na mistura fundida. Quando se processam as reações de oxirredução, o alumínio puro é produzido no catodo e escoa para o fundo da célula. As reações nos eletrodos são:

$$\frac{\begin{array}{l} 3O^{2-} \ (l) \longrightarrow \tfrac{3}{2}O_2 \ (g) + 6e^- \quad \text{(Anodo)} \\ 2Al^{3+} \ (l) + 6e^- \longrightarrow 2Al \ (l) \quad \text{(Catodo)} \end{array}}{2Al^{3+} \ (l) + 3O^{2-} \ (l) \longrightarrow \tfrac{3}{2}O_2 \ (g) + 2Al \ (l)}$$

Eletrodos de grafita podem ser vistos projetando-se das partes superiores das células eletrolíticas, nesta fileira de cadinhos para a produção de alumínio na Alcan's Arvida Works, em Quebec.

Hoje em dia, são usadas outras substâncias como substitutos da criolita. Esses materiais permitem operações em temperaturas ainda mais baixas e são menos densos que a criolita usada por Hall. A densidade mais baixa da mistura eletrolítica permite uma separação mais fácil do alumínio fundido.

Magnésio

O Mg^{2+} é o terceiro íon mais abundante na água do mar.

O magnésio, outro metal estrutural importante devido ao seu baixo peso, ocorre na água do mar, em apreciável quantidade. Os íons magnésio são precipitados da água do mar como hidróxidos e o $Mg(OH)_2$ é, então, convertido a cloreto por tratamento com ácido clorídrico. Após a evaporação da água, o $MgCl_2$ é fundido e eletrolizado. O magnésio é produzido no catodo e o cloro é liberado no anodo. A reação global é, simplesmente,

$$MgCl_2\ (l) \longrightarrow Mg\ (l) + Cl_2\ (g)$$

Cobre

Uma aplicação interessante da eletrólise é a refinação ou purificação do cobre metálico. Quando primeiramente separado do minério, o cobre é 99% puro, sendo que ferro, zinco, prata, ouro e platina são suas principais impurezas. No processo de refinação, o cobre impuro é usado como anodo em uma célula eletrolítica contendo solução aquosa de sulfato de cobre como eletrólito. O catodo da célula é fabricado com cobre de elevada pureza (Fig. 17.9).

Durante a eletrólise, o potencial elétrico através da célula é ajustado de modo que apenas o cobre e outros metais mais ativos, como ferro ou zinco, sejam capazes de se dissolver no anodo. Prata, ouro e platina não se dissolvem e, simplesmente, se depositam no fundo da célula eletrolítica. No catodo, o Cu^{2+}, que é a espécie que mais facilmente se reduz, Cu^{2+}, é que recebe os elétrons; assim, apenas o cobre se deposita.

O resultado da operação desta célula é que o cobre é transferido do anodo para o catodo, enquanto que as impurezas, como Fe e Zn, permanecem em solução como Fe^{2+} e Zn^{2+}. Ao final, a "lama" de prata, ouro e platina é removida da célula e vendida a bom preço, a fim de pagar o custo da eletricidade exigida pela eletrólise. Como resultado, o custo da purificação do cobre (cerca de 99,95% puro) é quase nenhum! Contudo, o custo total da produção é ainda elevado, porque inclui a exploração do minério bruto e sua purificação inicial.

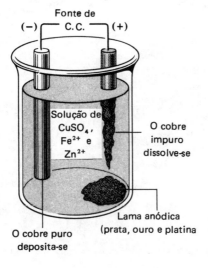

Figura 17.9
Purificação do cobre por eletrólise.

Início da imersão das placas de cobre puro (catodos), numa célula eletrolítica, entre os anodos de cobre impuro. Levará cerca de 28 dias para que os anodos se dissolvam e para que o cobre se deposite nos catodos.

Eletrodeposição

Já vimos como o cobre pode ser depositado sobre um eletrodo em uma célula eletrolítica. A deposição de um metal segundo esta técnica é chamada **eletrodeposição**. Se substituirmos o catodo na célula da Fig. 17.9 por outro metal, a superfície deste metal também ficará coberta por uma camada de cobre puro, quando a corrente for aplicada. Outros metais podem ser eletrodepositados do mesmo modo que

Uma travessa prateada.

ELETROQUÍMICA / 605

o cobre, o que faz com que este processo tenha grande importância comercial. Na fabricação de automóveis, por exemplo, vários acessórios, como os pára-choques de aço, são revestidos de cromo, por eletrodeposição, não só para embelezamento como, também, para proteção contra a corrosão.

17.4 ASPECTOS QUANTITATIVOS DA ELETRÓLISE

Michael Faraday foi o primeiro a exprimir, de modo quantitativo, a relação que existe entre a quantidade de corrente usada e a extensão da transformação química que ocorre nos eletrodos, durante a eletrólise. Ele verificou que a quantidade de transformação química que ocorre numa reação de eletrólise está relacionada com a quantidade de eletricidade que passa através da célula. Em termos modernos, dizemos que a quantidade de transformação está relacionada com o número de moles de elétrons perdidos ou ganhos nas reações de oxirredução. Por exemplo, na reação de redução do íon prata à prata metálica,

$$Ag^+ (aq) + e^- \longrightarrow Ag (s)$$

1 mol de elétrons "reage" com 1 mol de íons Ag^+, para dar 1 mol ou 107,87 g de prata sólida. Assim, quando 107,87 g de prata são depositados no catodo, sabemos que 1 mol de elétrons deve ter passado pela célula.

A quantidade de eletricidade que deve ser fornecida a uma célula, a fim de depositar 1 mol de elétrons, é conhecida historicamente como um faraday ($\mathscr{F}$). No mesmo exemplo, então, o fornecimento de 1 $\mathscr{F}$ produz 107,87 g de prata, o de 2 $\mathscr{F}$ produz 215,74 g de prata e assim por diante. Em outras palavras, o "faraday" é uma outra maneira de se dizer "um mol de elétrons":

$$1 \mathscr{F} \equiv 1 \text{ mol de elétrons}$$

Outra unidade importante é o coulomb (C). Esta é a unidade SI de carga elétrica. Um coulomb é a quantidade de carga que passa por um ponto qualquer de um circuito, quando uma corrente de 1 ampère (1 A) é fornecida durante 1 segundo (1 s). Assim,

$$1 \text{ coulomb} = 1 \text{ ampère} \times 1 \text{ segundo}$$
$$1 \text{ C} = 1 \text{ A} \cdot \text{s}$$

Experimentalmente, encontra-se que 1 $\mathscr{F}$ é equivalente a 96 487 coulombs ou 96 500 coulombs, arredondando-se o número para três algarismos significativos. Então,

$$1 \text{ mol de elétrons} \sim 1 \mathscr{F} \sim 96\ 500 \text{ C}$$

Vejamos alguns exemplos de como estes conceitos podem ser aplicados.

EXEMPLO 17.1

Em uma célula eletrolítica, como a da Fig. 17.2, quantos gramas de Cu serão depositados de uma solução de $CuSO_4$ por uma corrente de 1,5 A fluindo durante 2,0 h?

SOLUÇÃO

Inicialmente, devemos escrever a equação que representa a reação que ocorre. Uma vez que o cobre metálico está sendo depositado a partir de uma solução que contém Cu^{2+}, os íons cobre

606 / QUÍMICA GERAL

devem ganhar elétrons e, portanto, sofrer redução. Isto nos permite escrever a seguinte semi-reação:

$$Cu^{2+} \ (aq) + 2e^- \rightarrow Cu \ (s)$$

Esta equação é necessária, porque fornece a importante relação

$$1 \text{ mol de Cu} \sim 2 \text{ mol } e^-$$

ou, simplesmente,

$$1 \text{ mol de Cu} \sim 2 \ \mathscr{F}$$

O procedimento, agora, é usar a corrente e o tempo para calcular o número de coulombs que são fornecidos à solução. Com isso, calculamos o número de faradays fornecidos. Finalmente, computamos o número de moles de Cu e, a seguir, o número de gramas de Cu

$$1,5 \text{ A} \times 2,0 \ \text{h} \times \left(\frac{3 \ 600 \text{ s}}{1 \ \text{h}} \right) = 11 \ 000 \text{ A} \cdot \text{s (arredondando-se)}$$

$$11 \ 000 \ \text{A} \cdot \text{s} \times \left(\frac{1 \text{ C}}{1 \ \text{A} \cdot \text{s}} \right) = 11 \ 000 \text{ C}$$

$$11 \ 000 \ \text{C} \times \left(\frac{1 \ \mathscr{F}}{96 \ 500 \ \text{C}} \right) = 0,11 \ \mathscr{F}$$

$$0,11 \ \mathscr{F} \times \left(\frac{1 \ \text{mol Cu}}{2 \ \mathscr{F}} \right) \times \left(\frac{63,55 \text{ g Cu}}{1 \ \text{mol Cu}} \right) \sim 3,5 \text{ g Cu}$$

EXEMPLO 17.2   Que tempo é necessário para que sejam produzidos 25,0 g de Cr de uma solução de $CrCl_3$, usando-se uma corrente de 2,75 A?

SOLUÇÃO   Outra vez, começamos escrevendo a equação para a reação, que também é uma redução. Assim,

$$Cr^{3+} \ (aq) + 3e^- \rightarrow Cr \ (s)$$

da qual podemos dizer que

$$1 \text{ mol Cr} \sim 3 \text{ mol } e^- \sim 3 \ \mathscr{F}$$

Calculemos, primeiramente, o número de faradays necessários.

$$25,0 \text{ g Cr} \times \left(\frac{1 \ \text{mol Cr}}{52,0 \ \text{g Cr}} \right) \times \left(\frac{3 \ \mathscr{F}}{1 \ \text{mol Cr}} \right) \sim 1,44 \ \mathscr{F} \ (1,44 \text{ mol } e^-)$$

A seguir, calculemos o número de coulombs necessários.

$$1,44 \ \mathscr{F} \times \left(\frac{96 \ 500 \text{ C}}{1 \ \mathscr{F}} \right) \sim 139 \ 000 \text{ C}$$

Como 1 C é igual a 1 A $\cdot$ s,

$$139 \ 000 \ \text{C} \times \left(\frac{1 \ \text{A} \cdot \text{s}}{1 \ \text{C}} \right) \times \left(\frac{1}{2,75 \ \text{A}} \right) \sim 50 \ 500 \text{ s}$$

Convertendo para horas, teremos

$$50 \ 500 \ \text{s} \times \left(\frac{1 \text{ h}}{3 \ 600 \ \text{s}} \right) = 14,0 \text{ h}$$

ELETROQUÍMICA / 607

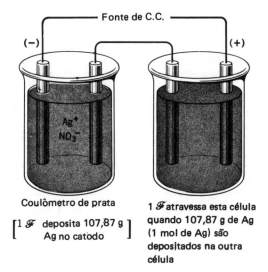

Figura 17.10
Dois coulômetros ligados em série. A mesma corrente passa através das duas células. Quando 107,87 g de prata são depositados no catodo da célula, sabemos que 1 mol de elétron passou através das duas células.

Podemos determinar, experimentalmente, a massa de uma substância que tenha sido depositada em um eletrodo, durante a eletrólise, pesando o eletrodo antes e depois da passagem da corrente. O aparelho usado em experiências dessa natureza chama-se *coulômetro*. Na Fig. 17.10 vemos dois desses coulômetros ligados em série, de modo que a mesma corrente, e, assim, o mesmo número de faradays, atravessa as duas células. Com a ajuda deste aparelho, é possível utilizar uma reação de oxirredução conhecida numa das células, a fim de se obter a medida experimental da massa molar de uma substância desconhecida, na outra célula. Este tipo de análise é ilustrado no exemplo seguinte.

EXEMPLO 17.3 Na célula à esquerda da Fig. 17.10, colocou-se uma solução contendo íons Ag^+ e, na célula da direita, uma solução contendo íons X^{2+} de um metal desconhecido X. A mesma corrente é passada através das duas células durante um determinado tempo. Após a corrente haver sido interrompida e os eletrodos lavados, secados e pesados, verificou-se que 3,50 g de prata foram depositados durante o mesmo período de tempo em que foram depositados 2,50 g do elemento desconhecido X. Qual a massa molar do elemento X?

SOLUÇÃO Este problema, de enunciado tão longo, tem uma solução relativamente simples. Como a corrente e o tempo são os mesmos nas duas células, ligadas em série, igual número de faradays passou através de ambas. Podemos calcular o número de faradays (moles de elétrons), usando a informação da célula com íons Ag^+.

De discussões anteriores nesta seção, sabemos que a reação de redução para Ag^+ é

$$Ag^+ (aq) + e^- \rightarrow Ag (s)$$

Portanto,

$$1 \text{ mol Ag} \sim 1 \text{ mol } e^- \ (1\mathscr{F})$$

ou

$$107,87 \text{ g Ag} \sim 1 \text{ mol } e^-$$

O total de moles de elétrons usado na experiência deve ser

608 / QUÍMICA GERAL

$$3,50 \text{ g} \times \left(\frac{1 \text{ mol } e^-}{107,87 \text{ g}} \right) = 0,0324 \text{ mol } e^-$$

A reação envolvendo X^{2+} (aq) na célula é

$$X^{2+} (aq) + 2e^- \rightarrow X (s)$$

Portanto,

$$1 \text{ mol } X \sim 2 \text{ mol } e^- \text{ (ou } 2\mathscr{F})$$

Desde que passaram 0,0324 mol de elétrons por ambas as células, o número total de moles de X depositados pode ser encontrado:

$$0,0324 \text{ mol } e^- \times \left(\frac{1 \text{ mol } X}{2 \text{ mol } e^-} \right) = 0,0162 \text{ mol de } X$$

Finalmente, reconhecendo que a massa molar tem a unidade de g mol^{-1},

$$\text{massa molar de } X = \frac{3,36 \text{ g } X}{0,0162 \text{ mol de } X} = 207 \text{ g mol}^{-1}$$

17.5
PILHAS
GALVÂNICAS

Luigi Galvani (1737-1798) foi um anatomista italiano pioneiro no campo da eletrofisiologia (o estudo das relações entre a eletricidade e os organismos vivos).

Em nossas discussões anteriores sobre células eletrolíticas, vimos que as transformações químicas ocorrem porque um potencial elétrico aplicado aos eletrodos força o aparecimento de uma reação química não-espontânea. Vejamos agora a situação oposta, na qual o escoamento de elétrons é produzido como resultado de reações espontâneas de oxirredução nas pilhas galvânicas.

Um exemplo de uma reação espontânea de oxirredução ocorrendo em solução pode ser visto colocando-se uma peça de zinco metálico numa solução de $CuSO_4$. Uma camada esponjosa, castanha, começa logo a se formar sobre a peça de zinco e, ao mesmo tempo, a cor azul do $CuSO_4$ começa a desaparecer. A substância de cor castanha, que se está formando sobre o zinco é o cobre metálico e se fôssemos analisar a solução verificaríamos que ela agora contém Zn^{2+}. Portanto, a reação que está ocorrendo é

$$Cu^{2+} (aq) + Zn (s) \longrightarrow Cu (s) + Zn^{2+} (aq)$$

Esta reação pode ser dividida no par de semi-reações de oxirredução

$$Cu^{2+} (aq) + 2e^- \longrightarrow Cu (s)$$
$$Zn (s) \longrightarrow Zn^{2+} (aq) + 2e^-$$

Vemos, por estas reações, que os íons Cu^{2+} são removidos espontaneamente da solução e são substituídos pelos íons incolores de Zn^{2+}. Assim, a cor azul da solução gradualmente desaparece, à medida que os íons Zn^{2+} vão-se formando.

Tão logo estas reações espontâneas tenham ocorrido sobre a superfície do zinco, nenhum escoamento de elétrons utilizável pode ser obtido. Esta reação simplesmento recebe o nome de meia-pilha e, quando eles são conectados adequadamente, de elétrons fazendo estas semi-reações de oxidação e redução ocorrerem em compartimentos separados de uma célula, conforme mostrado na Fig. 17.11. Cada compartimento recebe o nome de **meia-pilha** e quando eles são conectados adequadamente, os elétrons produzidos pela oxidação do zinco devem caminhar através do fio para o eletrodo que está na solução de $CuSO_4$. Os elétrons são, então, captados pelos íons Cu^{2+} e a redução ocorre. Os elétrons que fluem pelo fio externo constituem uma corrente elétrica e, portanto, a pilha galvânica serve como uma fonte de eletricidade.

ELETROQUÍMICA / 609

Figura 17.11
Pilha galvânica que emprega a reação
Zn (s) + Cu²⁺ (aq) →
    Zn²⁺ (aq) + Cu (s).
A ponte salina em (a) possui a mesma finalidade que a separação porosa em (b); cada uma delas permite a manutenção da neutralidade elétrica, à medida que ocorrem as reações nos eletrodos.

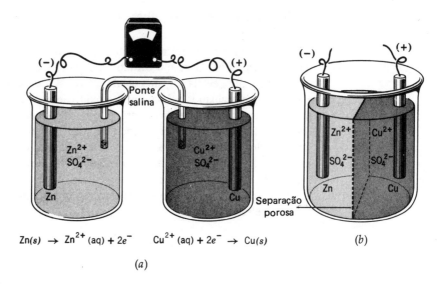

Embora o zinco e o cobre tenham que ser separados para se obter um escoamento utilizável de elétrons, o isolamento completo das duas espécies conduziria a um desequilíbrio elétrico nos eletrodos e o escoamento de elétrons logo cessaria. Podemos ver como o desequilíbrio elétrico ocorreria, se imaginássemos que as duas meias-pilhas estivessem completamente isoladas uma das outras e as reações de oxirredução ainda continuassem a ocorrer. Do lado esquerdo deste arranjo hipotético, os íons Zn^{2+}, passando à solução, dariam a esta uma carga global positiva. A carga positiva na solução evitaria que íons Zn^{2+} adicionais se formassem. Do lado direito, verificaríamos que, quando íons Cu^{2+} deixassem a solução, os íons SO_4^{2-} remanescentes dariam uma carga negativa a esta solução e o eletrodo tornar-se-ia carregado positivamente. Isto faria o eletrodo repelir os íons Cu^{2+} e impedir que eles continuem a ser removidos da solução.

Desta discussão vemos que um escoamento contínuo de corrente, seguido de uma continuada atividade química, só pode ocorrer se a solução em torno de cada eletrodo for mantida eletricamente neutra. Para isto acontecer, entretanto, os íons devem caminhar para dentro ou para fora dos compartimentos da pilha. Por exemplo, na meia-pilha de zinco, o Zn^{2+} deve deixar o compartimento do eletrodo ou os ânions devem entrar nele. Da mesma forma, na meia-pilha de cobre os cátions devem entrar para equilibrar a carga do SO_4^{2-} ou os íons SO_4^{2-} devem sair.

Embora os íons sejam capazes de se difundir de um compartimento da pilha para outro, não se pode permitir que as duas soluções se misturem livremente, pois desta forma o Cu^{2+} reagiria diretamente no eletrodo de Zn e não haveria fluxo de elétrons pelo circuito externo.

A ponte salina na Fig. 17.11a e a separação porosa na Fig. 17.11b permitem uma mistura lenta dos íons das duas soluções. A ponte salina é, geralmente, um tubo cheio com um eletrólito, tal como KNO_3 ou KCl, em gelatina. Os cátions da ponte salina podem-se mover para um compartimento para compensar um excesso de carga negativa, enquanto os ânions da ponte salina difundem para o outro compartimento para neutralizar o excesso de carga positiva. A separação porosa da Fig. 17.11b tem a mesma finalidade da ponte salina. Com a ponte salina ou com a separação porosa, há um escoamento contínuo de elétrons pelo fio externo e um escoamento de íons na solução, resultante das reações espontâneas de oxirredução que ocorrem nos eletrodos.

610 / QUÍMICA GERAL

Sinais dos eletrodos nas pilhas galvânicas

Já definimos anteriormente que, em eletroquímica, o anodo é o eletrodo em que tem lugar a oxidação e o catodo, onde ocorre a redução. Isto se aplica independentemente de a célula ser uma célula eletrolítica ou uma pilha galvânica. Na pilha galvânica que acabamos de descrever, a oxidação ocorre no compartimento do zinco, de modo que a barra de zinco seria o anodo e o eletrodo de cobre seria o catodo. Como os íons zinco deixam o anodo de zinco sólido e entram na solução, elétrons são deixados para trás e o eletrodo de zinco adquire uma carga negativa. No catodo de cobre os íons Cu^{2+} ligam-se ao eletrodo e visam elétrons para se tornar reduzidos. Isto dá ao eletrodo de cobre uma carga positiva. Assim, vemos que numa pilha galvânica o anodo é negativo e o catodo é positivo, em oposição ao que vimos para as células eletrolíticas[1].

17.6 POTENCIAIS DAS PILHAS

A corrente elétrica obtida de uma pilha galvânica resulta do escoamento forçado de elétrons do eletrodo negativo, através de um fio externo, para o eletrodo positivo. A "força" com que estes elétrons se movem é chamada *força eletromotriz* ou *fem* e é medida em *volts* (V). Realmente, o volt é uma medida da energia capaz de ser obtida a partir do escoamento de uma carga elétrica. Se a fem é de 1 V, a passagem de 1 coulomb é capaz de realizar o trabalho de 1 joule.

$$1 \text{ volt} = \frac{1 \text{ joule}}{\text{coulomb}}$$

$$1 \text{ V} = 1 \text{ J/C} \qquad \qquad [17.4]$$

A fem produzida por uma pilha galvânica é chamada de **potencial da pilha**, $\mathscr{E}_{pilha}$. Esta fem depende das concentrações dos íons na pilha, da temperatura e das pressões parciais de quaisquer gases que possam estar envolvidos nas reações das pilhas. Quando todas as concentrações iônicas são $1\,M$, todas as pressões parciais dos gases são 1 atm e a temperatura da pilha é $25°C$, a fem é chamada de **potencial padrão da pilha**[2], designado como $\mathscr{E}^0_{pilha}$.

Note que as condições padrões aqui são as mesmas utilizadas na definição das quantidades termodinâmicas padrões.

Para medir corretamente o potencial da pilha, deve-se tomar cuidado para evitar a saída de corrente da pilha, porque parte do potencial da pilha é necessário para vencer sua própria resistência interna. O potencial elétrico remanescente que pode ser medido, sob essas condições, é menor que o máximo.

---

[1] Esta classificação dos eletrodos nas pilhas galvânicas está, contudo, de acordo com as células eletrolíticas, quando se considera o movimento de íons dentro da solução. Os íons Zn^{2+} produzidos no anodo e os íons SO_4^{2-} deixados livres no catodo devem unir-se um ao outro, a fim de garantir a neutralidade elétrica à solução. Para isso, alguns íons Zn^{2+} devem mover-se para o catodo e alguns íons SO_4^{2-} devem mover-se para o anodo. Assim, temos cátions movendo-se para o catodo e ânions movendo-se para o anodo, o que é, precisamente, o mesmo comportamento encontrado em uma célula eletrolítica.

[2] Na nota 1 do Cap. 13, mencionamos que deveriam ser usadas atividades (concentrações e pressões "efetivas") na expressão da ação das massas no cálculo de ΔG. Isto se aplica, também, em relação ao efeito da concentração sobre $\mathscr{E}$. O potencial padrão é obtido quando todas as espécies estão com atividades unitárias. Apenas um pequeno erro é introduzido, contudo, pelo uso das concentrações reais, quando as soluções são relativamente diluídas.

ELETROQUÍMICA / 611

Um aparelho geralmente usado para medir a fem de uma pilha é chamado *potenciômetro*. Neste instrumento, o potencial gerado pela pilha é balanceado por um potencial de oposição do próprio potenciômetro. Quando os dois potenciais em oposição são iguais, não há escoamento de corrente e o potencial da pilha é igual à fem oposta, que pode ser lida diretamente no potenciômetro. O potencial da pilha que é medido desta maneira é a fem máxima da pilha. Hoje em dia, modernos avanços eletrônicos têm conduzido a uma variedade de outros instrumentos que são capazes de medir, de maneira rápida e simples, a fem de uma pilha, sem usar quantidades significativas de corrente.

17.7 POTENCIAIS DE REDUÇÃO

Um conceito muito importante e útil pode ser desenvolvido ao tentarmos responder à pergunta: "qual a origem do potencial da pilha?" Para responder, usaremos a pilha de Zn/Cu que já descrevemos anteriormente. Nesta pilha, temos uma solução contendo íons Zn^{2+} envolvendo um eletrodo e uma solução contendo íons Cu^{2+} à volta do outro. Cada um destes íons tem uma certa tendência a adquirir elétrons de seu respectivo eletrodo, a fim de reduzir-se. Em outras palavras, cada semi-reação de redução,

$$Zn^{2+} (aq) + 2e^- \longrightarrow Zn (s)$$

e

$$Cu^{2+} (aq) + 2e^- \longrightarrow Cu (s)$$

tem uma certa tendência intrínseca em ocorrer da esquerda para a direita, que podemos exprimir como seu *potencial de redução*. Quanto maior o potencial de redução de qualquer semi-reação, tanto maior será sua facilidade em sofrer redução.

Quando ocorre reação na pilha, o que realmente se observa é uma espécie do jogo "cabo-de-guerra". Cada uma das espécies em solução esforça-se para atrair elétrons para seu eletrodo, a fim de reduzir-se. As espécies com maior capacidade para atrair elétrons (substâncias com potenciais de redução mais elevados) ganham o cabo-de-guerra e são reduzidas. O perdedor, por outro lado, deve fornecer elétrons ao vencedor e a substância será, assim, oxidada. Portanto, na pilha zinco-cobre o cobre tem um potencial de redução maior do que o zinco, porque o cobre é reduzido.

O potencial que medimos para uma pilha corresponde à *diferença* na tendência dos dois íons em se tornar reduzidos e é igual ao potencial de redução para a substância que realmente sofre redução menos o potencial de redução para a substância que é forçada a sofrer oxidação. Em termos dos potenciais padrões de redução,

$$\mathscr{E}^0_{\text{pilha}} = \mathscr{E}^0_{\text{substância reduzida}} - \mathscr{E}^0_{\text{substância oxidada}} \qquad [17.5]$$

Assim, na pilha zinco-cobre,

$$\mathscr{E}^0_{\text{pilha}} = \mathscr{E}^0_{Cu} - \mathscr{E}^0_{Zn}$$

onde $\mathscr{E}^0_{Cu}$ é o potencial padrão de redução para o cobre e $\mathscr{E}^0_{Zn}$ é o potencial padrão de redução para o zinco. Uma vez que $\mathscr{E}^0_{Cu}$ é maior do que $\mathscr{E}^0_{Zn}$, $\mathscr{E}^0_{\text{pilha}}$ é positivo.

Experimentalmente, só é possível medirmos os potenciais globais da pilha. Isto significa que somos capazes de obter apenas as diferenças entre os potenciais de redução para quaisquer duas semi-reações. Então, como podemos obter o potencial de redução para uma semi-reação específica? Evidentemente, se conhecermos o potencial da pilha e o $\mathscr{E}^0$ para uma das semi-reações, o $\mathscr{E}^0$ para a outra semi-reação poderá ser calculado. Assim, o que se fez foi escolher arbitrariamente uma semi-reação e

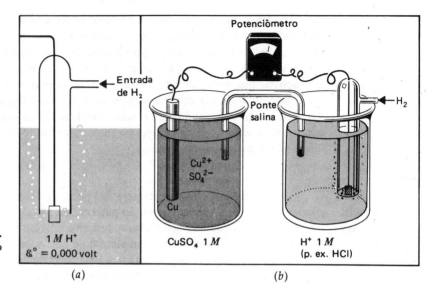

Figura 17.12
(a) Eletrodo de hidrogênio.
(b) Eletrodo de hidrogênio em uso numa pilha galvânica.

atribuir ao seu potencial padrão de redução o valor de zero volts. Todas as outras semi-reações podem, então, ser comparadas a este padrão e se obter um conjunto de valores relativos para $\mathscr{E}^0$.

O eletrodo escolhido como padrão é chamado de **elétrodo de hidrogênio**, mostrado na Fig. 17.12a. Ele consiste de um fio de platina, envolvido por uma camisa de vidro, com hidrogênio gasoso passando através dele com pressão de 1 atm (101,325 kPa). O fio de platina está ligado a uma folha de platina, que é revestida com uma camada preta aveludada de platina finamente dividida e que serve como catalisador para a reação

$$2H^+ (aq) + 2e^- \rightleftharpoons H_2 (g)$$

Este conjunto é, então, imerso em uma solução ácida, cuja concentração do íon hidrogênio é 1 M.

Quando o eletrodo de hidrogênio é confrontado com outra meia-pilha numa pilha galvânica, ele pode sofrer oxidação ou redução, dependendo do potencial de redução das espécies na outra meia-pilha. Por exemplo, se o potencial de redução das espécies na outra meia-pilha é maior do que o do eletrodo de hidrogênio, isto é, o seu $\mathscr{E}^0$ é positivo, o eletrodo de hidrogênio é forçado a sofrer oxidação. A semi-reação correspondente à oxidação no eletrodo de hidrogênio é

$$H_2 (g) \longrightarrow 2H^+ (aq) + 2e^-$$

Se, por outro lado, o potencial de redução da outra semi-reação é menor que o 0,000 V, esta espécie tem um potencial de redução negativo e o eletrodo de hidrogênio sofre redução.

$$2H^+ (aq) + 2e^- \longrightarrow H_2 (g)$$

Isto faz com que a outra espécie seja oxidada.

Para ilustrar como o eletrodo de hidrogênio é usado, examinemos a pilha galvânica da Fig. 17.12b. Ao ligarmos um potenciômetro a esta pilha para medirmos o seu potencial, só poderemos fazer uma leitura apropriada se conectarmos o terminal

ELETROQUÍMICA / 613

Numa pilha galvânica o catodo possui uma carga positiva.

marcado (+) ao eletrodo positivo e o terminal marcado (−) ao eletrodo negativo. Esta é forma para a qual estes instrumentos são projetados. Neste caso, verificamos que, para obtermos uma leitura adequada, o terminal (+) deve ser conectado ao eletrodo de cobre e o terminal (−) ao eletrodo de hidrogênio. Do que aprendemos antes, isto nos diz que o eletrodo de cobre é o catodo e o eletrodo de hidrogênio é o anodo. As semi-reações espontâneas nesta pilha são, portanto,

$$Cu^{2+} (aq) + 2e^- \longrightarrow Cu (s) \quad \text{(Catodo)}$$
$$H_2 (g) \longrightarrow 2H^+ (aq) + 2e^- \quad \text{(Anodo)}$$

Uma vez que o cobre é reduzido, ao aplicarmos a Eq. 17.5 devemos escrever

$$\mathcal{E}^0_{pilha} = \mathcal{E}^0_{Cu} - \mathcal{E}^0_{H_2}$$

O potencial medido de uma pilha é sempre um número positivo.

O potencial da pilha medido (lido de um potenciômetro) é de 0,34 V. Portanto,

$$0,34 \text{ V} = \mathcal{E}^0_{Cu} - 0,000 \text{ V}$$

ou

$$\mathcal{E}^0_{Cu} = +0,34 \text{ V}$$

Vejamos agora a pilha na Fig. 17.13. Temos aqui uma meia-pilha de zinco em confronto com o eletrodo de hidrogênio. Para obtermos uma leitura com o potenciômetro, encontramos, ao experimentar, que o terminal positivo tem que estar conectado ao eletrodo de hidrogênio, de forma que desta vez ele é o catodo. As semi-reações espontâneas nesta pilha são, portanto,

$$2H^+ (aq) + 2e^- \longrightarrow H_2 (g) \quad \text{(Catodo)}$$
$$Zn (s) \longrightarrow Zn^{2+} (aq) + 2e^- \quad \text{(Anodo)}$$

Em outras palavras, o íon zinco é mais difícil de se reduzir do que o H$^+$.

O valor medido do potencial da pilha, conforme lido do potenciômetro, é 0,76 V. Usando novamente a Eq. 17.5,

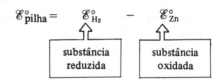

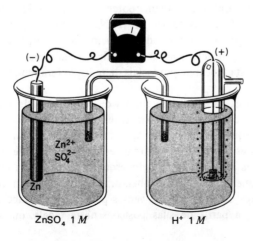

Figura 17.13
Pilha galvânica que pode ser usada para a determinação do potencial de produção padrão do Zn^{2+}.

614 / QUÍMICA GERAL

Substituindo-se,

$$0,76 \text{ V} = 0,000 \text{ V} - \mathscr{E}^0_{Zn}$$

Resolvendo-se para $\mathscr{E}^0_{Zn}$ teremos

$$\mathscr{E}^0_{Zn} = -0,76 \text{ V}$$

O sinal negativo para $\mathscr{E}^0_{Zn}$ reflete o fato de que o Zn^{2+} é mais difícil de se reduzir do que o H^+.

Com o conhecimento dos potenciais de redução para os eletrodos de zinco e cobre podemos agora *prever* o potencial da pilha e as reações espontâneas da pilha para a pilha Zn/Cu. Isto pode ser feito mesmo sem termos nenhum conhecimento prévio das espécies que sofrem oxidação e redução.

Primeiramente, pelo simples exame dos potenciais de redução,

$$Cu^{2+} \ (aq) + 2e^- \rightleftharpoons Cu \ (s) \qquad \mathscr{E}^0_{Cu} = +0,34 \text{ V}$$

$$Zn^{2+} \ (aq) + 2e^- \rightleftharpoons Zn \ (s) \qquad \mathscr{E}^0_{Zn} = -0,76 \text{ V}$$

sabemos imediatamente que o Cu^{2+} se reduz mais facilmente do que o Zn^{2+}. Isto porque o Cu^{2+} tem um potencial de redução maior (mais positivo). Portanto, a reação da pilha deve ser

$$Zn \ (s) + Cu^{2+} \ (aq) \longrightarrow Cu \ (s) + Zn^{2+} \ (aq)$$

A seguir, a única maneira de obtermos o $\mathscr{E}^0_{pilha}$ positivo é subtraindo $\mathscr{E}^0_{Zn}$ (o $\mathscr{E}^0$ da substância oxidada) do $\mathscr{E}^0_{Cu}$ (o $\mathscr{E}^0$ da substância reduzida).

$$\mathscr{E}^0_{pilha} = \mathscr{E}^0_{Cu} - \mathscr{E}^0_{Zn}$$

$$\mathscr{E}^0_{pilha} = +0,34 \text{ V} - (-0,76 \text{ V})$$

$$\mathscr{E}^0_{pilha} = +1,10 \text{ V}$$

Este é precisamente o valor que observamos experimentalmente quando medimos o potencial da pilha.

Estamos, agora, em condições de determinar os potenciais de redução para muitas semi-reações diferentes, porque tudo o que devemos fazer é montar pilhas galvânicas nas quais o potencial de redução da meia-pilha em relação ao eletrodo de hidrogênio seja conhecido. Alguns potenciais padrões de redução, $\mathscr{E}^0$, determinados dessa maneira, são dados na Tab. 17.1. Nesta tabela, o potencial de redução do eletrodo de hidrogênio está colocado no meio, com as espécies mais difíceis de reduzir que o hidrogênio relacionadas abaixo dele e aquelas mais facilmente reduzidas colocadas acima. Esta tabela de potenciais de redução tem muitas finalidades.

1. De uma tabela de potenciais de redução, podemos selecionar substâncias que são bons agentes oxidantes e outras que são bons agentes redutores. Quaisquer espécies que aparecem à esquerda da seta dupla servem como agentes oxidantes, se sofrem redução ao curso de uma reação química. Como as substâncias do lado esquerdo superior da tabela são reduzidas mais facilmente que aquelas abaixo, sua capacidade em servir como agentes oxidantes diminui quando vamos para baixo, na tabela. Assim, podemos concluir, a partir de suas posições nesta tabela, que o H^+ é melhor agente

Tabela 17.1
Potenciais padrões de redução a $25°C$

Semi-reação	$\mathscr{E}°$ (volts)
$F_2 + 2e^- \rightleftharpoons 2F^-$	2,87
$S_2O_8^{2-} + 2e^- \rightleftharpoons 2SO_4^{2-}$	2,00
$H_2O_2 + 2H^+ + 2e^- \rightleftharpoons 2H_2O$	1,78
$PbO_2 + SO_4^{2-} + 4H^+ + 2e^- \rightleftharpoons PbSO_4 + 2H_2O$	1,69
$8H^+ + MnO_4^- + 5e^- \rightleftharpoons Mn^{2+} + 4H_2O$	1,49
$2ClO_3^- + 12H^+ + 10e^- \rightleftharpoons Cl_2 + 6H_2O$	1,47
$Cl_2\ (g) + 2e^- \rightleftharpoons 2Cl^-$	1,36
$Cr_2O_7^{2-} + 14H^+ + 6e^- \rightleftharpoons 2Cr^{3+} + 7H_2O$	1,33
$MnO_2 + 4H^+ + 2e^- \rightleftharpoons Mn^{2+} + 2H_2O$	1,28
$O_2 + 4H^+ + 4e^- \rightleftharpoons 2H_2O$	1,23
$Br_2\ (aq) + 2e^- \rightleftharpoons 2Br^-$	1,09
$Ag^+ + e^- \rightleftharpoons Ag$	0,80
$Fe^{3+} + e^- \rightleftharpoons Fe^{2+}$	0,77
$I_2\ (aq) + 2e^- \rightleftharpoons 2I^-$	0,54
$Cu^+ + e^- \rightleftharpoons Cu$	0,52
$Cu^{2+} + 2e^- \rightleftharpoons Cu$	0,34
$Hg_2Cl_2 + 2e^- \rightleftharpoons 2Hg + 2Cl^-$	0,27
$AgCl + e^- \rightleftharpoons Ag + Cl^-$	0,22
$2H^+ + 2e^- \rightleftharpoons H_2$	0,00
$Fe^{3+} + 3e^- \rightleftharpoons Fe$	−0,04
$Pb^{2+} + 2e^- \rightleftharpoons Pb$	−0,13
$Sn^{2+} + 2e^- \rightleftharpoons Sn$	−0,14
$Ni^{2+} + 2e^- \rightleftharpoons Ni$	−0,25
$PbSO_4 + 2e^- \rightleftharpoons Pb + SO_4^{2-}$	−0,36
$Fe^{2+} + 2e^- \rightleftharpoons Fe$	−0,44
$Cr^{3+} + 3e^- \rightleftharpoons Cr$	−0,74
$Zn^{2+} + 2e^- \rightleftharpoons Zn$	−0,76
$2H_2O + 2e^- \rightleftharpoons H_2 + 2OH^-$	−0,83
$Mn^{2+} + 2e^- \rightleftharpoons Mn$	−1,03
$Al^{3+} + 3e^- \rightleftharpoons Al$	−1,67
$Mg^{2+} + 2e^- \rightleftharpoons Mg$	−2,38
$Na^+ + e^- \rightleftharpoons Na$	−2,71
$Ca^{2+} + 2e^- \rightleftharpoons Ca$	−2,76
$Ba^{2+} + 2e^- \rightleftharpoons Ba$	−2,90
$K^+ + e^- \rightleftharpoons K$	−2,92
$Li^+ + e^- \rightleftharpoons Li$	−3,05

616 / QUÍMICA GERAL

oxidante que o Zn^{2+} e que o F_2 é melhor agente oxidante que o Cl_2. Resumindo: *os bons agentes oxidantes são aquelas espécies à esquerda da seta dupla, colocados ao topo da tabela.*

Cada uma das semi-reações relacionadas na Tab. 17.1 é reversível. Vimos, por exemplo, que H_2 é oxidado para H^+, quando colocado em uma pilha com cobre, e que H^+ é reduzido para H_2 quando colocado contra o zinco. Quando as reações na Tab. 17.1 são forçadas a se processar da direita para a esquerda, isto é, quando elas são forçadas a se oxidar na reação global, então, as espécies que aparecem à direita, na Tab. 17.1, estarão funcionando como agentes redutores, sendo, portanto, oxidadas. *Todas as substâncias que aparecem do lado direito das reações relacionadas na Tab. 17.1 podem comportar-se como agentes redutores; as espécies na parte inferior à direita da tabela, tais como o Li, são as melhores e as que estão na parte superior à direita, tais como F^-, são as piores como agentes redutores.*

2. Usando a Tab. 17.1 podemos encontrar, rapidamente, que combinações de reagentes conduzem à reações espontâneas de oxirredução (quando as concentrações de reagentes e produtos são $1\,M$ e as pressões parciais de quaisquer gases envolvidos são de 1 atm). Podemos, também, determinar se uma dada reação, do modo como foi escrita, se processará, espontaneamente ou não, na direção indicada.

Consideremos, por exemplo, uma mistura constituída de peças de zinco e de cromo sólidos em contacto com uma solução contendo $Zn^{2+}\,1\,M$ e $Cr^{3+}\,1\,M$. Que reação ocorrerá nessa mistura? Para respondermos a esta pergunta olhamos para as reações seguintes, encontradas na Tab. 17.1.

$$Cr^{3+}\,(aq) + 3e^- \rightleftharpoons Cr\,(s) \qquad \mathscr{E}^0_{Cr} = -0,74\;V$$

$$Zn^{2+}\,(aq) + 2e^- \rightleftharpoons Zn\,(s) \qquad \mathscr{E}^0_{Zn} = -0,76\;V$$

— 0,74 V é mais positivo do que — 0,76 V.

Os potenciais de redução nos dizem que Cr^{3+} é muito mais facilmente reduzido do que o Zn^{2+}, de forma que nesta mistura ocorrerá a redução do Cr^{3+} e a semi-reação do zinco será forçada a ocorrer como uma oxidação. Para obtermos a reação da pilha, combinamos as semi-reações de uma forma na qual o número total de elétrons ganhos seja igual ao número total de elétrons perdidos.

$$2 \times [Cr^{3+}\,(aq) + 3e^- \longrightarrow Cr\,(s)] \qquad \text{(Redução)}$$

$$3 \times [Zn\,(s) \longrightarrow Zn^{2+}\,(aq) + 2e^-] \qquad \text{(Oxidação)}$$

$$2Cr^{3+}\,(aq) + 3Zn\,(s) \longrightarrow 2Cr(s) + 3Zn^{2+}\,(aq) \qquad \text{Reação da pilha}$$

Para calcularmos o $\mathscr{E}^0_{pilha}$ para esta reação, usamos a Eq. 17.5.

$$\mathscr{E}^0_{pilha} = \mathscr{E}^0_{\text{substância reduzida}} - \mathscr{E}^0_{\text{substância oxidada}}$$

$$= \mathscr{E}^0_{Cr} - \mathscr{E}^0_{Zn}$$

$$= (-0,74\;V) - (-0,76\;V)$$

$$= +0,02\;V$$

Note que o $\mathscr{E}^0_{pilha}$ é positivo, como deve ser para uma transformação espontânea. Note também que, mesmo embora as semi-reações sejam multiplicadas por fatores antes de serem combinadas, os potenciais de redução não são multiplicados. Eles são, simplesmente, subtraídos um do outro. Isto

ELETROQUÍMICA / 617

ocorre porque os potenciais de redução são quantidades intensivas e, portanto, são independentes do número de moles de reagentes e produtos envolvidos.

Já dissemos também que podemos determinar se uma reação, da forma como está escrita, ocorrerá espontaneamente. Consideremos uma possível reação

$$Fe^{2+} (aq) + Ni\ (s) \longrightarrow Fe\ (s) + Ni^{2+}\ (aq)$$

Se a reação é espontânea, o $\mathscr{E}^0_{pilha}$ calculado será positivo, conforme ocorreu acima. Por outro lado, se a reação não é espontânea da forma como está escrita, o $\mathscr{E}^0_{pilha}$ resultante do cálculo será negativo.

Para a reação que estamos considerando, o primeiro passo é dividir a reação global em duas semi-reações.

$$Fe^{2+} (aq) + 2e^- \longrightarrow Fe\ (s)$$

$$Ni\ (s) \longrightarrow Ni^{2+}\ (aq) + 2e^-$$

Vemos que a primeira equação é uma redução e, da Tab. 17.1, podemos saber o seu potencial de redução, $\mathscr{E}^0_{Fe} = -0,44$ V. A segunda equação é uma oxidação. Se a reescrevêssemos como uma redução, acharíamos também o seu potencial de redução, $\mathscr{E}^0_{Ni} = -0,25$ N. Uma vez que na nossa reação global o ferro (II) é reduzido e o níquel oxidado, ao substituirmos na Eq. 17.5, teremos

$$\mathscr{E}^0_{pilha} = \mathscr{E}^0_{Fe} - \mathscr{E}^0_{Ni}$$
$$= -0,44 - (-0,25)$$
$$= -0,19\ V$$

Uma vez que o $\mathscr{E}^0_{pilha}$ calculado é negativo, a reação do $Fe^{2+}\ (aq)$ com Ni (s) *não* é espontânea. De fato, é a reação inversa que é espontânea.

EXEMPLO 17.4

Qual será a reação espontânea entre o conjunto de semi-reações apresentado a seguir? Qual o valor do $\mathscr{E}^0_{pilha}$?

(1) $Cr^{3+}\ (aq) + 3e^- \rightleftharpoons Cr\ (s)$

(2) $MnO_2\ (s) + 4H^+\ (aq) + 2e^- \rightleftharpoons Mn^{2+}\ (aq) + 2H_2O\ (l)$

SOLUÇÃO

Da Tab. 17.1, a reação (1) tem $\mathscr{E}^0 = -0,74$ V e a reação (2) tem $\mathscr{E}^0 = +1,28$ V. Uma vez que o potencial de redução da reação (2) é maior (mais positivo) do que o da reação (1), a reação (2) ocorrerá como uma redução. A reação (1) será invertida e escrita como uma oxidação. Para obtermos a reação global, multiplicaremos por coeficientes apropriados, de forma que os elétrons se cancelem.

$$3\ [MnO_2\ (s) + 4H^+\ (aq) + 2e^- \rightarrow Mn^{2+}\ (aq) + 2H_2O\ (l)]$$
$$\underline{2\ [Cr\ (s) \rightarrow Cr^{3+}\ (aq) + 3e^-]}$$
$$2Cr\ (s) + 3MnO_2\ (s) + 12H^+\ (aq) \rightarrow 2Cr^{3+}\ (aq) + 3Mn^{2+}\ (aq) + 6H_2O\ (l)$$

Para calcular o $\mathscr{E}^0_{pilha}$ podemos subtrair os potenciais de redução para obtermos um valor positivo.

$$\mathscr{E}^0_{pilha} = +1,28 - (-0,74)$$
$$= +2,02\ V$$

618 / QUÍMICA GERAL

3. Neste processo de combinar semi-reações da Tab. 17.1, vemos que alguns dos reagentes na reação espontânea aparecem do lado esquerdo da semi-reação, enquanto o restante dos reagentes está do lado direito da outra semi-reação. Entre os reagentes no Ex. 17.4, por exemplo, temos $MnO_2 + 4H^+$ do lado esquerdo de uma semi-reação e Cr (s) do lado direito da outra. A ordem destas reações na Tab. 17.1 é

$$MnO_2 \ (s) + 4H^+ \ (aq) + 2e^- \rightleftharpoons Mn^{2+} \ (aq) + 2H_2O \ (l) \quad \mathscr{E}^0 = 1,28 \ V$$

$$Cr^{3+} \ (aq) + 3e^- \rightleftharpoons Cr \ (s) \quad\quad\quad \mathscr{E}^0 = -0,74 \ V$$

e vemos que os reagentes na reação espontânea global são as substâncias relacionadas pela linha diagonal que vai do canto superior esquerdo para o canto inferior direito. Como uma regra geral, *podemos dizer que quando comparamos reagentes e produtos com concentrações unitárias, quaisquer espécies à esquerda de uma dada semi-reação reagirão espontaneamente com uma substância que se encontre do lado direito de uma semi-reação localizada abaixo dela na Tab. 17.1.* Podemos usar este processo empírico, por exemplo, para dizer que Br_2 reagirá espontaneamente com I^-, para produzir Br^- e I_2, e que o mesmo Br_2 *não* reagirá espontaneamente com Cl^-. Nossa regra, portanto, nos permite determinar o curso de uma reação, sem nos preocuparmos em subtrair potenciais de eletrodos como na ordem correta.

4. Um ponto digno de nota é que uma coleção de semi-reações, como a da Tab. 17.1, capacita-nos a prever o resultado de muitas reações químicas, quando conhecemos apenas relativamente poucas semi-reações e seus correspondentes potenciais de redução. De 36 semi-reações relacionadas na Tab. 17.1, por exemplo, podemos prever os resultados de 630 reações químicas diferentes! Uma tabela deste tipo, portanto, serve para armazenar, de maneira muito compacta, informações químicas.

5. Com o conhecimento dos potenciais padrões de redução relacionados na Tab. 17.1, justificamos o desenvolvimento das reações de eletrólise. Por exemplo, sabemos, de experiências anteriores, que podemos produzir cobre eletrolizando uma solução aquosa contendo Cu^{2+}, mas não podemos obter alumínio deste mesmo modo. Da Tab. 17.1, vemos que o potencial de redução do cobre é de $+0,34 \ V$ e que o da água é de $-0,83 \ V$. Assim, o íon cobre é reduzido mais facilmente do que o H_2O e se depositará sobre o eletrodo, de acordo com a semi-reação

$$Cu^{2+} \ (aq) + 2e^- \longrightarrow Cu \ (s)$$

No caso do alumínio, porém, verificamos que o potencial de redução do Al^{3+} é de $-1,66 \ V$, o que o torna mais difícil de reduzir do que a água. Isto significa que, quando uma solução aquosa contendo íons Al^{3+} é eletrolizada, o H_2O será reduzido, preferencialmente.

Já foram medidos os potenciais de redução de centenas de semi-reações.

Existem fatores complicadores que não discutimos, de forma que se torna difícil fazer previsões exatas acerca do que se formará ou não num eletrodo durante uma eletrólise.

17.8 ESPONTANEI-DADE DAS REAÇÕES DE OXIRREDUÇÃO

Foi assinalado na Seç. 11.9 que o critério termodinâmico para a espontaneidade de uma reação química é que a variação da energia livre, ΔG, tem que ser uma quantidade negativa. Na Seç. 11.10, vimos que o ΔG também representa a quantidade máxima de trabalho útil que pode ser obtido de uma reação química. A relação entre ΔG e o trabalho máximo ($W_{máx}$) para qualquer sistema toma a forma

$$\Delta G = -W_{máx}$$

Mas o que é trabalho máximo, para uma célula eletroquímica?

O trabalho derivado de uma célula eletroquímica pode ser comparado com o trabalho obtido de uma roda-d'água, como a mostrada na Fig. 17.14. A quantidade de trabalho que pode ser obtida desta roda-d'água depende de dois fatores: (1) o volume da água escoando sobre as pás da roda; (2) a energia entregue à roda por unidade de volume de água, que cai para o nível mais baixo da corrente de água:

$$\text{trabalho} = (\text{volume de água}) \times \left(\frac{\text{energia liberada}}{\text{unidade de volume}} \right)$$

Do mesmo modo, o trabalho realizado por uma célula eletroquímica depende (1) do número de coulombs que escoa; (2) da energia disponível por coulomb:

$$\text{trabalho} = (\text{número de coulombs}) \times \left(\frac{\text{energia disponível}}{\text{coulomb}} \right)$$

O número de coulombs que escoa é igual ao número de moles de elétrons envolvidos na reação de oxirredução, n, multiplicado pelo Faraday (que é o número de coulombs, por moles de elétrons):

$$\text{número de coulombs} = n\mathscr{F}$$

O valor de n depende da natureza das semi-reações que ocorrem na pilha e pode ser deduzido, desde que as reações específicas sejam conhecidas. Por exemplo, na pilha Zn/Cu, há dois elétrons envolvidos em cada uma das semi-reações; portanto, n, para esta pilha, é 2.

A energia disponível por coulomb é simplesmente a fem da pilha, porque o volt é igual à energia por coulomb (Eq. 17.4):

$$\frac{\text{energia disponível}}{\text{coulomb}} = \text{fem}$$

Quando a fem é máxima, o trabalho derivado da pilha é, também, um máximo. Na Seç. 17.6, vimos que a fem máxima é o potencial da pilha, $\mathscr{E}_{\text{pilha}}$.

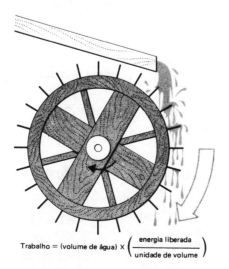

Figura 17.14
Trabalho obtido de uma roda d'água.

620 / QUÍMICA GERAL

Assim, a equação do trabalho máximo para uma célula eletroquímica é:

$$W_{máx} = \quad n \quad \times \quad \mathscr{F} \quad \times \quad \mathscr{E}$$
$$\qquad\quad \updownarrow \qquad\qquad \updownarrow \qquad\qquad \updownarrow$$
$$\text{joules} = (\text{moles de elétrons}) \times \left(\frac{\text{coulombs}}{\text{mol}}\right) \times \left(\frac{\text{joules}}{\text{coulomb}}\right)$$

Como $\Delta G = - W_{máx}$, então,

$$\Delta G = - n\mathscr{F}\mathscr{E}_{pilha} \qquad\qquad [17.6]$$

Quando todas as espécies estão em concentrações unitárias, conforme identificado pelo índice zero no $\mathscr{E}^0_{pilha}$, ΔG torna-se a variação da energia livre padrão para a reação, ΔG^0. Assim, a Eq. 17.6 torna-se

$$\Delta G^0 = - n\mathscr{F}\mathscr{E}^0_{pilha} \qquad\qquad [17.7]$$

Com a ajuda da Eq. 17.7, podemos calcular a variação da energia livre padrão para uma reação de oxirredução, a partir do conhecimento do potencial padrão da pilha. Consideremos, por exemplo, a pilha Zn/Cu.

$$\text{Zn } (s) \longrightarrow \text{Zn}^{2+} (aq) + 2e^-$$
$$\underline{\text{Cu}^{2+} (aq) + 2e^- \longrightarrow \text{Cu } (s)}$$
$$\text{Zn } (s) + \text{Cu}^{2+} (aq) \longrightarrow \text{Zn}^{2+} (aq) + \text{Cu } (s)$$

Para esta reação, n é igual a 2 (porque há transferência de dois elétrons), $\mathscr{F}= 96\,500$ C/mol e^- e $\mathscr{E}^0_{pilha}$, obtido através dos dados da Tab. 17.1 ou determinado experimentalmente, é igual a $+ 1,10$ V; portanto,

$$\Delta G^0 = -2 \; \cancel{\text{mol}\,e^-} \times \left(\frac{96\,500 \; \cancel{C}}{\cancel{\text{mol}\,e^-}}\right) \times \left(\frac{1,10 \text{ J}}{\cancel{C}}\right)$$
$$= \quad 212\,000 \text{ J}$$

Esta relação entre o potencial padrão da pilha e ΔG^0 é extremamente importante, porque reúne dois diferentes aspectos da espontaneidade e, ao mesmo tempo, indica-nos um caminho rapidamente acessível para o cálculo da variação da energia livre padrão. Experimentalmente, medimos a fem padrão da pilha e, a partir desse valor, podemos, então, calcular o ΔG^0. Porém, ainda mais importante, talvez, é que, por meio desta equação, podemos deduzir quantidades termodinâmicas mais úteis.

17.9 CONSTANTES DE EQUILÍBRIO TERMO-DINÂMICO

Na Seç. 13.3, vimos que, para reações em solução,

$$\Delta G^0 = -2,303RT \log K_c \qquad\qquad [17.8]$$

Combinando as Eqs. 17.7 e 17.8, temos

$$\Delta G^0 = - n\mathscr{F}\mathscr{E}^0 = -2,303RT \log K_c$$

ou, simplesmente,

$$n\mathscr{F}\mathscr{E}^0 = 2,303RT \log K_c$$

Resolvendo para $\mathscr{E}^0$, temos

$$\mathscr{E}^0 = \frac{2,303RT}{n\mathscr{F}} \log K_c \qquad [17.9]$$

Se nos decidirmos restringir às reações que se passam a 25°C (298 K), a relação $2,303\ RT/\mathscr{F}$ torna-se uma constante,

$$\frac{2,303RT}{\mathscr{F}} = \frac{2,303(8,314 \text{ J mol}^{-1} \text{ K}^{-1})(298 \text{ K})}{96\ 500 \text{ C mol}^{-1}} = 0,0592 \text{ J C}^{-1}$$

Como 1 V = 1 J/C,

$$\frac{2,303RT}{\mathscr{F}} = 0,0592 \text{ V}$$

Assim, a 25°C, a Eq. 17.9 torna-se

$$\mathscr{E}^0 = \frac{0,0592}{n} \log K_c$$

Resolvendo para K_c, temos

$$\log K_c = \frac{n\mathscr{E}^0}{0,0592} \qquad [17.10]$$

Vemos, portanto, que, com o conhecimento do potencial padrão da pilha, a constante de equilíbrio para a reação da pilha pode ser calculada. Para a pilha Zn/Cu, temos

$$\log K_c = \frac{n\mathscr{E}^0}{0,0592} = \frac{2(+1,10)}{0,0592} = 37,2$$

Então,

$$K_c \approx 1 \times 10^{37}$$

Tendo em vista o valor desta constante de equilíbrio, podemos certamente, dizer que a reação espontânea da pilha Zn/Cu será praticamente completa.

EXEMPLO 17.5 Usando a Tab. 17.1, determine se a reação de oxirredução

$$\text{Sn } (s) + \text{Ni}^{2+} \rightarrow \text{Sn}^{2+} + \text{Ni } (s)$$

é espontânea e calcule sua constante de equilíbrio.

SOLUÇÃO As duas semi-reações desta reação global são

$$\text{Sn } (s) \rightarrow \text{Sn}^{2+} (aq) + 2e^- \qquad \text{(Oxidação)}$$
$$\text{Ni}^{2+} (aq) + 2e^- \rightarrow \text{Ni } (s) \qquad \text{(Redução)}$$

622 / QUÍMICA GERAL

Da Tab. 17.1, obtemos o potencial da redução para a semi-reação envolvendo o Sn e o Sn^{2+} como sendo $\mathscr{E}^{\circ}_{Sn} = -0,14$ V e para a semi-reação do níquel $\mathscr{E}^{\circ}_{Ni} = -0,25$ V. Aplicando a Eq. 17.5 obtemos

$$\mathscr{E}^{\circ}_{pilha} = -0,25 - (-0,14)$$
$$= -0,11 \text{ V}$$

Isto significa que, sob *condições* padrões (concentrações unitárias), a reação, no sentido que está indicada, não é espontânea. Podemos, ainda, calcular a constante de equilíbrio do mesmo modo resumido acima. Como, durante a reação, são transferidos dois elétrons,

$$\log K_c = \frac{2\,(-0,11)}{0,0592} = -3,7$$

Tomando-se o antilogaritmo temos

$$K_c = 2 \times 10^{-4}$$

Pelo valor muito pequeno desta constante de equilíbrio podemos dizer que a reação não ocorrerá no sentido da formação dos produtos com extensão muito grande.

17.10 EFEITO DA CONCENTRAÇÃO SOBRE O POTENCIAL DA PILHA

Até aqui, limitamos nossas discussões às pilhas contendo reagentes com concentrações unitárias. No laboratório, contudo, geralmente, os trabalhos não se restringem apenas a essas condições e tem-se verificado que a fem da pilha e mesmo o sentido da reação podem ser controlados pelas concentrações das substâncias que tomam parte na reação. Examinemos este fato do ponto de vista quantitativo.

Uma equação que descreve como a energia livre dos reagentes e produtos de uma dada reação varia com a temperatura e a concentração foi apresentada na Seç. 13.3. Para a reação genérica

$$aA + bB \longrightarrow eE + fF$$

esta equação toma a forma

A quantidade $\dfrac{[E]^e[F]^f}{[A]^a[B]^b}$, é a expressão da ação das massas para a reação.

$$\Delta G = \Delta G^0 + 2,303RT \log \left(\frac{[E]^e[F]^f}{[A]^a[B]^b} \right)$$

As Eqs. 17.6 e 17.7 (na Seç. 17.8) mostram as relações entre ΔG e $\mathscr{E}$ e entre ΔG^0 e $\mathscr{E}^0$, respectivamente, para uma reação de oxirredução. Substituindo as expressões de ΔG e ΔG^0 na equação acima, temos

$$-n\mathscr{F}\mathscr{E} = -n\mathscr{F}\mathscr{E}^0 + 2,303RT \log \left(\frac{[E]^e[F]^f}{[A]^a[B]^b} \right)$$

que pode ser rearranjada de modo a dar

$$\mathscr{E} = \mathscr{E}^0 - \frac{2,303RT}{n\mathscr{F}} \log \left(\frac{[E]^e[F]^f}{[A]^a[B]^b} \right) \qquad [17.11]$$

Foi Walter Nernst quem descobriu a terceira lei da termodinâmica.

Esta equação foi desenvolvida por Walter Nernst, em 1889, e leva o seu nome, sendo chamada **equação de Nernst**.

Já vimos que, a $25°C$, o calor numérico de $2,303\,RT/\mathscr{F}$ é 0,0592. Portanto, a $25°C$, a equação de Nernst torna-se

$$\mathscr{E} = \mathscr{E}^0 - \frac{0,0592}{n} \log \left(\frac{[E]^e[F]^f}{[A]^a[B]^b} \right) \qquad [17.12]$$

ELETROQUÍMICA / 623

log 1 = 0.

Podemos ver, pela Eq. 17.12, que, quando todas as espécies iônicas estão presentes na concentração unitária, o termo logarítmico é igual a zero e a fem da pilha torna-se igual a $\mathscr{E}^0$, isto é, na concentração unitária, $\mathscr{E} = \mathscr{E}^0$. Isto, naturalmente, deve ser verdadeiro à luz de nossa definição básica de $\mathscr{E}^0$. Quando as espécies na pilha não estão na concentração unitária, $\mathscr{E}$, geralmente, não é igual a $\mathscr{E}^0$ e deve-se empregar a equação de Nernst para calcular $\mathscr{E}$. Por exemplo, no caso da pilha Zn/Cu, cuja reação é

$$Zn\ (s) + Cu^{2+}\ (aq) \longrightarrow Cu\ (s) + Zn^{2+}\ (aq)$$

a equação de Nernst toma a forma

$$\mathscr{E} = \mathscr{E}^0 - \frac{0,0592}{n} \log \frac{[Zn^{2+}]}{[Cu^{2+}]}$$

Note, que, aqui, também omitimos as concentrações dos sólidos puros da expressão da lei da ação das massas.[3] Como são transferidos dois elétrons na reação $n = 2$, então,

$$\mathscr{E} = \mathscr{E}^0 - 0,0296 \log \frac{[Zn^{2+}]}{[Cu^{2+}]}$$

Assim, $\mathscr{E}$ pode ser calculado para qualquer conjunto particular de concentrações de Zn^{2+} e Cu^{2+}. O uso da equação de Nernst é ilustrado no exemplo a seguir.

EXEMPLO 17.6 Calcule a fem da pilha Zn/Cu sob as seguintes condições:

$$Zn\ (s) + Cu^{2+}\ (0,020\ M) \to Cu\ (s) + Zn^{2+}\ (0,40\ M)$$

SOLUÇÃO Acabamos de ver que, para este sistema, a equação de Nernst é

$$\mathscr{E} = \mathscr{E}^\bullet - 0,0296 \log \frac{[Zn^{2+}]}{[Cu^{2+}]}$$

Podemos, também, calcular, para esta equação, que $\mathscr{E}^\bullet_{pilha} = +1,10$ V. Substituindo este $\mathscr{E}^\bullet$ e as concentrações de Zn^{2+} e Cu^{2+} na equação de Nernst, teremos

$$\mathscr{E} = 1,10 - 0,0296 \log \frac{(0,40)}{(0,020)}$$
$$= 1,10 - 0,0296 \log 20$$
$$= 1,10 - 0,0296\ (1,30)$$
$$= 1,10 - 0,0385$$
$$= 1,06\ V$$

Assim, podemos ver que, sob estas condições de concentração, a fem obtida para esta pilha é ligeiramente menor que a obtida quando se usam concentrações unitárias.

---

[3] A equação de Nernst aplica-se exatamente apenas quando usamos as atividades das substâncias. A atividade de qualquer sólido ou líquido puro é igual a 1. Os erros introduzidos pelo uso das concentrações dos íons, em vez de suas atividades, são pequenos, como mencionamos anteriormente, considerando que as soluções são relativamente diluídas.

17.11 APLICAÇÕES DA EQUAÇÃO DE NERNST

Assim como a fem da pilha depende da concentração dos íons envolvidos nas semi-reações, encontramos, também, que os potenciais de redução das semi-reações individuais são, do mesmo modo, determinados pelas concentrações dos íons envolvidos. Este efeito da concentração sobre o potencial de redução pode, também, ser dado pela equação de Nernst. Por exemplo, se considerarmos a semi-reação

$$Zn^{2+} (aq) + 2e^- \rightleftharpoons Zn (s)$$

a equação de Nernst, a 25°C, toma a forma

$$\mathscr{E}_{Zn} = \mathscr{E}^0_{Zn} - \frac{0,0592}{2} \log \frac{1}{[Zn^{2+}]}$$

Como sempre, podemos omitir a concentração do sólido da expressão da lei de ação das massas.

Tendo em vista que o potencial de redução de um eletrodo depende das concentrações dos íons na solução, é possível preparar uma pilha na qual os compartimentos do catodo e do anodo contenham os mesmos materiais nos eletrodos, porém, concentrações diferentes dos íons. Tal pilha é chamada **pilha de concentração** e é mostrada na Fig. 17.15.

Na Fig. 17.15, temos uma pilha formada por dois eletrodos de zinco colocados em soluções separadas de ZnSO$_4$, cujas concentrações dos íons Zn^{2+} são diferentes. A concentração de Zn^{2+} do lado esquerdo (1,0 M) é 100 vezes maior que a concentração de Zn^{2+} no compartimento à direita e, quando o circuito é fechado, ocorre uma reação espontânea, numa direção cuja tendência é fazer com que as duas concentrações de Zn^{2+} tornem-se iguais. Assim, no compartimento de maior concentração, os íons Zn^{2+} desaparecem, formando Zn (s), a fim de diminuir a concentração de Zn^{2+}, e no compartimento mais diluído o serão produzidos mais íons Zn^{2+}. Temos, assim, no compartimento mais concentrado

$$Zn^{2+} (1\ M) + 2e^- \longrightarrow Zn\ (s) \text{ (redução)}$$

e, no lado mais diluído,

$$Zn\ (s) \longrightarrow Zn^{2+} (0,01\ M) + 2e^- \text{ (oxidação)}$$

Figura 17.15
Uma pilha de concentração.

De discussões anteriores, sabemos que o potencial de uma pilha é encontrado subtraindo-se o potencial de redução da meia-pilha na qual ocorre a oxidação do potencial de redução da meia-pilha em que se dá a redução. Para esta pilha de concentração, temos

$$\mathscr{E}_{pilha} = \mathscr{E}_{conc} - \mathscr{E}_{dil}$$

em que $\mathscr{E}_{conc}$ e $\mathscr{E}_{dil}$ são os potenciais dos eletrodos das meias-pilhas concentrada e da diluída, respectivamente. Estes são dados como

$$\mathscr{E}_{conc} = \mathscr{E}_{Zn}^{0} - \frac{0,0592}{2} \log \frac{1}{[Zn^{2+}]_{conc}}$$

e

$$\mathscr{E}_{dil} = \mathscr{E}_{Zn}^{0} - \frac{0,0592}{2} \log \frac{1}{[Zn^{2+}]_{dil}}$$

Portanto,

$$\mathscr{E}_{pilha} = (\mathscr{E}_{Zn}^{0} - \mathscr{E}_{Zn}^{0}) - \frac{0,0592}{2} \left(\log \frac{1}{[Zn^{2+}]_{conc}} - \log \frac{1}{[Zn^{2+}]_{dil}} \right)$$

ou

$$\mathscr{E}_{pilha} = - \frac{0,0592}{2} \log \frac{[Zn^{2+}]_{dil}}{[Zn^{2+}]_{conc}}$$

A substituição das concentrações de Zn^{2+} nesta expressão permite-nos calcular o potencial da pilha.

$$\mathscr{E}_{pilha} = - \frac{0,0592}{2} \log \frac{(0,01)}{(1)}$$
$$= 0,0592 \ V$$

Em geral, para qualquer pilha de concentração, podemos escrever

$$\mathscr{E}_{pilha} = - \frac{0,0592}{n} \log \frac{[M^{n+}]_{dil}}{[M^{n+}]_{conc}}$$

O potencial elétrico obtido para este tipo de pilha, geralmente, é pequeno e continuará decrescendo, à medida que as concentrações nos dois compartimentos se aproximam uma da outra. Quando as concentrações dos íons forem as mesmas, em cada compartimento a fem será igual a zero.

Constante do produto de solubilidade

A equação de Nernst pode, também, ser útil na determinação da constante do produto de solubilidade de um sal insolúvel. Para achar o K_{ps} do $PbSO_4$, por exemplo, pode-se projetar uma experiência do seguinte modo: monta-se uma pilha galvânica constituída dos eletrodos de Pb/Pb^{2+} e Sn/Sn^{2+}, ligados por uma ponte salina. No compartimento do Sn^{2+}, a concentração é mantida constante e igual a M. No compartimento do eletrodo de chumbo, adiciona-se SO_4^{2-} para precipitar $PbSO_4$ e, desse modo, estabelecer o equilíbrio.

$$PbSO_4 \ (s) \rightleftharpoons Pb^{2+} \ (aq) + SO_4^{2-} \ (aq)$$

A concentração de SO_4^{2-} no compartimento do eletrodo de chumbo é, então, ajustada, até que ele seja igual a $1 \ M$ e a fem da pilha passe a ser de $+ 0,22$ V. Observando-se, também, que o eletrodo de Pb é negativo em relação ao eletrodo de Sn, indicando, desse modo, que o Pb está sendo oxidado, enquanto que o Sn^{2+} está sendo reduzido. A reação da pilha deve ser, portanto,

$$Pb \ (s) + Sn^{2+} \ (1 \ M) \longrightarrow Pb^{2+} \ (?) + Sn \ (s)$$

e o $\mathscr{E}^0$ calculado é

$$\mathscr{E}^0 = \mathscr{E}_{Sn} - \mathscr{E}_{Pb}$$
$$= (-0,14 \ V) - (-0,13 \ V)$$
$$= -0,01 \ V$$

(Notemos que, se as concentrações de Sn^{2+} e Pb^{2+} fossem ambas $1 \ M$, a reação seria espontânea da direita para a esquerda, ao invés de ser da esquerda para a direita.)

Podemos calcular a concentração de Pb^{2+} usando a equação de Nernst que toma para a reação desta pilha a forma

$$\mathscr{E} = \mathscr{E}^0 - \frac{0,0592}{n} \log \frac{[Pb^{2+}]}{[Sn^{2+}]}$$

Já conhecemos $\mathscr{E}$, $\mathscr{E}^0$ e $[Sn^{2+}]$ e, como são transferidos dois elétrons nesta reação, a equação anterior torna-se, após as substituições,

$$0,22 \ V = -0,01 \ V - \frac{0,0592}{2} \log \frac{[Pb^{2+}]}{(1)}$$

Resolvendo para o $\log [Pb^{2+}]$, temos

$$-0,22 \ V = 0,01 \ V + 0,0296 \log[Pb^{2+}]$$

ou

$$\log[Pb^{2+}] = \frac{-0,22 \ V - 0,01 \ V}{0,0296 \ V}$$

e

$$\log[Pb^{2+}] = -7,8$$

Calculando o antilogaritmo, encontramos a concentração de Pb^{2+} nesta pilha como sendo

$10^{-7,8} = 2 \times 10^{-8}.$

$$[Pb^{2+}] = 2 \times 10^{-8} \ M$$

A expressão do K_{ps} para o $PbSO_4$ é

$$K_{ps} = [Pb^{2+}][SO_4^{2-}]$$

Visto que

$$[Pb^{2+}] = 2 \times 10^{-8}$$
$$[SO_4^{2-}] = 1 \ M$$

ELETROQUÍMICA / 627

então,

$$K_{ps} = (2 \times 10^{-8})(1) = 2 \times 10^{-8}$$

que é o valor já dado na Tab. 16.1.

Determinação do pH

Uma aplicação extremamente importante da equação da Nernst é no cálculo da concentração de espécies iônicas isoladas, medindo-se, experimentalmente, o potencial de uma pilha cuidadosamente projetada. Já vimos um exemplo disto na determinação do K_{ps}. Se fôssemos usar a pilha Cu/H_2, discutida na Seç. 17.7, poderíamos determinar a concentração do H^+ de uma solução e, a partir daí, calcular o seu pH. A reação da pilha Cu/H_2 é

$$Cu^{2+} (aq) + H_2 (g) \longrightarrow Cu (s) + 2H^+ (aq)$$

e a forma correspondente da equação de Nernst, a 25°C, é

p_{H_2} *é a pressão parcial do* H_2.

$$\mathscr{E} = \mathscr{E}^0 - \frac{0,0592}{n} \log \frac{[H^+]^2}{[Cu^{2+}]p_{H_2}}$$

Se a concentração do Cu^{2+} é $1\,M$ e a pressão do H_2 é de 1 atm, a equação acima reduz-se a

log $x^2 = 2$ *log* x.

$$\mathscr{E} = \mathscr{E}^0 - \frac{0,0592}{n} \log[H^+]^2$$

o que é o mesmo que

$$\mathscr{E} = \mathscr{E}^0 - \frac{(0,0592)(2)}{n} \log[H^+]$$

ou, reescrevendo a equação,

$$\mathscr{E} = \mathscr{E}^0 + \frac{(0,0592)(2)}{n} (-\log[H^+])$$

Já vimos que como $\mathscr{E}^0$ e 0,0592 (2)/n são constantes para uma dada reação específica, então,

$$\mathscr{E} \propto -\log[H^+]$$

Por definição, pH $= -\log [H^+]$; conseqüentemente, temos

$$\mathscr{E} \propto pH$$

Assim, medindo a fem de uma pilha galvânica que possui um eletrodo de referência (como o eletrodo de Cu, Cu^{2+}) e o eletrodo de hidrogênio, podemos calcular o pH de uma solução. Uma aplicação é mostrada no exemplo a seguir.

EXEMPLO 17.7 Uma pilha galvânica formada por eletrodos de Cu e H_2 foi usada para determinar o pH de uma solução desconhecida. A solução foi colocada no compartimento do eletrodo de hidrogênio e a pressão do hidrogênio gasoso foi controlada para ser de 1 atm. A concentração de Cu^{2+} era $1\,M$ e a fem da pilha, a 25°C, indicou um valor de $+0,48$ V. Calcule o pH desta solução desconhecida.

SOLUÇÃO A reação para a pilha Cu/H$_2$ é

$$Cu^{2+} (1\,M) + H_2(g)\,(1\,atm) \rightarrow Cu(s) + 2H^+ \,(?\,M)$$

para a qual podemos escrever a equação de Nernst como

$$\mathscr{E} = \mathscr{E}^\circ - \frac{0,0592}{n} \log \frac{[H^+]^2}{[Cu^{2+}]\,p_{H_2}}$$

Como $[Cu^{2+}] = 1\,M$ e $p_{H_2} = 1$ atm,

$$\mathscr{E} = \mathscr{E}^\circ - \frac{(0,0592)(2)}{n} \log [H^+]$$

O $\mathscr{E}^\circ$ desta pilha é $+0,34$ V; o valor de n é 2. Substituindo estes dados e o valor medido de $\mathscr{E}$ na expressão, teremos

$$+0,48 = +0,34 - 0,0592 \log [H^+]$$

Logo,

$$-\log [H^+] = \frac{0,48 - 0,34}{0,0592} = 2,4$$

Portanto, o pH desta solução é 2,4.

17.12 ELETRODOS SELETIVOS

O último exemplo representa apenas um caso simples em que, com a escolha apropriada dos eletrodos, a concentração de uma única espécie iônica pode ser medida seletivamente. Através de muitos anos de pesquisa nesta área particular da eletroquímica, os cientistas têm desenvolvido muitos eletrodos práticos, cujas fem dependem da concentração de apenas uma espécie. Tais eletrodos são chamados *eletrodos seletivos* e são usados em conjunto com um eletrodo de referência, cujo potencial permanece sempre constante e tem um valor conhecido. Assim, quando um eletrodo seletivo é colocado em uma solução com um eletrodo de referência, apenas a fem do eletrodo seletivo varia e o potencial elétrico medido pode imediatamente ser usado para calcular a concentração da espécie que está sendo determinada. Tais eletrodos são de grande importância em áreas como as da análise química, análise da poluição, medidas clínicas, oceanografia e geologia.

Um dos tipos de eletrodo seletivo, mostrado na Fig. 17.16, consiste de uma membrana de parede muito fina, vedando um dos extremos de um tubo oco. No

Um eletrodo de vidro.

Figura 17.16
Construção de um eletrodo seletivo.

interior do tubo, em contato com a membrana, está a solução de referência e, imerso nesta solução, existe o fio de contato. O fio se estende desde a solução de referência, atravessa o tubo, saindo no topo, a fim de estabelecer contato elétrico com o circuito externo. O material usado para fazer a membrana, assim como a composição da solução de referência, depende da espécie que está em estudo. Alguns cátions e ânions, cujas concentrações podem ser determinadas por estes eletrodos, estão relacionados na Tab. 17.2.

O *eletrodo de vidro* é um eletrodo seletivo. A membrana, neste eletrodo, é feita com uma peça de vidro extremamente fina e a solução de referência é uma solução diluída de HCl, cuja concentração de H^+ é conhecida e permanece constante. O fio do eletrodo é de prata, revestido de cloreto de prata. A fem do eletrodo de vidro é sensível às concentrações relativas interna e externa do H^+ de cada lado da membrana de vidro. Como a concentração interna de H^+ é constante, a fem do eletrodo é determinada pela concentração de H^+ da solução externa em contato com a membrana.

O eletrodo de vidro pode ser seletivo para vários outros cátions monovalentes, como Na^+, K^+ e NH_4^+, por meio de modificações adequadas na composição do vidro. Ainda outros íons podem ser detectados por eletrodos, se a membrana de vidro for substituída por um cristal sólido. Por exemplo, quando se usa um cristal de LaF_3, podem-se medir as concentrações do íon fluoreto e, quando se usa Ag_2S, podem ser determinadas as concentrações dos íons prata e sulfeto. Outros íons, como cloreto, cianeto e chumbo, podem ser determinados usando-se uma membrana feita de prata misturada com sulfeto de prata.

Os eletrodos seletivos tem-se tornado úteis e muito importantes no estudo de processos biológicos. Um destes, chamado *eletrodo de substrato enzimático*, emprega um eletrodo de vidro, sensível ao íon amônio, coberto com uma película fina de um gel contendo uma enzima, como mostra a Fig. 17.17. Enzimas são moléculas orgânicas grandes que catalisam reações químicas específicas em sistemas bioquímicos; se, por exemplo, a enzima, no gel, é a urease, a decomposião da uréia para produzir íon amônio ocorrerá quando a solução em redor do eletrodo contiver uréia. Este íon amônio é detectado pelo eletrodo e, em conseqüência, o eletrodo torna-se sensível à presença de uréia na solução que está sendo testada.

Figura 17.17
Eletrodo de substrato enzimático.

Tabela 17.2
Íons cuja concentração pode ser determinada por um eletrodo seletivo

Cátions	Ânions
Cádmio (Cd^{2+})	Brometo (Br^-)
Cálcio (Ca^{2+})	Cloreto (Cl^-)
Cobre (Cu^{2+})	Cianeto (CN^-)
Hidrogênio (H_3O^+)	Fluoreto (F^-)
Chumbo (Pb^{2+})	Nitrato (NO_3^-)
Mercúrio (Hg^{2+})	Perclorato (ClO_4^-)
Potássio (K^+)	Sulfeto (S^{2-})
Prata (Ag^+)	Tiocianato (SCN^-)
Sódio (Na^+)	

630 / QUÍMICA GERAL

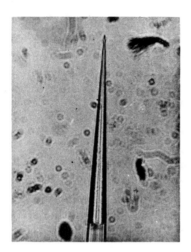

Um microeletrodo tão pequeno que é capaz de medir a atividade dentro de uma célula.

A aplicação da eletroquímica na pesquisa bioquímica está ainda na sua infância. Uma ilustração de como este campo de pesquisa está progredindo é o desenvolvimento, relativamente recente, de uma miniatura de eletrodo seletivo, que pode ser colocada em uma célula viva, podendo-se monitorar as modificações nas concentrações dos íons durante processo *in vivo*.

Os eletrodos seletivos estão, também, sendo usados em medicina. Eletrodos de vidro em miniatura têm sido desenvolvidos para se adaptar a pequenas seringas hipodérmicas e medir o pH em vasos sangüíneos capilares. Antecipa-se que eles serão úteis na avaliação de problemas respiratórios (os quais aparecem como variações no pH do sangue) em fetos humanos.

17.13 ALGUMAS PILHAS GALVÂNICAS COMUNS

Como seção final deste capítulo, discutiremos algumas pilhas galvânicas que têm um papel importante nas nossas vidas, fornecendo-nos energia elétrica.

Pilhas secas de zinco-carbono

A pilha seca é tecnicamente conhecida como uma pilha de Leclanché.

O tamanho físico de uma pilha não afeta o seu potencial elétrico, mas afeta a quantidade de corrente que pode ser produzida. Uma pequena pilha de tamanho AA não produz tanta corrente como uma pilha maior de tamanho D.

Este tipo de pilha é usado em lanternas, rádios portáteis, brinquedos etc. Um diagrama em corte de uma pilha seca de zinco-carbono típica é mostrado na Fig. 17.18. As pilhas secas têm uma camada externa de papelão ou metal, que serve apenas para isolá-la da atmosfera. Interiormente a este revestimento, há um copo de zinco que serve como anodo. O copo de zinco é cheio com uma pasta úmida, consistindo de cloreto de amônio, dióxido de manganês e carbono finamente dividido. Imerso nesta pasta há um bastão de grafita, que serve como catodo. As reações químicas que ocorrem quando o circuito é fechado são realmente bastante complexas e, de fato, não são bem entendidas. As reações a seguir são, talvez, estimativas razoáveis do que realmente ocorre.

No anodo, o zinco é oxidado

$$Zn\ (s) \longrightarrow Zn^{2+}\ (aq) + 2e^- \qquad \text{(Anodo)}$$

enquanto que, no catodo de carbono, a mistura MnO_2/NH_4Cl sofre redução, para dar uma mistura complexa de produtos. Uma destas reações parece ser

$$2MnO_2\ (s) + 2NH_4^+\ (aq) + 2e^- \longrightarrow Mn_2O_3\ (s) + 2NH_3\ (aq) + H_2O\ (l)\ \text{(Catodo)}$$

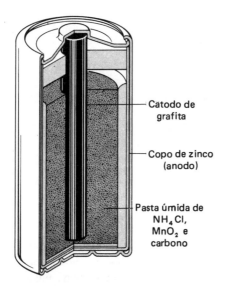

Figura 17.18
Pilha seca.

Dizemos que a pilha tornou-se polarizada.

A amônia produzida no catodo reage com parte do Zn^{2+}, formado no anodo, para dar o íon complexo $Zn(NH_3)_4^{2+}$. Devido à natureza complexa da pilha seca, não se pode escrever uma única reação global.

As pilhas secas não podem ser recarregadas e, portanto, têm um tempo de vida relativamente curto (quando comparado com a bateria de chumbo e a pilha de níquel-cádmio que são recarregáveis, por exemplo).

Pilha alcalina

Um outro tipo de pilha seca que usa zinco e dióxido de manganês como reagentes é a pilha seca alcalina. Novamente, o zinco serve como anodo e o dióxido de manganês funciona como catodo. Entretanto, o eletrólito contém hidróxido de potássio e é, portanto, básico (alcalino). O anodo de zinco também é ligeiramente poroso, oferecendo uma grande área efetiva. Isto permite à pilha liberar mais corrente do que a pilha de zinco comum. Como você provavelmente já aprendeu dos comerciais de televisão, estas pilhas são capazes de suportar uso pesado e têm uma vida de prateleira maior. As reações na pilha alcalina são:

$$Zn\,(s) + 2OH^-\,(aq) \longrightarrow Zn(OH)_2\,(s) + 2e^- \quad \text{(Anodo)}$$
$$2MnO_2\,(s) + 2H_2O + 2e^- \longrightarrow 2MnO(OH)\,(s) + 2OH^-\,(aq) \quad \text{(Catodo)}$$

A pilha produz uma fem de cerca de 1,5 V.

Pilha de óxido de prata

Estas pilhas pequenas e um pouco caras (Fig. 17.19) tem-se tornado populares como fontes de energia nos relógios eletrônicos, máquinas fotográficas automáticas e calculadoras eletrônicas. O catodo é o reagente óxido de prata, Ag_2O, e o anodo novamente é o zinco. As reações nos eletrodos ocorrem num eletrólito básico.

$$Zn\,(s) + 2OH^-\,(aq) \longrightarrow Zn(OH)_2\,(s) + 2e^- \quad \text{(Anodo)}$$
$$Ag_2O\,(s) + H_2O + 2e^- \longrightarrow 2Ag\,(s) + 2OH^-\,(aq) \quad \text{(Catodo)}$$

A fem desta pilha é de cerca de 1,5 V.

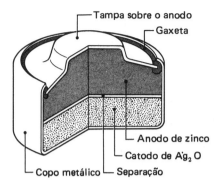

Figura 17.19
Pilha de óxido de prata.

Bateria de chumbo

A bateria comum de automóvel é uma bateria de chumbo que geralmente fornece 6 ou 12 V, dependendo do número de pilhas usadas em sua construção. Internamente, a bateria consiste em um número de pilhas galvânicas ligadas em série (Fig. 17.20).

Para aumentar a corrente de saída, cada uma das pilhas individuais contém um número de anodos de chumbo conectados, entre si, mais um número de catodos, constituídos de PbO_2, também unidos uns aos outros. Estes eletrodos são imersos em um eletrólito que é uma solução diluída de ácido sulfúrico (cerca de 30% em massa na pilha carregada). Cada pilha individual fornece 2 V; assim, uma bateria de 12 V contém seis dessas pilhas ligadas em série.

Quando o circuito externo está completo e a bateria está em operação, ocorrem as seguintes reações de oxirredução:

(Anodo) $Pb\ (s) + SO_4^{2-}\ (aq) \longrightarrow PbSO_4\ (s) + 2e^-$

(Catodo) $PbO_2\ (s) + 4H^+\ (aq) + SO_4^{2-}\ (aq) + 2e^- \longrightarrow PbSO_4\ (s) + 2H_2O$

e a reação global é

$Pb\ (s) + PbO_2\ (s) + 4H^+\ (aq) + 2SO_4^{2-}\ (aq) \longrightarrow 2PbSO_4\ (s) + 2H_2O$

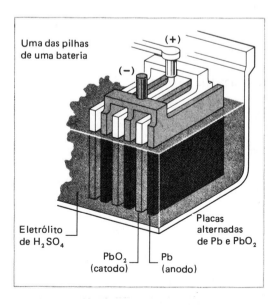

Figura 17.20
Bateria de chumbo.

Uso de um densímetro para conferir o estado da carga de uma bateria de chumbo.

Estas baterias têm a vantagem de as reações dos eletrodos poderem ser invertidas, aplicando-se aos eletrodos um potencial ligeiramente maior que aquele que a bateria pode fornecer. A operação de carga é realizada de tal modo que o potencial externo negativo é aplicado ao pólo negativo e o potencial positivo, ao pólo positivo. Desse modo, o H_2SO_4 que é consumido enquanto a bateria está em operação é regenerado. Isto é realizado pelo dínamo ou alternador do automóvel ou, se a bateria estiver muito descarregada, com a ajuda de um carregador de bateria.

Um método conveniente de estimar o grau de descarga de uma bateria é medir a densidade (ou peso específico) do eletrólito. Caso a bateria esteja descarregada, o eletrólito será constituído, principalmente, de água, (um produto da reação global) e terá densidade aproximada de 1 g cm^{-3}. Se, contudo, a bateria está operando em boas condições, isto é, com carga total, a densidade do eletrólito será maior que 1 g cm^{-3} (a densidade do ácido sulfúrico concentrado é de $1,8 \text{ g cm}^{-3}$). O mecânico de uma oficina pode realizar este teste com a ajuda de um **densímetro**, um equipamento que tem um flutuador que afunda até certa profundidade, em função da densidade do líquido no qual ele está imerso.

Pilha de níquel-cádmio

Uma pilha que alcançou grande utilização nos últimos anos é a pilha de níquel-cádmio. O anodo da pilha é composto de cádmio, que sofre oxidação em um eletrólito alcalino (meio básico).

(Anodo) $\quad Cd\ (s) + 2OH^-\ (aq) \longrightarrow Cd(OH)_2\ (s) + 2e^-$

O catodo é composto de NiO_2, o qual sofre redução.

(Catodo) $\quad NiO_2\ (s) + 2H_2O + 2e^- \longrightarrow Ni(OH)_2\ (s) + 2OH^-\ (aq)$

A reação global da pilha durante a descarga é, portanto:

$$Cd\ (s) + NiO_2\ (s) + 2H_2O \longrightarrow Cd(OH)_2\ (s) + Ni(OH)_2\ (s)$$

A fem da pilha é de aproximadamente 1,4 V, isto é, um pouco menor que a da pilha seca.

A pilha de níquel-cádmio tem algumas características especiais. Primeiro, ela tem uma duração maior que a bateria de chumbo. Segundo, ela pode ser acondicionada em uma unidade estanque, tal qual uma pilha seca. Estas vantagens tornaram a pilha de níquel-cádmio a preferida pelos fabricantes de calculadoras recarregáveis e de *flashes* eletrônicos para fotografias.

Pilhas de combustível

As pilhas de combustível são outro meio pelo qual a energia química pode ser convertida em energia elétrica. Quando combustíveis gasosos, como H_2 e O_2, reagem em um ambiente especialmente projetado, pode-se obter energia elétrica. Este tipo de pilha encontra largo emprego em veículos espaciais, em que os combustíveis usados em tais pilhas podem ser os mesmos que os utilizados como propulsores nos foguetes.

O diagrama de uma pilha de combustível H_2/O_2 é mostrado na Fig. 17.21. Nesta pilha, há três compartimentos separados uns dos outros por eletrodos porosos. O hidrogênio gasoso é alimentado num compartimento e o oxigênio gasoso, no outro. Estes gases, então, difundem-se (sem borbulhar) vagarosamente através dos eletrodos e reagem com um eletrólito que está no compartimento central. Os eletrodos são feitos de um material condutor, como carbono, impregnado de platina, que atua como catalisador, e o eletrólito é uma solução aquosa de uma base.

O oxigênio sofre redução no catodo, produzindo íons OH^-, o que pode ser expresso como

$$O_2\,(g) + 2H_2O\,(l) + 4e^- \longrightarrow 4OH^-\,(aq)$$

Estes íons OH^- dirigem-se para o anodo, onde reagem com o H_2:

$$H_2\,(g) + 2OH^-\,(aq) \longrightarrow 2H_2O\,(l) + 2e^-$$

A reação global da pilha é

$$2H_2\,(g) + O_2\,(g) \longrightarrow 2H_2O\,(l)$$

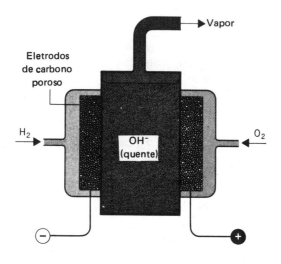

Figura 17.21
Pilha de combustível hidrogênio-oxigênio.

ELETROQUÍMICA / 635

A pilha de combustível é operada a alta temperatura, de forma que a água, que é formada como produto da reação da pilha, evapora e pode ser condensada e usada como bebida pelos astronautas. Várias destas pilhas são geralmente conectadas, de modo que é possível obter-se alguns quilowatts de potência.

As pilhas de combustível oferecem diversas vantagens sobre outras fontes de energia. Diferentemente das pilhas secas ou baterias de chumbo, os reagentes do catodo e do anodo podem abastecer continuamente a pilha, de modo que, em princípio, a energia pode ser retirada, indefinidamente, à medida que o abastecimento externo de combustível seja mantido. Outra vantagem da pilha de combustível é que a energia é extraída dos reagentes, sob condições que se aproximam bastante da reversibilidade. Portanto, a eficiência termodinâmica da reação, em termos de produção de trabalho útil, é mais alta do que quando os reagentes H_2 e O_2 são queimados para produzir calor, que deve ser, posteriormente, aproveitado para produzir trabalho. Estas duas vantagens sugerem que o desenvolvimento das pilhas de combustível, provavelmente, continuarão a ser produzidos em passo acelerado no futuro, particularmente à luz da recente escassez de energia, causada por maior demanda.

As pilhas de combustível têm eficiências que se podem aproximar de 75%, enquanto que as unidades geradoras, que queimam combustíveis, têm eficiências de apenas cerca de 40%.

ÍNDICE DE QUESTÕES E PROBLEMAS (Os números dos problemas estão em negrito)

Geral 3, 16 e 20

Condução 1 e 2

Eletrólise 4, 5, 6 e 7

Aplicações práticas da eletrólise 8, 9, 10, 11, 12 e 13

Lei de Faraday 14, 15, 38, 39, 40, 41, 42, 43, 44, 45, 46, 47, 48, 49, 50, 51, 52, 53, 56, 57, 77, 79 e 84

Coulômetros 15, 54 e 55

Pilhas galvânicas 16, 17, 18, 19 e 24

Potenciais de pilhas 59, 60 e 61

Potenciais de redução 25, 26, 27 e 28

Espontaneidade das reações 21, 22 e 23

$\mathscr{E}^{\circ}$ e K_c 62, 63 e 64

$\mathscr{E}^{\circ}$ e ΔG 65, 66, 68 e 85

Equação de Nernst 67, 68, 69, 72, 73, 75, 76, 81 e 86

$\mathscr{E}^{\circ}$ e trabalho 78, 80, 82 e 83

Pilhas de concentração 29, 70 e 71

Produtos de solubilidade 74 e 87

Eletrodos seletivos 86

Pilhas galvânicas comuns 30, 31, 32, 33, 34, 35, 36 e 37

QUESTÕES DE REVISÃO

17.1 Faça distinção entre: (a) células eletrolíticas e pilhas galvânicas, (b) condução metálica e eletrolítica, (c) oxidação e redução.

17.2 Por que deve ocorrer oxirredução, a fim de manter um fluxo constante de eletricidade, durante a condução eletrolítica?

17.3 Como você define anodo e catodo?

17.4 Escreva as equações para as semi-reações de oxidação e redução da água.

17.5 Das reações discutidas na Seç. 17.2, que produtos seriam obtidos através da eletrólise de uma solução aquosa de H_2SO_4?

17.6 Qual a função de um eletrólito como o Na_2SO_4 ou o H_2SO_4, durante a eletrólise da água? Por que não se pode realizar a eletrólise da água pura?

17.7 Escreva as equações para as reações nos eletrodos e a reação global para: (a) eletrólise de uma solução de salmoura não-agitada; (b) eletrólise de uma solução de salmoura agitada.

17.8 Quais as vantagens e desvantagens do uso da célula de mercúrio na produção de NaOH?

17.9 Qual a função do modelo dado à célula de Down?

17.10 Por que se mistura criolita com Al_2O_3 antes da eletrólise, para produzir Al?

636 / QUÍMICA GERAL

17.11 Por que não se pode produzir alumínio por eletrólise de uma solução aquosa de um sal como o $Al_2(SO_4)_3$?

17.12 Escreva a série de equações químicas representativas das reações envolvidas na recuperação de Mg da água do mar.

17.13 Descreva a purificação eletrolítica do cobre metálico. Por que este processo é viável economicamente?

17.14 Que é um faraday?

17.15 Como trabalha um coulômetro? Quais as vantagens de se usar um coulômetro?

17.16 Compare os sinais do anodo e do catodo na pilha galvânica e na célula eletrolítica.

17.17 Na Seç. 17.5, vimos que é possível retirar energia elétrica da pilha Zn/Cu. Se Cu^{2+} é mantido em contato com Zn metálico, ele é reduzido para Cu, enquanto que o Zn é oxidado, sem produzir eletricidade. Nesse caso, o que acontece com a energia que não está sendo retirada como energia elétrica?

17.18 Qual a função de uma ponte salina, em uma pilha galvânica?

17.19 Desenhe uma pilha galvânica em que ocorra a seguinte reação global: Ni^{2+} (aq) + Fe (s) → Ni (s) + Fe^{2+} (aq)

(a) Indique o catodo e o anodo.
(b) Indique as cargas nos eletrodos.
(c) Indique a direção do fluxo de elétrons.
(d) Indique a direção do fluxo de cátions e ânions.
(e) Se as concentrações dos íons são, cada um, 1 M, qual o potencial da pilha?

17.20 Que é volt? E ampère?

17.21 Sem calcular $\mathscr{E}^{\circ}$, determine que reações ocorrerão espontaneamente entre os seguintes conjuntos de reagentes em solução aquosa:

(a) Al (s), Ni (s), $NiSO_4$ (aq), $Al_2(SO_4)_3$ (aq)
(b) PbO_2 (s), $K_2Cr_2O_7$ (aq), H_2SO_4 (aq), $PbSO_4$ (s), $Cr_2(SO_4)_3$ (aq)
(c) Ag (s), $AgNO_3$ (aq), Pb (s), $Pb(NO_3)_2$ (aq)
(d) MnO_2 (s), HCl (aq), Cl_2 (g), $MnCl_2$ (aq)
(e) Mn (s), HCl (aq), $MnCl_2$ (aq), H_2 (g)

17.22 Sem calcular $\mathscr{E}^{\circ}$, determine se as seguintes reações ocorrerão espontaneamente:

(a) $2Fe^{3+} + Sn \rightarrow 2Fe^{2+} + Sn^{2+}$
(b) $Cu + 2H^+ \rightarrow Cu^{2+} + H_2$
(c) $3Mg^{2+} + 2Al \rightarrow 3Mg + 2Al^{3+}$
(d) $Mn + Zn^{2+} \rightarrow Mn^{2+} + Zn$
(e) $PbO_2 + SO_4^{2-} + 4H^+ + 2Hg + 2Cl^- \rightarrow Hg_2Cl_2 + PbSO_4 + 2H_2O$

17.23 Sem calcular $\mathscr{E}^{\circ}$, determine se as seguintes reações ocorrerão espontaneamente:

(a) $Ca^{2+} + Mg \rightarrow Ca + Mg^{2+}$
(b) $Pb^{2+} + 2Cl^- \rightarrow Pb + Cl_2$
(c) $2Cl^- + S_2O_8^{2-} \rightarrow Cl_2 + 2SO_4^{2-}$

(d) $6Mn^{2+} + 5Cr_2O_7^{2-} + 22H^+ \rightarrow 6MnO_4^- + 10Cr^{3+} + 11H_2O$
(e) $O_2 + 4Cl^- + 4H^+ \rightarrow 2H_2O + 2Cl_2$

17.24 Como se pode, experimentalmente, identificar qual eletrodo é o anodo e qual é o catodo, numa pilha galvânica?

17.25 Qual o melhor agente oxidante?

(a) Li^+ ou Ca^{2+}
(b) Cl_2 ou F_2
(c) H_2O ou Al^{3+}
(d) $S_2O_8^{2-}$ ou Cl_2
(e) Br_2 ou H_2O

17.26 Qual o melhor agente oxidante:

(a) Cl_2 ou ClO_3^-
(b) O_2 ou $Cr_2O_7^{2-}$
(c) MnO_4^- ou $Cr_2O_7^{2-}$
(d) PbO_2 ou Hg_2Cl_2

17.27 Qual o melhor agente redutor:

(a) Ni ou Fe
(b) H_2 ou Mg
(c) Br^- ou I^-
(d) SO_4^{2-} ou F^-
(e) Sn ou Mn

17.28 Qual o melhor agente redutor:

(a) Na ou Cr
(b) $PbSO_4$ ou Cl_2
(c) Ag ou Cu
(d) I^- ou Sn
(e) H_2 ou H_2O

17.29 Que é uma pilha de concentração?

17.30 Descreva as reações do anodo e do catodo numa pilha seca (a pilha de Leclanché).

17.31 Por que uma pilha seca descarregada volta a funcionar, após ser deixada em repouso por algum tempo?

17.32 Quais são as reações no anodo, no catodo e a global da pilha alcalina de dióxido de manganês-zinco? Qual é o eletrólito?

17.33 Quais são as reações no anodo, no catodo e a global da pilha de óxido de prata?

17.34 Quais são as reações que têm lugar durante a descarga da bateria de chumbo? Que reações ocorrem quando essa bateria está sendo carregada?

17.35 Escreva as reações no anodo, no catodo e a global para a descarga de uma pilha de níquel-cádmio.

17.36 Que é uma pilha de combustível? Que vantagens oferece a pilha de combustível sobre a bateria de chumbo?

17.37 Que possíveis vantagens oferecem as pilhas de combustíveis sobre as usinas geradoras de energia elétrica (termoelétricas)?

ELETROQUÍMICA / 637

PROBLEMAS DE REVISÃO (Os problemas mais difíceis estão marcados por um asterisco.)

17.38 Quantos moles de elétrons seriam exigidos para reduzir 1 mol de cada um dos seguintes produtos indicados?
(a) Cu^{2+} para Cu^0
(b) Fe^{3+} para Fe^{2+}
(c) MnO_4^- para Mn^{2+}
(d) F_2 para $2F^-$
(e) NO_3^- para NH_3

17.39 Calcule o número de elétrons que correspondem a 1 coulomb de carga.

17.40 Quantos moles de elétrons seriam exigidos para oxidar 1 mol de cada um dos seguintes produtos indicados?
(a) Cu^+ para Cu^{2+}
(b) Pb para PbO_2
(c) Cl_2 para $2ClO_3^-$
(d) O_2 para $2H_2O_2$ (peróxido de hidrogênio)
(e) NH_3 para NO_3^-

17.41 Quantos moles de elétrons correspondem a:
(a) 8950 C?
(b) Uma corrente de 1,5 A, durante 30 s?
(c) Uma corrente de 14,7 A, durante 10 min?

17.42 Estabeleça quantos minutos seriam necessários para:
(a) fornecer 10 500 C, usando uma corrente de 25 A;
(b) fornecer 0,65 $\mathscr{F}$, usando uma corrente de 15 A;
(c) reduzir 0,20 mol de Cu^{2+} para Cu, usando uma corrente de 12 A.

17.43 Estabeleça quantos minutos seriam necessários para:
(a) fornecer 84 200 C, usando uma corrente de 6,30 A;
(b) fornecer 1,25 $\mathscr{F}$, usando uma corrente de 8,40 A;
(c) produzir 0,50 mol de Al a partir do $AlCl_3$ fundido, usando uma corrente de 18,3 A.

17.44 Quantos moles de elétrons são necessários para produzir:
(a) 10,0 cm^3 de gás O_2 (nas CNTP) a partir de Na_2SO_4 aquoso?
(b) 10,0 g de Al a partir de $AlCl_3$ fundido (em criolita)?
(c) 5,00 g de Na a partir de NaCl fundido?
(d) 5,00 g de Mg a partir de $MgCl_2$ fundido?

17.45 Quantos gramas de Na e Cl_2 seriam produzidos, se uma corrente de 25 A fosse aplicada durante 8,0 h na célula mostrada na Fig. 17.3?

17.46 Quantos gramas de O_2 e H_2 são produzidos em 1,0 h, quando se eletroliza a água com uma corrente de 0,50 A? Quais seriam os volumes de O_2 e H_2, nas CNTP?

17.47 Quantos gramas de cobre poderiam ser purificados por uma corrente de 115 A, durante 8,00 h? Veja a Fig. 17.9.

17.48 Quantos gramas de prata poderiam ser depositados sobre uma bandeja, pela eletrólise de uma solução contendo Ag no estado de oxidação 1 +, por um período de 8,00 h, usando-se uma corrente de 8,46 A? Que área seria recoberta, assumindo-se que a densidade do Ag é de 10,5 g cm^{-3} e a espessura do depósito de prata é de 0,002 54 cm?

17.49 Quantos segundos seriam necessários para depositar 21,4 g de Ag a partir de uma solução de $AgNO_3$, por meio de uma corrente de 10,0 A?

17.50 Quantas horas seriam necessárias para depositar 35,3 g de Cr a partir de uma solução de $CrCl_3$, usando-se uma corrente de 6,00 A?

17.51 Quantos minutos são necessários para depositar 5,00 g de cobre a partir de uma solução de $CuSO_4$, usando-se uma corrente de 5,00 A?

17.52 Que corrente é necessária para depositar 0,225 g de Ni a partir de uma solução de $NiSO_4$, em 10,0 min?

17.53 Que corrente é necessária para produzir 1,33 g de Cl_2 a partir de uma solução de NaCl, em 45,0 min?

17.54 Em uma experiência, dois coulômetros foram ligados em série, um contendo $CuSO_4$ e o outro um sal desconhecido. Foi encontrado que 1,25 g de cobre foi depositado durante o mesmo tempo que 3,42 g do metal desconhecido.
(a) Quantos moles de elétrons passaram através dos coulômetros?
(b) Se o estado de oxidação do metal desconhecido fosse 2 +, qual seria a sua massa molar?

17.55 Dois coulômetros foram ligados em série, de modo que a mesma corrente passasse através de ambos. Numa experiência, 0,125 mol de Cu foram depositados a partir de uma solução de $CuSO_4$, em um dos coulômetros. Quantos moles de Cr foram depositados, ao mesmo tempo, no outro coulômetro, a partir de uma solução de $Cr_2(SO_4)_3$?

17.56 Que corrente é necessária para produzir 50,0 cm^3 do gás O_2, nas CNTP, pela eletrólise de H_2O, por um período de 3,00 h?

*17.57 Uma corrente de 0,250 A passa através de 400 cm^3 de uma solução 0,250 M de NaCl, durante 35,0 min. Qual será o pH da solução, depois que a corrente for interrompida?

*17.58 Uma solução em repouso de NaCl foi eletrolisada por um período de 25,0 minutos e, depois, titulada com HCl 0,250 M. A titulação gastou 15,5 cm^3 do ácido. Qual foi a corrente usada durante a eletrólise?

17.59 Dados os seguintes conjuntos de semi-reações, escreva a reação total das pilhas e calcule $\mathscr{E}^0$ para as variações espontâneas que ocorrerão:

(a) $Hg_2Cl_2 + 2e^- \rightleftharpoons 2Hg + 2Cl^-$
$PbSO_4 + 2e^- \rightleftharpoons Pb + SO_4^{2-}$
(b) $AgCl + e^- \rightleftharpoons Ag + Cl^-$
$Cu^{2+} + 2e^- \rightleftharpoons Cu$
(c) $Mn^{2+} + 2e^- \rightleftharpoons Mn$
$2 Cl_2 (g) + 2e^- \rightleftharpoons 2Cl^-$
(d) $Al^{3+} + 3e^- \rightleftharpoons Al$
$Br_2 (aq) + 2e^- \rightleftharpoons 2Br^-$

17.60 Determine o valor de $\mathscr{E}^0$ para cada uma das reações espontâneas da Questão 17.21.

638 / QUÍMICA GERAL

17.61 Determine o valor de $\mathscr{E}^\circ$ para cada uma das reações, conforme escritas da esquerda para a direita, na Questão 17.23.

17.62 Calcule as constantes de equilíbrio para as seguintes reações das pilhas:

(a) $Ni\ (s) + Sn^{2+}\ (aq) \rightleftharpoons Ni^{2+}\ (aq) + Sn\ (s)$
(b) $Cl_2\ (g) + 2Br^-\ (aq) \rightleftharpoons Br_2\ (aq) + 2Cl^-\ (aq)$
(c) $Fe^{2+}\ (aq) + Ag^+\ (aq) \rightleftharpoons Ag\ (s) + Fe^{3+}\ (aq)$

17.63 Calcule as constantes de equilíbrio para as reações da Questão 17.22.

17.64 Calcule as constantes de equilíbrio para as reações da Questão 17.23.

17.65 Calcule ΔG°_{298}, para cada uma das reações da Questão 17.22, em quilojoules.

17.66 Calcule ΔG°_{298}, para cada uma das reações da Questão 17.23, em quilojoules.

17.67 Escreva a equação de Nernst e calcule $\mathscr{E}^\circ$ e $\mathscr{E}$ para as seguintes reações:

(a) $Cu^{2+}\ (0,1\ M) + Zn\ (s) \rightarrow Cu\ (s) + Zn^{2+}\ (1,0\ M)$
(b) $Sn^{2+}\ (0,5\ M) + Ni\ (s) \rightarrow Sn\ (s) + Ni^{2+}\ (0,01\ M)$
(c) $F_2\ (g,\ 1\ atm) + 2Li\ (s) \rightarrow$
$$2Li^+\ (1\ M) + 2F^-\ (0,5\ M)$$
(d) $Zn\ (s) + 2H^+\ (0,01\ M) \rightarrow$
$$Zn^{2+}\ (1\ M) + H_2\ (1\ atm)$$
(e) $2H^+\ (1,0\ M) + Fe\ (s) \rightarrow$
$$H_2\ (1\ atm) + Fe^{2+}\ (0,2\ M)$$

17.68 Calcule $\mathscr{E}^\circ$, $\mathscr{E}$ e ΔG (em quilojoules) para as seguintes reações de pilhas (não-balanceadas):

(a) $Al\ (s) + Ni^{2+}\ (0,80\ M) \rightarrow$
$Al^{3+}\ (0,020\ M) + Ni\ (s)$
(b) $Ni\ (s) + Sn^{2+}\ (1,10\ M) \rightarrow$
$Sn\ (s) + Ni^{2+}\ (0,010\ M)$
(c) $Cu^+\ (0,050\ M) + Zn\ (s) \rightarrow$
$Cu\ (s) + Zn^{2+}\ (0,010\ M)$

17.69 Calcule o potencial para as seguintes pilhas:

(a) $Sn\ (s) + Pb^{2+}\ (0,050\ M) \rightarrow$
$Sn^{2+}\ (1,50\ M) + Pb\ (s)$
(b) $3Zn\ (s) + 2Cr^{3+}\ (0,010\ M) \rightarrow$
$3Zn^{2+}\ (0,020\ M) + Cr\ (s)$
(c) $PbO_2(s) + SO_4^{2-}\ (0,010\ M) +$
$+ 4H^+\ (0,10\ M) + Cu(s) \rightarrow$
$PbSO_4(s) + 2H_2O + Cu^{2+}\ (0,0010\ M)$

17.70 Calcule o potencial gerado por uma pilha de concentração, consistindo em um par de eletrodo de ferro mergulhados em duas soluções, uma contendo Fe^{2+} $0,10\ M$ e a outra contendo Fe^{2+} $0,0010\ M$.

17.71 Calcule o potencial de uma pilha de concentração contendo Cr^{3+} $0,0020\ M$ em um compartimento e Cr^{3+} $0,10\ M$ no outro compartimento com eletrodos de Cr mergulhados em cada solução.

17.72 O produto de solubilidade do AgBr é 5×10^{-13}. Qual será o potencial da pilha construída, usando-se eletrodo de H_2, ([H^+] = $1,0\ M$, p_{H_2} = 1 atm) e uma meia-pilha contendo um fio de prata recoberto com AgBr e imerso em HBr, $0,010\ M$?

17.73 Qual o potencial de redução de uma meia-pilha composta de um fio de cobre imerso em $CuSO_4$ $2 \times$ $\times 10^{-4}\ M$?

17.74 Uma pilha foi construída usando-se o eletrodo-padrão de hidrogênio ([H^+] = $1,0\ M$, p_{H_2} = 1 atm) em um compartimento e um eletrodo de chumbo em uma solução $0,10\ M$ de K_2CrO_4 em contato com $PbCrO_4$ não dissolvido. O potencial da pilha foi medido como $0,51$ V, com o eletrodo de Pb servindo de anodo. Determine o K_{ps} do $PbCrO_4$, a partir desses dados.

17.75 Uma pilha galvânica foi construída usando-se prata como um eletrodo, imerso em $200\ cm^3$ de uma solução de $AgNO_3$ $0,100\ M$, e magnésio como outro eletrodo, imerso em $250\ cm^3$ de solução de $Mg(NO_3)_2$ $0,100\ M$.

(a) Qual o potencial da pilha?
(b) Suponha que a pilha tenha ficado ligada o tempo necessário para que fosse depositado $1,00$ g de prata no eletrodo de prata. Qual o potencial da pilha nesse caso?
(c) Suponha que o eletrodo de magnésio original possua uma massa de $0,080$ g (o que consiste em $0,080$ g de magnésio depositados no eletrodo inerte de platina). Qual será o potencial da pilha no instante imediatamente anterior à dissolução da última pequena porção de magnésio?

*17.76 O potencial padrão de redução para o íon Ag^+ é $0,80$ V. Calcule o potencial padrão de redução para a semi-reação

$$Ag_2S\ (s) + 2e^- \rightleftharpoons 2Ag\ (s) + S^{2-}\ (aq)$$

em uma solução tamponada para pH = 3,00.

*17.77 Um estudante montou um conjunto para eletrólise e passou uma corrente de $1,22$ A através de uma solução $3\ M$ de H_2SO_4, durante $30,0$ min. Ele recolheu o H_2 liberado e encontrou que o volume ocupado sobre água, a $27°C$, foi de $288\ cm^3$, a uma pressão total de 102 kPa. Use esses dados para calcular a carga de um elétron, expressa em coulombs.

*17.78 Quantas horas uma lâmpada de 25 watts (W) ficará acesa, se for alimentada por uma bateria de chumbo que tenha disponíveis $25,0$ g de Pb, servindo como anodo. Suponha um potencial constante de $1,5$ V (1 watt = 1 J/s).

*17.79 Que corrente seria necessária para depositar uma camada de $1\ m^2$ de cromo, com uma espessura de $0,050$ mm, em 25 min, a partir de uma solução contendo H_2CrO_4? A densidade do cromo é $7,19$ g cm^{-3}.

*17.80 Que massa (em gramas) de H_2 e O_2 deve reagir, por segundo, em uma pilha de combustível, a $110°C$, a fim de produzir uma potência de $1,0$ quilowatt (kW), supondo-se um rendimento termodinâmico de 70% (*Sugestão*: use os dados do Cap. 10 para calcular ΔG° para a reação $H_2\ (g) + \frac{1}{2}O_2\ (g) \rightarrow H_2O\ (g)$ a $110°C$; 1 watt = 1 J/s).

ELETROQUÍMICA / 639

*17.81 Um eletrodo de hidrogênio está imerso em uma solução $0,10\ M$ de ácido acético. Este eletrodo está ligado a outro, consistindo em um prego de ferro mergulhado em $FeCl_2$ $0,10\ M$. Qual será a fem desta pilha? Suponha $p_{H_2} = 1$ atm.

*17.82 Quanto de trabalho (expresso em quilojoules) será possível realizar por 5,00 min de escoamento de eletricidade de uma fonte, tendo voltagem de 110 V e corrente de 1,00 A?

*17.83 Supondo que uma usina geradora de eletricidade (termoelétrica) típica tenha uma eficiência de apenas 30%, que volume de combustível, em dm^3, tendo fórmula média $C_{12}H_{26}$, deve ser queimado (formando $H_2O\ (g)$ e $CO_2\ (g)$), para produzir 3,6 MJ de eletricidade? Suponha o $\Delta H_f^\ominus$ do $C_{12}H_{26}\ (l) = 291$ kJ/mol e uma densidade de $0,74\ g\ cm^{-3}$. $1\ W = = 1\ J/s$.

*17.84 Quantos minutos levaria para se remover todo o cromo de $500\ cm^3$ de uma solução $0,270\ M$ de $Cr_2(SO_4)_3$, por uma corrente de 3,00 A?

*17.85 Calcule o valor de ΔG (em quilojoules) para um sistema contendo as seguintes espécies: Mn^{2+} $(0,10\ M)$, $Cr_2O_7^{2-}$ $(0,010\ M)$, MnO_4^- $(0,0010\ M)$, Cr^{3+} $(0,0010\ M)$. O pH da solução é igual a 6,00. A reação a ser considerada é

$$6Mn^{2+}\ (aq) + 5Cr_2O_7^{2-}\ (aq) + 22H^+\ (aq) \rightleftharpoons$$
$$6MnO_4^-\ (aq) + 10Cr^{3+}\ (aq) + 11H_2O\ (l)$$

Em que direção esta reação se processaria, para atingir o equilíbrio a partir das condições iniciais dadas?

*17.86 Um eletrodo Ag/AgCl imerso numa solução $1\ M$ de HCl tem um potencial padrão de redução de $+0,22$ V $[AgCl\ (s) + e^- \rightleftharpoons Ag\ (s) + Cl^-\ (aq)]$. Um segundo eletrodo Ag/AgCl é imerso numa solução contendo Cl^- em concentração desconhecida. A pilha apresenta um potencial de 0,0435 V, com o eletrodo da solução desconhecida servindo como anodo. Qual a concentração molar desconhecida do Cl^-?

*17.87 Um estudante montou uma pilha galvânica para medir o K_{ps} do CuS. Um dos lados da pilha tinha um eletrodo de cobre imerso numa solução $0,10\ M$ de Cu^{2+}; do outro lado, havia um eletrodo de Zn imerso numa solução de Zn^{2+}. A concentração de Zn^{2+} foi mantida constante e igual a $1,0\ M$ e a do Cu^{2+} foi levada a um mínimo por saturação dessa solução com H_2S. A fem da pilha foi lida como $+0,67$ V, com o eletrodo de Cu servindo como catodo. Calcule a concentração do Cu^{2+} e o K_{ps} do CuS. Compare sua resposta com o K_{ps} encontrado na Tab. 16.1. Em uma solução saturada, a concentração de H_2S é $0,10\ M$. A solução na qual o CuS foi formado não estava tamponada.

APÊNDICE A

MATEMÁTICA PARA A QUÍMICA GERAL

Para muitos estudantes, a resolução de problemas numéricos é muitas vezes a parte mais difícil de qualquer curso de química. Neste apêndice revisaremos alguns conceitos matemáticos que você encontrará utilidade em seu estudo de química.

A.1
A ANÁLISE DIMENSIONAL NA RESOLUÇÃO DE PROBLEMAS

Mesmo após aprender os princípios de química, algumas vezes os estudantes têm dificuldades em estabelecer a aritmética correta para obter a resposta numérica apropriada ao problema. A análise dimensional usa as unidades associadas com números como um guia de resolução aritmética. O método é baseado na idéia de que as *unidades cancelam-se no numerador e no denominador de uma fração*, tal como os números. Por exemplo, se as unidades *segundos* aparecem no numerador e denominador, elas podem ser canceladas

$$\frac{3 \not{s}}{2 \not{s}} = \frac{3}{2}$$

A resolução de problemas numéricos usa esta idéia pelo emprego de relações válidas entre as unidades para criar **fatores de conversão**. Por exemplo, para converter 4 *minutos* em *segundos*, é usada a relação

$$60 \text{ s} = 1 \text{ min}$$

para criar um fator de conversão (uma fração) pela qual 4 minutos são multiplicados. Fazemos isto dividindo ambos os lados desta equação por "1 minuto".

$$\frac{60 \text{ s}}{1 \text{ min}} = \frac{1 \not{min}}{1 \not{min}} = 1$$

Nota-se que esta fração é numericamente igual a 1. Se multiplicarmos uma quantidade por 1 não variamos sua intensidade. Assim, podemos multiplicar 4 minutos por esta fração sem alterar sua grandeza. O único efeito é a variação de unidade

$$4 \not{min} \left(\frac{60 \text{ s}}{1 \not{min}} \right) = 240 \text{ s}$$

642 / QUÍMICA GERAL

Note também que o fator foi construído deliberadamente tal que *minutos* é cancelado e permanece, apenas, a unidade desejada, *segundos*. Se tivéssemos invertido este fator de conversão obteríamos uma resposta numérica errada *e* unidades erradas,

$$4 \min \left(\frac{1 \min}{60 \text{ s}}\right) = \frac{4}{60} \frac{\min^2}{\text{s}}$$

A criação de um fator de conversão pode ser conseguida de qualquer relação *válida* entre um conjunto de unidades. Isto pode ser uma igualdade, como na relação entre segundos e minutos (isto é, 60 s *igual a* 1 min). Pode também ser uma equivalência. Por exemplo, para um estudante que ganha 5 cruzados por hora há uma equivalência entre cruzados e tempo

5 cruzados são equivalentes a 1 hora

Usaríamos o símbolo $\sim$ para significar que "é equivalente a". Assim, no exemplo já citado,

5 cruzados $\sim$ 1 hora

Se este estudante trabalha 12 horas, podemos usar a relação cruzado-hora para construir um fator de conversão que nos permita calcular seu pagamento sem os (descontos!)

$$12 \text{ h} \left(\frac{5 \text{ cruzados}}{1 \text{ h}}\right) = 60 \text{ cruzados}$$

Note que horas se cancelam. Você verá muitos exemplos no texto em que problemas numéricos são resolvidos usando a análise dimensional.

A.2 NOTAÇÃO EXPONENCIAL (NOTAÇÃO CIENTÍFICA)

Muitas vezes em ciência é necessário tratar com números que são muito grandes, tal como o número de Avogadro

602.200.000.000.000.000.000.000

ou números que são muito pequenos, tal como a massa de uma única molécula de água

0,000.000.000.000.000.000.000.03 g

Estes números são muito incômodos e difíceis de trabalhar sem cometer erros em computações aritméticas. Para ajudar-nos no manuseio destes números grandes e pequenos é empregado um sistema chamado **notação exponencial** ou **notação científica**. Neste sistema, um número é expresso como uma parte decimal multiplicada por 10 elevado a uma potência apropriada. Assim,

$$200 = 2 \times 10 \times 10 = 2 \times 10^2$$
$$205,000 = 2,05 \times 100,000 = 2,05 \times (10 \times 10 \times 10 \times 10 \times 10)$$
$$= 2,05 \times 10^5$$

Para determinar o expoente de 10, podemos, também, contar o número de ordens decimais que devem ser movidas para produzir o número que precede ao 10 quando o número é expresso em notação científica

MATEMÁTICA PARA A QUÍMICA GERAL / 643

$$205\ 000_{\circ} = 2,05 \times 10^5$$

5 ordens

Note que o expoente de 10 é positivo quando o decimal é movido para a esquerda. Quando ele é movido para a direita, o expoente é negativo

$$0_{\circ}000\ 000\ 315 = 3,15 \times 10^{-7}$$

7 ordens

Hoje em dia, a maioria dos estudantes realiza os seus cálculos usando uma calculadora e, praticamente, toda "calculadora científica" é capaz de realizar cálculos envolvendo números expressos na notação científica. Todavia, pode acontecer de algum dia as pilhas da sua calculadora ficarem sem carga de forma que é bom conhecer as regras da aritmética usando notação científica.

Multiplicação

Na multiplicação, as porções decimais do número são multiplicadas e os espoentes de 10 são *adicionados* algebricamente.

$$(2,0 \times 10^4) \times (3,0 \times 10^3) = (2,0 \times 3,0) \times 10^{(4+3)} = 6,0 \times 10^7$$

$$(4,0 \times 10^8) \times (-2,0 \times 10^{-5}) = (4,0 \times (-2,0)) \times 10^{(8+(-5))} = -8,0 \times 10^3$$

Divisão

As porções decimais são divididas e o expoente de 10 do denominador é *subtraído algebricamente* do expoente de 10 do numerador.

$$\frac{8,0 \times 10^7}{4,0 \times 10^3} = \left(\frac{8,0}{4,0}\right) \times 10^{(7-3)} = 2,0 \times 10^4$$

$$\frac{6,0 \times 10^5}{2,0 \times 10^{-3}} = \left(\frac{6,0}{2,0}\right) \times 10^{(5-(-3))} = 3,0 \times 10^8$$

$$\frac{9,0 \times 10^{-4}}{3,0 \times 10^{-6}} = \left(\frac{9,0}{3,0}\right) \times 10^{(-4-(-6))} = 3,0 \times 10^2$$

Você, provavelmente, já notou que a prática geral é expressar um número com a vírgula decimal localizada entre o primeiro e o segundo dígitos. Há, naturalmente, outras maneiras pelas quais estes números podem ser escritos e que são tidas equivalentes, e você, indubitavelmente, encontrará ocasiões onde é conveniente usar um número em outra forma que o padrão. Um exemplo de poucas expressões equivalentes do mesmo número é

$$3,15 \times 10^{-7} = 315 \times 10^{-9} = 0,0315 \times 10^{-5}$$

Note que, na conversão de uma forma para outra, uma parte do número é aumentada enquanto a outra diminui. Por exemplo, para mudar $8,25 \times 10^6$ para 825×10^4, multiplica-se *e* divide-se por 100 (ou 10^2)

$$8,25 \times 10^6 \left(\frac{100}{100}\right) = (8,25 \times 100) \times \left(\frac{10^6}{10^2}\right) = 825 \times 10^4$$

644 / QUÍMICA GERAL

Adição e subtração

Quando realizando adição ou subtração cada quantidade deve primeiro ser escrita com a mesma potência de 10. Então, é realizada a adição ou subtração das partes decimais; a potência de 10 permanece a mesma. Por exemplo,

$$(2,17 \times 10^5) + (3,0 \times 10^4) = ?$$

Se expressarmos ambos os números com a mesma potência de 10 temos

$$
\begin{array}{cc}
2,17 \times 10^5 & 21,7 \times 10^4 \\
\underline{+0,30 \times 10^5} \quad \text{ou} & \underline{+3,0 \times 10^4} \\
2,47 \times 10^5 & 24,7 \times 10^4
\end{array}
$$

Extraindo a raiz

Para extrair a raiz (p. e., a raiz quadrada) o expoente de 10 é preparado para ser divisível pela raiz desejada. Por exemplo, para extrair a raiz quadrada de $3,7 \times 10^7$, primeiro variamos o número tal que a potência de 10 seja divisível por 2. Então, extraímos a raiz quadrada da parte decimal e dividimos o expoente por 2

$$\sqrt{3,7 \times 10^7} = \sqrt{37 \times 10^6} = \sqrt{37} \times 10^3 = 6,1 \times 10^3$$

A.3 LOGARITMOS

Um logarítmo é um expoente! **Logaritmos comuns** são os expoentes dos quais 10 deve ser elevado para dar um número específico. Por exemplo, o $\log(100) = 2$, porque $10^2 = 100$. Semelhantemente, $\log(1000) = \log(10^3) = 3$.

Visto que os logaritmos são expoentes, quando realizamos operações matemáticas as mesmas regras que aplicamos aos expoentes também se aplicam aos logaritmos. Assim, temos

$$\text{Multiplicação} \quad \begin{cases} \text{adição de expoentes} \\ \text{adição de logaritmos} \end{cases}$$

$$\text{Divisão} \quad \begin{cases} \text{subtração de expoentes} \\ \text{subtração de logaritmos} \end{cases}$$

Por exemplo,

$$\boxed{10^3 \times 10^4} = 10^{3+4} = \boxed{10^7}$$
$$\log(10^3 \times 10^4) = \log(10^3) + \log(10^4) = 3 + 4 = 7 = \log(10^7)$$

Semelhantemente, para a divisão

$$\boxed{\frac{10^8}{10^6}} = 10^{8-6} = \boxed{10^2}$$
$$\log\left(\frac{10^8}{10^6}\right) = \log(10^8) - \log(10^6) = 8 - 6 = 2 = \log(10^2)$$

MATEMÁTICA PARA A QUÍMICA GERAL / 645

Para números decimais entre 1 e 10 seus logaritmos situam-se entre 0 e 1, visto que

$$\log(1) = 0 \quad (1 = 10^0)$$
$$\log(10) = 1 \quad (10 = 10^1)$$

Por exemplo, log 2 = 0,3010 ou

$$10^{0,3010} = 2$$

O logaritmo de 2 e de outros números entre 1 e 10 pode ser obtido da tabela de logaritmos do Apêndice B.

Para usar esta tabela a fim de encontrar o logaritmo de um número usamos a coluna da extrema esquerda para localizar os primeiros dois dígitos do número e o topo da fila horizontal para localizar o terceiro dígito. O valor da tabela correspondente a isto é o logaritmo do nosso número. Por exemplo, se desejamos o log (4,61), localizaremos o 46 na coluna à esquerda e prosseguiremos para a direita até acharmos a coluna encabeçada por 1.

A resposta é

$$\log(4,61) = 0,6637$$

Esta tabela é extremamente fácil de se usar quando nossos números são expressos desta maneira, isto é, como um número decimal entre 1 e 10. Se o número cujo logaritmo procuramos não aparece desta maneira, podemos primeiro expressar o número em notação exponencial e, então, obter seu logaritmo. Por exemplo, qual é o log (728)?

$$\log(728) = \log(7,28 \times 10^2)$$
$$\log(7,28 \times 10^2) = \log(7,28) + \log(10^2)$$
$$\log(7,28) = 0,8621 \quad \text{(da tabela)}$$
$$+\log(10^2) = \underline{2,0000}$$

portanto,
$$\log(728) = 2,8621$$

Qual seria o valor do log (0,00583)? Uma vez mais, primeiro expressamos o número em notação exponencial:

$$\log(0,00583) = \log(5,83 \times 10^{-3})$$
$$\log(5,83 \times 10^{-3}) = \log(5,83) + \log(10^{-3})$$
$$\log(5,83) = +0,7657$$
$$+\log(10^{-3}) = \underline{-3,0000}$$

Adicionando-os, algebricamente, obtemos

$$\log(0,00583) = -2,2343$$

Algumas vezes é necessário obter o número cujo logaritmo é conhecido. Isto é chamado de **antilogaritmo**. O procedimento é simples e é o inverso do que foi dado acima. Por exemplo, suponha que se deseja encontrar o número cujo logaritmo é 3,253.

$$\log x = 3,253$$

646 / QUÍMICA GERAL

Primeiro, dividimos o número em duas partes, um inteiro positivo e uma parte decimal.

$$3,253 = 3 + 0,253 = 0,253 + 3$$
$$\log x = (0,253 + 3)$$

Localizamos 0,253 no corpo da tabela de logaritmos e encontramos que ele é o log de 1,79; também sabemos que 3 é o log de 10^3. Portanto,

$$\log x = \log(1,79) + \log(10^3) = \log(1,79 \times 10^3)$$
$$x = 1,79 \times 10^3$$

Se o logaritmo do número for negativo, o procedimento para se obter o antilogaritmo é um pouco diferente. Por exemplo, suponha que temos o problema,

$$\log x = -8,475$$

Novamente, dividimos o logaritmo em duas partes, uma parte *decimal positiva* e outra *inteira negativa*.

$$-8,475 = (+0,525) + (-9)$$

Portanto,

$$\log x = (+0,525) + (-9)$$

A seguir, localizamos 0,525 no corpo da tábua de logaritmos e encontramos que este é o logaritmo de 3,35. O -9 torna-se o expoente do 10, de forma que a nossa resposta é

$$x = 3,35 \times 10^{-9}$$

Logaritmos naturais

Um sistema de logaritmos encontrado freqüentemente em ciências, conhecido como logaritmos naturais, que têm como base $e = 2,71828\ldots$ Em outras palavras, logaritmos naturais são os expoentes a que e deve ser elevado para dar um número. A relação entre logaritmos comuns (base 10) e logaritmos naturais é vista abaixo

$$\log_{10}(10) = 1 \qquad \text{ou} \qquad 10^1 = 10$$
$$\log_e(10) = 2,303 \quad \text{ou} \quad e^{2,303} = 10$$

Com logaritmos comuns, geralmente omitimos a base e escrevemos simplesmente, log 10 = 1. Com os logaritmos naturais a base e é omitida e eles são escritos

$$\ln 10 = 2,303$$

A conversão de logaritmo de base e para o de base 10 é obtida pela equação

$$\ln x = 2,303 \log x$$

MATEMÁTICA PARA A QUÍMICA GERAL / 647

A.4
A EQUAÇÃO DO SEGUNDO GRAU

Quando uma equação pode ser escrita na forma

$$ax^2 + bx + c = 0$$

na qual os coeficientes a, b e c são conhecidos, dois valores (chamados raízes) da variável x podem ser obtidos, substituindo os valores de a, b e c na expressão

$$x = \frac{-b \pm \sqrt{b^2 - 4ac}}{2a}$$

Por exemplo, dada a equação

$$x^2 - 5x + 4 = 0$$

quais os valores de x? Nesta equação $a = 1$, $b = -5$ e $c = 4$. Assim,

$$x = \frac{-(-5) \pm \sqrt{(-5)^2 - 4\,(1)(4)}}{2\,(1)} = \frac{5 \pm \sqrt{25 - 16}}{2}$$

$$= \frac{5 \pm \sqrt{9}}{2} = \frac{5 \pm 3}{2}$$

Portanto,

$$x = \frac{2}{2} = 1 \quad \text{e} \quad x = \frac{8}{2} = 4$$

Ambos os valores de x são matematicamente corretos. Geralmente quando uma equação quadrática é encontrada em um problema químico, apenas uma das raízes tem significado real. Geralmente, a outra raiz, claramente, não terá significado; por exemplo, uma concentração negativa, o que é impossível (você não pode ter uma quantidade menor de matéria que nenhuma matéria ao todo!).

A.5
CALCULA-DORAS ELETRÔNICAS

Hoje em dia, muitos dos enfadonhos trabalhos de aritmética são amenizados pelo uso de pequenas calculadoras eletrônicas manuais. As calculadoras científicas possuindo remarcável poder computacional são disponíveis por menos de US$20 (o preço de uma boa régua de cálculo há não muitos anos atrás), porém, para obter o máximo de rendimento delas, você deverá estar a par de algumas relações matemáticas simples. Aquelas que são mais úteis para você em química são mencionadas abaixo. Visto que os procedimentos operacionais diferem para as várias calculadoras, você terá como referência o manual de instruções que acompanha sua calculadora para as instruções específicas a respeito de como aplicar essas relações.

Logaritmos e antilogaritmos

Já vimos que um logaritmo é um expoente e que há dois sistemas de logaritmos, um de base e e outro de base 10. Se sua calculadora possui capacidade de calcular logaritmos, você, provavelmente, encontrará uma chave marcada com LN para a base e dos logaritmos naturais e uma chave marcada com LOG para os logaritmos (comuns) de base 10. Geralmente, se entramos um número e apertamos a tecla LN, o mostrador mostrará o logaritmo natural daquele número. O logaritmo comum teria aparecido se você tivesse apertado a tecla LOG.

Algumas relações úteis entre os logaritmos

$$10^{\log X} = X$$

$$e^{\ln X} = X$$

Por exemplo, $\log 2 = 0,3010$, $\ln 2 = 0,6931$

$$10^{\log 2} = 10^{0,3010} = 2$$

$$e^{\ln 2} = e^{0,6931} = 2$$

Isto fornece um meio de obter os antilogaritmos. Se você tem o logaritmo natural de um número, entre com ele e aperte a tecla "e^x". Se você tem o logaritmo comum, entre com ele e aperte a tecla "10^x". Em cada caso você obterá o antilogaritmo.

Se sua calculadora não tem a tecla "10^x", mas tem uma tecla "x" (ou "y"), entre com 10 e eleve-o ao expoente que corresponde ao logaritmo comum. O resultado será o antilogaritmo.

Expoentes e raízes

A maioria das calculadoras tem as teclas X^2 e $\sqrt{X}$ e essas operações são simples. Para potências e raízes mais altas, você pode usar um dos dois métodos

1. **Usando a tecla** x^y. Para calcular $X = a^b$, entre com a e eleve-o à potência b. Para calcular $X = \sqrt[b]{a}$, entre com a e eleve-o à potência $1/b$. Por exemplo,

$$X = 2^3 = 8$$

$$X = \sqrt[3]{2} = 2^{1/3} = 2^{0,3333\dots3} = 1,25992$$

2. **Usando logaritmos.** Para calcular $X = a^b$, com logaritmos naturais, usamos a relação

$$\ln X = \ln a^b = b \ln a$$

Portanto,

$$X = e^{\ln X}$$

$$X = e^{b \ln a}$$

Suponhamos que queremos calcular 3^5. Para uma calculadora típica realizaríamos este cálculo na seguinte seqüência:

1. Determine o $\ln 3$ $\ln 3 = 1,098612$

2. Multiplique o $\ln 3$ por 5 $5 \ln 3 = 5,493061$

3. Eleve e a este expoente $e^{5 \ln 3} = 243$

$$3^5 = 243$$

Estes cálculos podem, naturalmente, ser também feitos usando logaritmos comuns, neste caso

$$X = 10^{b \log a}$$

Para calcular uma raiz, $X = \sqrt[b]{a}$, achamos que

$$X = e^{(\ln a)/b}$$

Por exemplo, suponha que queremos calcular $\sqrt[5]{12}$. A seqüência das operações é:

1. Determine o ln 12 $\qquad\qquad$ ln 12 = 2,484907

2. Divida o ln 12 por 5 $\qquad\qquad \dfrac{(\ln 12)}{5} = 0{,}496981$

3. Eleve e a este expoente $\qquad e^{(\ln 12)/5} = 1{,}643752$

$$\sqrt[5]{12} = 1{,}643752$$

APÊNDICE B

LOGARITMOS COMUNS

	0	1	2	3	4	5	6	7	8	9
10	0000	0043	0086	0128	0170	0212	0253	0294	0334	0374
11	0414	0453	0492	0531	0569	0607	0645	0682	0719	0755
12	0792	0828	0864	0899	0934	0969	1004	1038	1072	1106
13	1139	1173	1206	1239	1271	1303	1335	1367	1399	1430
14	1461	1492	1523	1553	1584	1614	1644	1673	1703	1732
15	1761	1790	1818	1847	1875	1903	1931	1959	1987	2014
16	2041	2068	2095	2122	2148	2175	2201	2227	2253	2279
17	2304	2330	2355	2380	2405	2430	2455	2480	2504	2529
18	2553	2577	2601	2625	2648	2672	2695	2718	2742	2765
19	2788	2810	2833	2856	2878	2900	2923	2945	2967	2989
20	3010	3032	3054	3075	3096	3118	3139	3160	3181	3201
21	3222	3243	3263	3284	3304	3324	3345	3365	3385	3404
22	3424	3444	3464	3483	3502	3522	3541	3560	3579	3598
23	3617	3636	3655	3674	3692	3711	3729	3747	3766	3784
24	3802	3820	3838	3856	3874	3892	3909	3927	3945	3962
25	3979	3997	4014	4031	4048	4065	4082	4099	4116	4133
26	4150	4166	4183	4200	4216	4232	4249	4265	4281	4298
27	4314	4330	4346	4362	4378	4393	4409	4425	4440	4456
28	4472	4487	4502	4518	4533	4548	4564	4579	4594	4609
29	4624	4639	4654	4669	4683	4698	4713	4728	4742	4757
30	4771	4786	4800	4814	4829	4843	4857	4871	4886	4900
31	4914	4928	4942	4955	4969	4983	4997	5011	5024	5038
32	5051	5065	5079	5092	5105	5119	5132	5145	5159	5172
33	5185	5198	5211	5224	5237	5250	5263	5276	5289	5302
34	5315	5328	5340	5353	5366	5378	5391	5403	5416	5428
35	5441	5453	5465	5478	5490	5502	5514	5527	5539	5551
36	5563	5575	5587	5599	5611	5623	5635	5647	5658	5670
37	5682	5694	5705	5717	5729	5740	5752	5763	5775	5786
38	5798	5809	5821	5832	5843	5855	5866	5877	5888	5899
39	5911	5922	5933	5944	5955	5966	5977	5988	5999	6010
40	6021	6031	6042	6053	6064	6075	6085	6096	6107	6117
41	6128	6138	6149	6160	6170	6180	6191	6201	6212	6222
42	6232	6243	6253	6263	6274	6284	6294	6304	6314	6325
43	6335	6345	6355	6365	6375	6385	6395	6405	6415	6425
44	6435	6444	6454	6464	6474	6484	6493	6503	6513	6522
45	6532	6542	6551	6561	6571	6580	6590	6599	6609	6618
46	6628	6637	6646	6656	6665	6675	6684	6693	6702	6712
47	6721	6730	6739	6749	6758	6767	6776	6785	6794	6803
48	6812	6821	6830	6839	6848	6857	6866	6875	6884	6893
49	6902	6911	6920	6928	6937	6946	6955	6964	6972	6981
50	6990	6998	7007	7016	7024	7033	7042	7050	7059	7067
51	7076	7084	7093	7101	7110	7118	7126	7135	7143	7152
52	7160	7168	7177	7185	7193	7202	7210	7218	7226	7235
53	7243	7251	7259	7267	7275	7284	7292	7300	7308	7316
54	7324	7332	7340	7348	7356	7364	7372	7380	7388	7396

652 / QUÍMICA GERAL

	0	1	2	3	4	5	6	7	8	9
55	7404	7412	7419	7427	7435	7443	7451	7459	7466	7474
56	7482	7490	7497	7505	7513	7520	7528	7536	7543	7551
57	7559	7566	7574	7582	7589	7597	7604	7612	7619	7627
58	7634	7642	7649	7657	7664	7672	7679	7686	7694	7701
59	7709	7716	7723	7731	7738	7745	7752	7760	7767	7774
60	7782	7789	7796	7803	7810	7818	7825	7832	7839	7846
61	7853	7860	7868	7875	7882	7889	7896	7903	7910	7917
62	7924	7931	7938	7945	7952	7959	7966	7973	7980	7987
63	7993	8000	8007	8014	8021	8028	8035	8041	8048	8055
64	8062	8069	8075	8082	8089	8096	8102	8109	8116	8122
65	8129	8136	8142	8149	8156	8162	8169	8176	8182	8189
66	8195	8202	8209	8215	8222	8228	8235	8241	8248	8254
67	8261	8267	8274	8280	8287	8293	8299	8306	8312	8319
68	8325	8331	8338	8344	8351	8357	8363	8370	8376	8382
69	8388	8395	8401	8407	8414	8420	8426	8432	8439	8445
70	8451	8457	8463	8470	8476	8482	8488	8494	8500	8506
71	8513	8519	8525	8531	8537	8543	8549	8555	8561	8567
72	8573	8579	8585	8591	8597	8603	8609	8615	8621	8627
73	8633	8639	8645	8651	8657	8663	8669	8675	8681	8686
74	8692	8698	8704	8710	8716	8722	8727	8733	8739	8745
75	8751	8756	8762	8768	8774	8779	8785	8791	8797	8802
76	8808	8814	8820	8825	8831	8837	8842	8848	8854	8859
77	8865	8871	8876	8882	8887	8893	8899	8904	8910	8915
78	8921	8927	8932	8938	8943	8949	8954	8960	8965	8971
79	8976	8982	8987	8993	8998	9004	9009	9015	9020	9025
80	9031	9036	9042	9047	9053	9058	9063	9069	9074	9079
81	9085	9090	9096	9101	9106	9112	9117	9122	9128	9133
82	9138	9143	9149	9154	9159	9165	9170	9175	9180	9186
83	9191	9196	9201	9206	9212	9217	9222	9227	9232	9238
84	9243	9248	9253	9258	9263	9269	9274	9279	9284	9289
85	9294	9299	9304	9309	9315	9320	9325	9330	9335	9340
86	9345	9350	9355	9360	9365	9370	9375	9380	9385	9390
87	9395	9400	9405	9410	9415	9420	9425	9430	9435	9440
88	9445	9450	9455	9460	9465	9469	9474	9479	9484	9489
89	9494	9499	9504	9509	9513	9518	9523	9528	9533	9538
90	9542	9547	9552	9557	9562	9566	9571	9576	9581	9586
91	9590	9595	9600	9605	9609	9614	9619	9624	9628	9633
92	9638	9643	9647	9652	9657	9661	9666	9671	9675	9680
93	9685	9689	9694	9699	9703	9708	9713	9717	9722	9727
94	9731	9736	9741	9745	9750	9754	9759	9763	9768	9773
95	9777	9782	9786	9791	9795	9800	9805	9809	9814	9818
96	9823	9827	9832	9836	9841	9845	9850	9854	9859	9863
97	9868	9872	9877	9881	9886	9890	9894	9899	9903	9908
98	9912	9917	9921	9926	9930	9934	9939	9943	9948	9952
99	9956	9961	9965	9969	9974	9978	9983	9987	9991	9996

APÊNDICE C

RESPOSTAS DOS PROBLEMAS NUMÉRICOS DE NUMERAÇÃO PAR

CAPÍTULO 11

11.38 $\Delta E = 0$, $q_1 = w_1 = 7500$ J, $q_2 = w_2 = 13\,000$ J

11.40 $w = -0,0750$ kJ, $q = 12,5$ kJ, $\Delta E_{\text{sistema}} = 12,6$ kJ, $\Delta E_{\text{ambiente}} = -12,6$ kJ

11.42 $2,22 \times 10^5$ J; $\Delta E = -2220$ kJ mol^{-1}

11.44 $\Delta H = -324$ kJ mol^{-1}, $\Delta E = -326$ kJ mol^{-1}

11.46 $-39,4$ kJ ou -3940 kJ mol^{-1}

11.48 $\Delta H = -106$ kJ mol^{-1}

11.50 -892 kJ

11.52 (a) -854 kJ (b) -1429 kJ (c) -402 kJ (d) -87 kJ (e) -136 kJ

11.54 -390 kJ

11.56 -17 kJ

11.58 $\Delta H_f^\circ = 225$ kJ mol^{-1}

11.60 (a) -113 kJ (b) 306 kJ (c) -107 kJ

11.62 2.14×10^6 J liberados ($2,14$ MJ)

11.64 24 kJ

11.66 2400 g H_2O

11.68 $19,7$ dm^3

11.70 395 nm

11.72 ΔH_f° calculado $= 243$ kJ mol^{-1}. Energia de ressonância $= 160$ kJ mol^{-1}. Tais espécies são muito mais estáveis do que o previsto.

11.74 ΔH_f° calculado $= -127$ kJ mol^{-1}; da tabela, $\Delta H_f^\circ = -104$ kJ mol^{-1}

11.76 $59°C$

11.78 (a) -836 kJ (b) -346 kJ (c) -101 kJ

11.80 -2882 kJ mol^{-1}

11.82 (a) $\Delta G^\circ = +51,9$ kJ (Não) (b) $\Delta G^\circ = -57$ kJ (Sim)
(c) $\Delta G^\circ = -511$ kJ (Sim) (d) $\Delta G^\circ = +92$ kJ (Não)
(e) $\Delta G^\circ = -34,9$ kJ (Sim) (f) $\Delta G^\circ = +1637$ kJ (Não)

CAPÍTULO 12

12.42 Velocidade $(CO_2) = 0,16$ mol dm^{-3}s^{-1}; Velocidade $(H_2O) = 0,32$ mol dm^{-3}s^{-1}

12.44 (a) $2,35 \times 10^{-6}$ mol dm^{-3}s^{-1} (b) $1,91 \times 10^{-7}$ mol dm^{-3}s^{-1}

12.46 (a) $1,0 \times 10^{-2}$ mol dm^{-3}s^{-1} ; (b) $2,0 \times 10^{-2}$ mol dm^{-3}s^{-1} (c) $4,1 \times 10^{-2}$ mol dm^{-3}s^{-1}

12.48 Velocidade $= k[NO_2][O_3]$, $k = 4,4 \times 10^7$ dm^3 mol^{-1}s^{-1}

654 / QUÍMICA GERAL

12.50 (a) Velocidade = $k[NO]^2[Cl_2]$; (b) $k = 2,5 \times 10^{-3}$ dm^6 mol^{-2}s^{-1}

12.52 21 min

12.54 160 kJ mol^{-1}, $1,36 \times 10^{16}$ dm^6 mol^{-2}s^{-1}

12.56 $1,19 \times 10^{-4}$ dm^3 mol^{-1}s^{-1}

12.58 19 kJ mol^{-1}

12.60 250 kJ mol^{-1}

12.62 64 kJ mol^{-1}; 14 min at 15°C

CAPÍTULO 13

13.24 Todas têm $K_c = 5,5$ mol dm^{-3}

13.26 $1,4 \times 10^7$ Pa ($1,3 \times 10^2$ atm)

13.28 $1,23 \times 10^{15}$ Pa^2 ($1,20 \times 10^5$ atm^2)

13.30 10,2 atm^{-2}

13.32 $-10,8$ kJ

13.34 5×10^{61}

13.36 $\Delta G = + 2,3$ kJ e, portanto, o processo não está em equilíbrio. A reação é espontânea da direita para a esquerda.

13.38 $1,2 \times 10^6$

13.40 0,230 mol dm^{-3}

13.42 $K_p = 2,9 \times 10^{-3}$ kPa^{-1}

13.44 $[NO] = [SO_3] = 0,0451$ M, $[SO_2] = [NO_2] = 0,0049$ M

13.46 $[SO_2] = 0,0005$ M, $[NO_2] = 0,0105$ M, $[NO] = 0,0195$ M, $[SO_3] = 0,0245$ M

13.48 $[COCl_2] = 0,020$ M, $[CO] = [Cl_2] = 2,1 \times 10^{-6}$ M

13.50 $[H_2] = [I_2] = 0,0153$ M, $[HI] = 0,113$ M

13.52 $8,2 \times 10^{-4}$ MPa

13.54 $[NO_2] = 0,23$ M, $[N_2O_4] = 0,39$ M at V = 2,0 dm^3
$[NO_2] = 0,15$ M, $[N_2O_4] = 0,17$ M at V = 4,0 dm^3

Para $V = 2,0$ dm^3, o total de moles do gás = 0,46 + 0,78 = 1,24 mol

$V = 4,0$ dm^3, o total de moles do gás = 0,60 + 0,68 = 1,28 mol

Aumentando-se o volume, aumenta-se o número total de moles do gás.

CAPÍTULO 15

15.20   [H$^+$]   [OH$^-$]

(a) 0,050 M $2,0 \times 10^{-13}$ M

(b) $1,9 \times 10^{-6}$ M $5,4 \times 10^{-9}$ M

(c) $1,0 \times 10^{-4}$ M $1,0 \times 10^{-10}$ M

(d) $1,6 \times 10^{-8}$ M $6,3 \times 10^{-7}$ M

(e) $1,1 \times 10^{-11}$ M $8,7 \times 10^{-4}$ M

(f) $2,5 \times 10^{-13}$ M $4,1 \times 10^{-2}$ M

15.22 pH = 6,98

15.24 $1,4 \times 10^{-4}$

15.26 (a) $1,6 \times 10^{-3}$ (b) $5,8 \times 10^{-4}$ (c) $1,7 \times 10^{-2}$ (d) $6,2 \times 10^{-5}$ (e) $4,1 \times 10^{-6}$

15.28 (a) 11,20 (b) 10,76 (c) 12,23 (d) 9,79 (e) 8,62

15.30 $1,8 \times 10^{-10}$

15.32 (a) 1,3 %   (b) 3,7 %   (c) 0,014 %   (d) 0,63 % (e) 0,025 % (f) 100 %

RESPOSTAS DOS PROBLEMAS NUMÉRICOS DE NUMERAÇÃO PAR / 655

15.34 (a) $3,0 \times 10^{-5}$ (b) $1,8 \times 10^{-4}$ (c) $3,4 \times 10^{-4}$ (d) $3,3 \times 10^{-10}$ (e) $9,8 \times 10^{-9}$

15.36 9,1 g HCl

15.38 Fração $= 7,9 \times 10^{-4}$ (0,079 %)

15.40 3,43

15.42 0,11 M

15.44 $[H^+] = [HC_6H_6O_6^-] = 2,0 \times 10^{-3}$ M, $[H_2C_6H_6O_6] = 0,050$ M, $[C_6H_6O_6^{2-}] = 1,6 \times 10^{-12}$ M

15.46 pH = 1.4, $[H^+] = [HSeO_3^-] = 0,04$ M, $[H_2SeO_3] \approx 0,46$ M, $[SeO_3^{2-}] = 5 \times 10^{-8}$ M

15.48 $1,1 \times 10^{-4}$ M

15.50 0,41

15.52 210 g $NaC_2H_3O_2$

15.54 $9,6 \times 10^{-3}$ mol HCl

15.56 $\Delta pH = 0,17$

15.58 (a) 7,87 (b) 5,08 (c) 11,63 (d) 11,15 (e) 3,37

15.60 $2,0 \times 10^{-6}$

15.62 8,86

15.64 12,51

15.66 10,12

15.68 8,41

15.70 8,23

15.72 Ver Fig. 15.2

15.74 Verde; $[In^-] = 100 \times [HIn]$

15.76 $[H^+] = [HCO_2^-] = 1,3 \times 10^{-3}$ M, $[HCO_2H] = 8,7 \times 10^{-3}$ M, $[OH^-] = 7,7 \times 10^{-12}$ M

15.78 1,3 cm³

15.80 6,21

CAPÍTULO 16

16.12 $3,2 \times 10^{-14}$

16.14 $1,0 \times 10^{-4}$

16.16 $3,20 \times 10^{-8}$

16.18 $3,1 \times 10^{-70}$

16.20 $8,7 \times 10^{-5}$

16.22 10,46

16.24 $1,3 \times 10^3$ dm³

16.26 $2,8 \times 10^{-9}$ M

16.28 $1,9 \times 10^{-10}$ mol

16.30 $1,7 \times 10^{-6}$ mol dm⁻³

16.32 (a) Produto iônico $= 5 \times 10^{-5} < K_{ps}$; não precipita
(b) Produto iônico $= 4,0 \times 10^{-6} > K_{ps}$; forma precipitado
(c) Produto iônico $= 7,8 \times 10^{-4} > K_{ps}$; forma precipitado

16.34 $[Ag^+] = [H^+] = 0,050$ M; $[NO_3^-] = 0,10$ M, $[Cl^-] = 3,4 \times 10^{-9}$ M

16.36 $PbCrO_4$ primeiro, $[Pb^{2+}] = 7,5 \times 10^{-7}$ M

16.38 $[H^+] \geq 5,5 \times 10^{-3}$ M; $[Zn^{2+}] = 3,2 \times 10^{-6}$ M

16.40 ZnS se dissolverá até a $[Zn^{2+}]$ de 16 M

16.42 $4,9 \times 10^{-3}$ M ($\approx 5 \times 10^{-3}$ M)

16.44 $7,1 \times 10^{-6}$ mol dm⁻³

16.46 1,82 g

16.48 0,41 mol

16.50 0,3 dias

16.52 2,2 g $Fe(OH)_2$, $[Fe^{2+}] = 5 \times 10^{-12}$ M

16.54 $[Fe^{2+}] = 4 \times 10^{-3}$ M, $[Mn^{2+}] = 0,1$ M, pH = 7,8

656 / QUÍMICA GERAL

CAPÍTULO 17

17.38 (a) 2 (b) 1 (c) 5 (d) 2 (e) 8

17.40 (a) 1 (b) 4 (c) 10 (d) 2 (e) 8

17.42 (a) 7,0 min (b) 70 min (c) 54 min

17.44 (a) $1,79 \times 10^{-3}$ mol e (b) 1,11 mol e (c) 0,217 mol e
(d) 0,411 mol e

17.46 0,15 g O_2, 0,019 g H_2; 0,11 dm^3 O_2, 0,21 dm^3 H_2
(arredondado)

17.48 272 g Ag, $1,02 \times 10^4$ cm^2

17.50 9,10 h

17.52 1,23 A

17.54 (a) 0,0393 mol e^- (b) 174 g mol^{-1}

17.56 0,0798 A

17.58 0,249 A

17.60 (a) $\mathscr{E}° = 1,42$ V (b) $\mathscr{E}° = 0,36$ V (c) $\mathscr{E}° = 0,93$ V
(d) $\mathscr{E}° = 0,08$ V (e) $\mathscr{E}° = 1,03$ V

17.62 (a) $K_c = 5,2 \times 10^3$ (b) $K_c = 1,3 \times 10^9$ (c) $K_c = 3$

17.64 (a) $K_c = 1,5 \times 10^{-13}$ (b) $K_c = 4,6 \times 10^{-51}$ (c) $K_c = 4,2 \times 10^{21}$ (d) $K_c = 8,3 \times 10^{-82}$ (e) $K_c = 1,6 \times 10^{-9}$

17.66 (a) 73 kJ (b) 288 kJ (c) −120 kJ (d) 460 kJ (e) 50 kJ

17.68

	$\mathscr{E}°$	$\mathscr{E}$	ΔG
(a)	1,46 V	1,49 V	−863 kJ
(b)	0,11 V	0,17 V	−32,9 kJ
(c)	1,28 V	1,26 V	−244 kJ

17.70 0,06 V

17.72 0,19 V

17.74 $1,5 \times 10^{-14}$

17.76 −0,17 V

17.78 0,39 h

17.80 0,013 g H_2 e 0,10 g O_2.

17.82 33,0 kJ

17.84 434 min

17.86 5,43 mol dm^{-3}

AUTORES DAS FOTOS

CAPÍTULO 11

Abertura: United Press International.
Pág. 435: U. S. Forest Service.
Pág. 442: © Bruce Roberts/Rapho-Photo Researchers.

CAPÍTULO 12

Abertura: United Press International.
Fig. 12.14: (b) AC Spark Plug Division of General Motors.

CAPÍTULO 13

Abertura: Grant Heilman.

CAPÍTULO 14

Abertura: Peter Lerman.

CAPÍTULO 15

Abertura: Fern Logan.
Pág. 537: Beckman Instruments.

CAPÍTULO 16

Abertura: © Paolo Koch/Photo Researchers.
Pág. 576: Peter Lerman.

CAPÍTULO 17

Abertura: Hugh Rogers/Monkmeyer Press.
Pág. 602: Alcan Smelters and Chemicals Ltd.
Pág. 604: (alto) Kennecott Minerals Company Photography.
(baixo) ONEIDA.
Pág. 628: Fisher Scientific Company.
Pág. 630: Cortesia do Dr. John L. Walker.
Pág. 633: Fundamental Photographs.

ÍNDICE REMISSIVO

As páginas em *itálico* são referentes às tabelas.

Ácido conjugado, 518
    constante de dissociação (K_a), 541
        dissociação de, 548
Ácido acético, auto-ionização, 518
    solvente, 522
Ácido ascórbico, ionização gradativa, 548
Ácido carbônico, ionização gradativa, 548
Ácido cianídrico, ionização, 542
Ácido cloroacético, 542
Ácido dicloroacético, 542
Ácido fosfórico, ionização gradativa, 548
Ácido nitroso, ionização, 542
Ácidos e bases, de Arrhenius, 516
    de Brønsted − Lowry, 517
    de Lewis, 523
    forças relativas de, 520
    propriedades gerais, 516
    sistema solvente, 526
Água, auto-ionização, 518, 534
Algarismos significativos, logaritmos, 476
Alumínio, íon, acidez, 519
Amido, íon, 528
    basicidade, 523
Amoníaco, auto-ionização, 518
    como base de Lewis, 524
    líquida:
        como solvente, 528
        reações de dupla troca, 529
        titulações em, 527
    preparação industrial, 503
    soluções aquosas, ionização, 518, 542
Amônio, íon, hidrólise do, 568
Anfiprótico, 518
Anidrido ácido, 519
Anidrido básico, 520

Arrhenius, Svante, 475
    ácidos e bases de, 516
    equação de, 475
Atividades, 493, 499
Auto-ionização, 518

Base conjugada, 521
    constante de ionização (K_b), 541
Bicarbonato, íon, como tampão, 555
Bicarbonato de sódio, como extintor de incêndio, 428
Bomba calorimétrica, 412
Brønsted, J. N., 517
Brønsted-Lowry, ácidos e bases, 520

Calor de formação, 426
    de átomos gasosos, 431
    padrão, 427
Capacidade calorífica, 413
    molar, 413
Catalisador, 478
    heterogêneo, 480
    homogêneo, 479
Cinética química, 454
Clorato de potássio, decomposição catalítica pelo MnO_2, 479
Colisões bimoleculares, 465
Colisões efetivas, energia cinética e, 470
    orientação molecular e, 469
Colisões termoleculares, 466
Complexo ativado, 473
Constante de dissociação para a água, 534
Constante de hidrólise, 558
Constante de ionização, para a água, 541

para ácidos e bases fracos, *542*
para ácidos polipróticos, *548*
Conteúdo de calor, 423
Conversor catalítico, 481
Cores, de compostos, 324
    disco de, 324

Dentes, queda de, 502
Deslocamento eletrofílico, 526
Deslocamento nucleofílico, 525
Dióxido de carbono, como ácido de Lewis, 524
Dissociação relativa, 543

Efeito nivelador, 522
Eletrófilo, 526
Eletrólito, dissociação de, 541
Energia de ativação, 475
    efeito catalisador, 478
    medição, 475-6
    de atomização, 430
    de ligação, média, *433*
        cálculos termodinâmicos, 430
        uso em cálculos de ΔH_f°, 434
    interna, 414
    livre, de formação padrão, 441, *443*
        de Gibbs, 439
        e o trabalho máximo, 441
        variação:
            cálculo da constante de equilíbrio, 494
            previsão de espontaneidade da reação, 445
    variações, cálculos de, 445
Entalpia, 421
    cálculo das variações de, 437

660 / ÍNDICE REMISSIVO

de formação, 426
diagrama de, 424
relação entre ΔH e ΔE, 421
Entropia, 437
unidade de, 437
Enxofre, em carvão, trióxido de, como base de Lewis, 524
Equação de Henderson-Hasselbalch, 553
Equilíbrio, cálculos de, 504
concentração a partir de K, 506-9
K a partir das concentrações de equilíbrio, 504-5
K a partir de $\Delta G°$, 494
simplificação, 509
constante de, 490
a partir do potencial padrão da pilha, 621
interpretação, 492
K_c e K_p, 492
relação entre, 497
dinâmico, 490
e a termodinâmica, 493
em mecanismo de reação, 466
$\Delta G°$ e 0, 445
heterogêneo, 498
lei de, 491
adição de gás inerte, 503
efeito do catalisador, 504
variações, na concentração, 500
na pressão e no volume, 503
na temperatura, 502
Estado, de transição, 473
teoria do, 471
Estado, de um sistema, 412
padrão, 426
variável, 414
Etapa, de inibição, 482
de propagação, 482
de terminação, 482
Expressão da ação das massas, 490

Fluoreto, íon, na prevenção da queda dos dentes, 502
Função de estado, 413

Gases ideais, expansão isotérmica, 418

Haletos de hidrogênio, ionização gradativa, 549
Henderson-Hasselbalch, equação de, 563
Hess, lei de, 423, 431

Hidrazina, ionização da, 544
Hidrólise, 558
de ânions, 558
de cátions, 560
de sais de ácidos polipróticos, 562
do cátion e do ânion, 561
Hidroxiapatita, 502
Hidróxido, íon, como base de Lewis, 524
Hidróxido de potássio, em pilha alcalina, 548
Hidroxilamina, ionização, *542*

Imida, íon, 528
Inibidor, 480

Lama anódica, 603
Lei da ação das massas, 490
Lei de Hess, 423, 431
Lewis, Gilbert N., ácidos e bases de, 523, 526
Ligantes, 586
Lowry, T. M., 517

Magnésio, de oceanos, 603
produção de, 603
Mecanismo de reação, 454, 466
Meia-pilha, 608
Meia-vida, 463
Metais, preparação por eletrólise, 600-603
Microeletrodos, 630

Nernst, equação de, 623
determinação do pH, 627
pilha de concentração, 624
produto de solubilidade, 625
Nernst, Walter, 623
Nitreto, íon, 528
Nivelador, efeito, 552
solvente, 552
Nucleofílico, deslocamento, 525
Nucleófilo, 525

Ordem de reação, 458
Ordem global, 458
Ouro, a partir da refinação do cobre, 603
Óxido, íon, como base de Lewis, 523
Oxigênio, em pilhas de combustível, 634

Par ácido-base conjugado, 518
pH, 536
cálculo de, 538-9

de substâncias comuns, 538
medidor de, 537
relação entre acidez e basicidade, 538
Pilha alcalina, 631
Pilha de combustível, 634
eficiência termodinâmica, 635
Pilha de concentração, 624
Pilha de Leclanché, 630
Pilha de níquel-cádmio, 633
Pilha de óxido de prata, 631
Pilha de zinco-carbono, 630
Pilha seca, 630
Pilhas galvânicas, 594, 608
Pilha voltaica, 594
pK, 542-3
Platina, a partir do refino do cobre, 603
pOH, 537
Poluição, conversor catalítico e, 479
térmica, 441
Ponto de equivalência,
pH em titulação ácido forte – base fraca, 568
pH em titulação ácido fraco – base forte, 565
Posição de equilíbrio, efeito de $\Delta G°$, 446
Potencial das pilhas, 610
efeito da concentração sobre o, 622
padrão, 610
cálculo da constante de equilíbrio, 621
$\Delta G°$ e, 620
trabalho máximo e, 618
Potencial padrão de redução, 611, 616
cálculo de $\varepsilon°$ da pilha, 613
previsão da espontaneidade da reação, 617
Potenciômetro, 612
Prata, a partir da purificação do cobre, 603
Precipitação, separação de íons, 581
Primeira lei da termodinâmica, 413
Princípio de Le Châtelier,
e o efeito do íon comum, 583
e o equilíbrio químico, 500-4
Processo adiabático, 412
Processo elementar, 466
Processo isotérmico, 412
Processo reversível, 419
Produto de solubilidade, constante, 576, 577

ÍNDICE REMISSIVO / 661

Produto iônico, 580
constante para a água, 535

Quociente reacional, 490

Radicais livres, 481
Radioatividade, produção de radicais livres, 481-2
Reação coordenada, 472
Reação da célula eletroquímica, 596
Reação de auto-ionização, 518
Reação de primeira ordem, concentração *versus* tempos, 459
meia-vida, 463
Reação de segunda ordem, concentração *versus* tempo, 463
meia-vida, 463
Reações em cadeia, 482
Reações espontâneas, fatores controladores, 436, 438
Reações explosivas, 455, 483
Redução, potencial de, 611
Régua de cálculo, raiz cúbica em, 509
Rossini, Frederick, 441

Salmoura, 597
eletrólise, 597, 600
Sistema, 412
solvente, ácidos e bases, 526
Sistema amônia, 529

compostos análogos no sistema aquoso, *529*
Solubilidade, constante do produto de, 577, *578*
cálculo a partir da solubilidade, 578, 579
cálculo da solubilidade a partir da constante, 578, 579
formação de precipitado e a, 580
Solubilidade molar, 578
Solvente,
diferenciador, 522
nivelador, 522
Substâncias líquidas, 599
Sulfetos ácidos, sais insolúveis, 583
Sulfetos básicos, sais insolúveis, 583

Tampões, 552
eficiência, 554
em sistemas biológicos, 557
grau de pH, 555
Teoria de colisões, 465
Terceira lei da termodinâmica, 442
Termodinâmica, 415
eficiência, 442
Termoquímica, 419
equação, 423
combinação com a lei de Hess, 424

Titulação,
ácido forte – base forte, 564
ácido fraco – base forte, 565
base fraca – ácido forte, 568
Trabalho, 415
em processo reversível, 419
máximo, 441
pressão-volume, 416, 422
Trifluoreto de boro, como ácido de Lewis, 524
Trióxido de enxofre, como base de Lewis, 524

Velocidade, constante de, 459
etapa determinante da, 468
lei de, 459
de primeira e segunda ordem, derivação da teoria de colisão, 470
Velocidade de reação, efeito da temperatura, 475
efeito do catalisador, 478
efeito do tamanho das partículas, 454
medida da, 456
outros fatores que afetam a, 454
relativa, efeitos dos coeficientes, 455
unidades, 455
Volt (V), 611

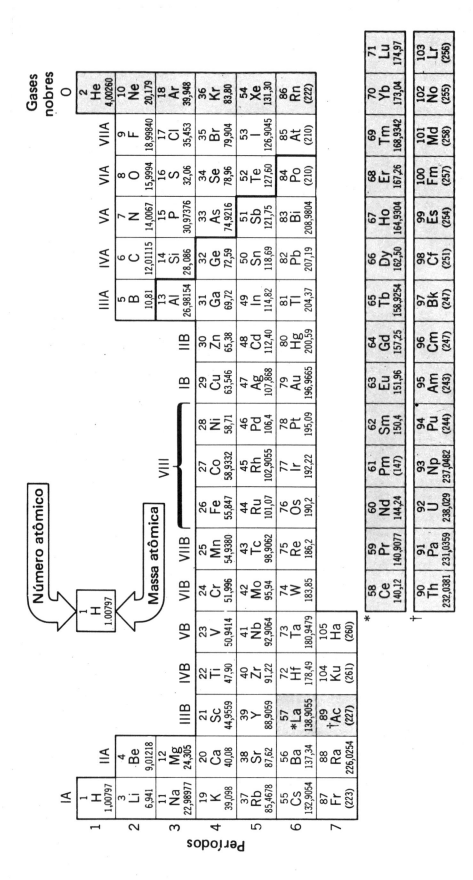

A tabela periódica moderna.

CONSTANTES FÍSICAS

Número de Avogadro	$N = 6,022\,045 \times 10^{23}$
Base dos logaritmos naturais	$e = 2,718\,28\ldots$
Carga do elétron	$e = 1,6022 \times 10^{-19}$
Constante de Faraday	$\mathscr{F} = 96\,494$ C/mol e$^-$
	$= 96\,494$ J V^{-1}
Constante dos gases	$R = 8,3144$ J mol^{-1} K^{-1}
	$= 8,3144$ kPa dm^3 mol^{-1} K^{-1}
Constante de Plank	$h = 6,6262 \times 10^{-34}$ J s
Pi	$\pi = 3,141\,593\ldots$
Velocidade da luz no vácuo	$c = 2,997\,92 \times 10^8$ m s^{-1}

FATORES DE CONVERSÃO

Energia

1 cal = 4,184 J (exatamente)
1 J $= 1$ kg m^2 s^{-2}
1 eV/molécula $= 96,49$ kJ mol^{-1}

Pressão

1 atm = 760 mm Hg
1 atm = 101 325 Pa
1 Pa $= 1$ N m^{-2}

Relações úteis

$\ln x = 2,303 \log x$
$K = {}^\circ C + 273,15$
$\lambda \cdot \nu = c$

TABELAS IMPORTANTES

Calor padrão de formação de algumas substâncias a 25°C e 1 atm	427
Constantes de ionização de alguns ácidos e bases fracos	542
Etapas de dissociação de alguns ácidos polipróticos, a 25°C	548
Energias médias de ligação	433
Energias livres padrões de formação a 25°C e 1 atm	444
Entropias absolutas a 25°C e 1 atm	443
Alguns indicadores comuns	570
Potenciais padrões de redução a 25°C	615
Constantes do produto de solubilidade a 25°C	577

Pré-impressão, impressão e acabamento

grafica@editorasantuario.com.br
www.editorasantuario.com.br
Aparecida-SP